4th Edition

手把手教你如何在庭院或花园里饲养蜜蜂

The
Backyard Beekeeper

庭院养蜂

[美] 金·福劳特姆 ____ 著   王丽华 _____ 译   （原书第4版）

（Kim Flottum）

机械工业出版社

CHINA MACHINE PRESS

本书采用全彩图片加文字说明的编写方式，完整地介绍了蜜蜂的生物学特性和庭院养蜂技术，内容主要包括养蜂场地和养蜂工具、蜜蜂介绍、蜂群饲养管理（包括日常管理和病虫害防治）、蜂产品生产技术等，最后还总结了25条养蜂规则。

本书不但介绍了庭院养蜂误区和注意事项，而且还介绍了正确的养殖实例和操作步骤，并配有大量的图片和表格，对于养蜂初学者和具有一定养蜂经验的人都有非常好的参考价值。

图书在版编目（CIP）数据

庭院养蜂：原书第4版 /（美）金·福劳特姆（Kim Flottum）著；王丽华译.
— 北京：机械工业出版社，2021.6
书名原文：The Backyard Beekeeper, 4th Edition
ISBN 978-7-111-68508-1

Ⅰ.①庭…　Ⅱ.①金…　②王…　Ⅲ.①养蜂　Ⅳ.①S89

中国版本图书馆CIP数据核字（2021）第123562号

机械工业出版社（北京市百万庄大街22号　邮政编码100037）
策划编辑：周晓伟　高　伟　责任编辑：周晓伟　高　伟　魏素芳
责任校对：孙丽萍　　　　　　责任印制：张　博
北京利丰雅高长城印刷有限公司印刷

2021年9月第1版第1次印刷
169mm×239mm·14印张·2插页·287千字
0001-3000册
标准书号：ISBN 978-7-111-68508-1
定价：98.00元

电话服务　　　　　　　　　　网络服务
客服电话：010-88361066　　机　工　官　网：www.cmpbook.com
　　　　　010-88379833　　机　工　官　博：weibo.com/cmp1952
　　　　　010-68326294　　金　书　网：www.golden-book.com
封底无防伪标均为盗版　　机工教育服务网：www.cmpedu.com

前　言

自从这本书的第一版在 15 年前出版以来，一场变革的海啸在养蜂世界轰然而至。我们必须重新审视成为养蜂人的意义，但即使改变了很多，许多基本信息仍然存在。

当然，在过去的几年里，蜜蜂、养蜂人和养蜂业受到大量的关注，原因可以归结于导致蜂群死亡的多种因素，正如科学家们会告诉你的那样。美国农业部的一位研究人员将此总结为 4 个方面的问题：寄生虫、掠食者、杀虫剂和牧场。

造成蜂群问题的主要因素之一是瓦螨。瓦螨是蜜蜂身上一种相对较新的寄生性敌害，并且蜜蜂对瓦螨和瓦螨对蜜蜂的适应仍处于初级阶段，用化学药物来进行人为控制，会引起抗药性。幸运的是，有少数例外开始出现了，如选择足以单独对付瓦螨及其病毒的蜜蜂种群，它们几乎都是单独生活的野生蜂群，远离受感染的蜂群。以养蜂人为首的一些人，打算找到与野生种群一样有抗性的管理种群。但是，即使在瓦螨种群被人为地用化学药物控制在极低水平的蜂群里，各种病毒仍然与它们增长着的毒力一起继续传播。于是，防治方法的清单越来越短，我们得另想办法来对付这种螨害的侵袭。

瓦螨病毒通常袭击那些处于饥饿的或免疫系统受到损害的蜜蜂。在某些乡村地区，因为大农业的压力，良好的营养仍然难以实现。蜜蜂不能利用的作物行间的荒芜通道缺乏有营养的植被，而有吸引力的并能给蜜蜂提供食物的作物又含有农药微毒。低水平的农业毒物，使得这里的景观变成了蜜蜂的敌对之地。

再怎么过滤也不能去除蜂蜡中的所有毒素。作为养蜂的基础，我们用来在蜂箱内指导蜜蜂筑造巢脾的蜡质巢础片是有毒的。蜜蜂从生命的第一天起就被暴露在毒物中，真的是太早了，一直到死去的那天都没有逃出有毒的箱内微环境。

这些因素没有一个是单独成为致命一击的。相反，许多因素复杂联合，经常地和无期限地施加压力于蜜蜂，给蜜蜂留下受到损害的免疫系统、不足的饮食和受损的身体，使蜜蜂容易感染病毒。

大农业还有其他的负面影响。不断增加的作物种植面积需要蜜蜂授粉以产生我们所需的食物。商业性的养蜂者只有选择有利于蜜蜂健康的管理技术，才能及时为季节性作物提供服务。这就去除了许多以前用来生产蜂蜜的蜂群，并将大大减少美国国内的蜂蜜产量，现在每年进口的蜂蜜占美国人消费蜂蜜的将近80%。

这种双重的打击——较少的蜜蜂和较少的蜂蜜——有另外一个副作用，与其花费时间、能量和物力来产生对瓦螨有抗性或耐力的蜜蜂，不如行业继续生产大宗的蜜蜂和蜂王来用于授粉以及用化学药物杀死蜜蜂身上的瓦螨。加上每个夏季和冬季由于气候、其他虫害和疾病以及管理失误等引发的平均蜂群损失，养蜂人发现生产蜜蜂比生产蜂蜜更赚钱。

这个副作用是很容易避开的。与商业性的大规模的养蜂者不同，庭院养蜂者对害虫综合治理计划有控制权，可以应对瓦螨并掌控他们的蜜蜂在大农业中的暴露程度。他们可以接触到居家附近的一些蜜蜂，并不断地选择那些在其居住地兴旺繁衍的蜜蜂品系。这是在正确方向上迈出的稳定的一小步。

只要食物足够好，在该段时间内的开花地址就要被标记。未使用的和边缘的土地正在被改造成可容纳所有传粉者的花坛景观。自从这本书的上一个版本问世以来，传粉者保护的整个概念已经自行逆转了。城镇和城市的边边角角正在被由沥青、草坪还有漂亮的但是传粉者不能食用的花圃所占据，这同样发生在大农业的田间。在作物株行间的抛荒地和低洼地上，饲料植物正在被种植。人们对除草剂的使用更加谨慎，政府在重新思考土地使用政策以容纳更多的传粉者，无论是蜂类、鸟类、蝙蝠类还是蝴蝶类。政策的阳光正在逐渐往这块黑暗的上方普照。

当这些问题和症状最开始出现的时候，它们被给予一个名字：蜂群垮塌症（Colony Collapse Disorder，CCD）。业界最终同意它不是一个单一性的疾病或紊乱，而是某些因素诸如营养、杀虫剂（养蜂人在使用，产业化的农业也在使用）、瓦螨、多种病毒、微孢子虫病、环境胁迫和其他因素等的联合作用。我们比以往任何时候都更了解我们面临的问题。然而，与几十年前相比，我们离解决这些问题仅仅更近了一小步。每年有30%~40%的蜜蜂死于病毒、营养不良和杀虫剂中毒或者这些因素中的某几个联合。

几个国家已经禁止一些杀虫剂，蜜蜂的膳食补充剂得以蓬勃发展，新型瓦螨控制策略问世，一代又一代的养蜂人呼吁、关心并致力于帮助蜜蜂。

但是也有令人尴尬的一面，譬如，养蜂俱乐

● 后院是养蜂的好地方，因为它们很近；城市为蜜蜂提供了丰富多样的自然资源，并且蜜蜂是周围花园和景观植物的传粉者。

> "养蜂既是一门艺术也是一门科学。科学是知识，而艺术是所有这些信息的应用。"
>
> ——史蒂夫·雷帕斯基（STEVE REPASKY），
> 《蜂群基本营养素（Swarm Essentials）》的作者

部的一部分新成员提出，不对蜜蜂进行干扰，不提供帮助，只是让蜜蜂成为蜜蜂，美其名曰免于治疗或适者生存。蜜蜂被留在自己的蜂巢里独自应对瓦螨、食物及其相关险阻，那些幸存者是人们想要的最好的蜜蜂，这很有道理，而那些仅有一丝生气的蜜蜂意味着是不可繁殖的。这是进行蜂王选择的极佳方式，改良了可以持续生存的遗传性状。但是按照这个目标，不能繁衍的蜂群就被从项目中移除了，然后它的基因就被抛弃了，但是蜜蜂还在，并没有被抛弃掉。牺牲整个蜂群是残酷的，也是没有意义的。那些在第一回合中设法存活的蜂群，最终会自己换蜂王，或者养蜂人利用该品系从该群移取卵虫去培育一些新蜂王。但是，当处女蜂王与附近以传统养殖方法饲养的蜂群里的雄蜂交尾的时候，那些好的性状又会在后代中丢失或明显减少。

在杀死瓦螨的过程中，我们也被深刻教训了一顿：不但弄脏了蜂箱，使蜜蜂们几乎无法生存，而且把这个国家的蜂蜡也给污染了。我们比较了解蜜蜂需要吃什么以及何时需要吃，我们知道当大自然没有蜜源时必须饲喂蜜蜂，我们也比较知道瓦螨及其所携带的病毒对单只蜜蜂、一个蜂群或一个蜂场的影响，我们更知道工业化的农业世界越来越擅长杀死昆虫包括蜜蜂，但是我们已经学会了应对这些问题的方法，既要弥补错误，又要更新方式把事情做得更好。所以，无论瓦螨、食物短缺、杀虫剂还是病毒，都不能阻止我们对蜜蜂的喜爱。

现在你就开始你的养蜂冒险吧，利用新资讯加上经过检验的养蜂方法，把自己很好地武装一下，然后通过"吃一堑，长一智"的方式，渐渐地你会成为一个更聪明、更地道的养蜂人。有了这本书，养上一两群蜜蜂，再略带有一点户外的智慧，你将真正享受到养蜂艺术、养蜂科学和养蜂冒险等所带来的快乐。通过应用我们在这里所分享的东西，你能享受到收获花园作物的快乐，收获你饲养的蜜蜂酿造出的蜂蜜的快乐，以及收获由你的蜜蜂和你共同努力工作而制造出来的有益产品的快乐。

还有什么比这更为甜蜜的呢？再说一次，我们真的可以爱上养蜂哦！

——金·福劳特姆（Kim Flottum）

目 录

前 言

引 言

　　我作为养蜂人，跟蜜蜂打交道已经超过了 40 年。现在，尽管每天都面临着过一天算一天的问题，但是在后院里养几群蜜蜂聊以打发时光，恐怕是再好不过的了。蜜蜂们给花园里的蔬菜授粉，增加了产量，使得整个社区繁荣。事实上，部分或全部由蜜蜂授粉的作物为我们提供了惊人数量的日常食物。科学家和作物生产者都告诉我们，蜜蜂授粉的植物可能占我们日常饮食的 1/3 或者更多。如果你仔细观察，就会发现，它们主要负责我们爱吃的那些好东西。你可能有吐司，但是你没有果酱；有火鸡，但没有蔓越莓；有绿豆，但没有杏仁片；在千层面上浇了肉末番茄汁，但没有香草来调味。随着蜜蜂的减少，我们可以吃的东西也减少了。然后，风媒的草本作物——小麦、大米、玉米、燕麦和大麦——就会成为我们日常的主要消费对象了。

　　或许同样重要的是，对于那些植食性的野生动物来说，蜜蜂使野生植物更有生产力、更加营养。如果没有那些不管在哪里都能长大的无数杂草和野花，许多鸟类、啮齿动物、昆虫和其他动物都是不能生存的。

　　意识到了蜜蜂在人们生活中的诸多好处，郊区的、都市的和城市的园丁和种植者们利用了最近的热点，在许多主要城市的区划和畜牧法中做了彻底的改变。现在，除了鸡和其他小牲畜以外，蜜蜂也回来了，给花园作物、庭院果树、行道树和窗外挂盒里的植物等授粉。蜜蜂、养蜂人和养蜂技术统统都回到了它们本该存在的地方。

　　但是你从哪里开始呢？你需要些什么呢？你要花多少钱呢？最后，也是最重要的，你要花多少时间呢？

　　如果你像我和今天的大多数人一样，时间都很宝贵，那么，你肯定会关心建立和照顾一两个蜂群到底需要花费多少时间。养蜂的季节在很多方面都是与花园的季节相对应的：春季速生，夏季保养，秋季收获。总有一个季节，你要花在这一两个蜂群上的时间会比你照顾猫的时间更多一些，但是比你照看狗的时间少一点。就像任何新的工作一样，在养蜂方面有个学习曲线，因此，第一季或第二季就需要你投入更多的关注，直到你有了一些经验并获得一定成就。并且，就像布置花园一样，每个新

⬤ 上个世纪之交的时候，鲁特木材店的一小部分。

季开始前都有一些准备工作要做，你需要添置一些准备开始的设备。

哦，蜜蜂也会蜇人哟。让我们先把丑话说在前面：它们可不是来抓你的，但当它们认为蜂群受到威胁或者它们自己处于危险时，它们会出于保护自己的目的而行刺哟。但想想看，被荆棘划伤、被蚊虫叮咬、被黄蜂蜇到，都是很讨厌的事啊。猫和狗也会抓伤

朗斯特罗斯，在他突发灵感的多年以后，握着他发明的巢框，坐在位于俄亥俄州麦地那的鲁特公司的蜂场里。

你和咬到你，事情就是如此简单明了。但你戴着手套修剪你的玫瑰丛，黄昏时分你在户外穿戴防蚊衣，如果你不去挑逗作弄你的宠物，它们可能不会给你带来太多的伤害。蜜蜂也一样，操作它们时，你要使用你拥有的良好的工具，并穿上合适的养蜂服。有时即使用了手套和长袖，依然会被蜇到。但如果你聪明并且有准备，这些将是罕见的事件。当由于荆棘、蚊虫、猫狗、西葫芦粗糙的茎秆或蜜蜂引起皮肤短暂刺痛的时候，你只能找出哪个是由你造成的，发出一声轻轻的诅咒，擦一下那个痛点，然后继续前行。

所以，如果能有一两群蜜蜂在后院，听上去就很好，因为你想要一个更好的花园、更多的水果，厨房里有蜂蜜，或许还有一些蜂蜡蜡烛，浴室里有蜂产品面霜和其他化妆品。下面让我们来了解一下成千上万的养蜂人早就知道的东西吧。

在开始阶段

自从人们和蜜蜂首次相遇以来，蜂蜜一直都是甜蜜的来源。最开始，获得蜂蜜的唯一方式是从筑在洞穴或树洞里的蜂巢中偷盗，这对于蜜蜂而言是残酷的（详见"首先得知道一点历史"的内容）。这促使人们把蜜蜂养在篮子里，但收割蜂蜜时却要用硫黄熏蒸来杀死蜜蜂。随后出现了树胶，蜜蜂生活在整段的树木里，被它们的饲养者移动到一个适宜的场所。这样蜂蜜就可以被移出来而不用杀死蜜蜂，但仍然是毁灭性的，蜜蜂每年不得不重建许多巢。接下来盒式蜂箱出现了，尽管它们更容易搬运和移动，但仍然可能破坏蜂巢。蜂蜜可以收获了，但也意味着养蜂人不得不拿出和弄坏许多填满蜂蜜的蜂蜡巢脾。

今天我们饲养蜜蜂的方式可以追溯到19世纪中期现代蜂箱的出现。朗斯特罗斯（L. L. Langstroth），一位患有慢性神经疾病的牧师，现在被认为是一个抑郁狂躁型忧郁症（Bipolar Disorder）患者，变成了一个养蜂者，以缓解他的不适。他找到一种方法可以阻止蜜蜂从箱体的上面和侧面粘牢它们的巢脾，或者用蜂胶把蜂箱的所有部件都粘在一起。

当时，世界其他地方的养蜂人已经发明了上框梁和巢框，因此，多数的巢脾不再附着在箱体的上面和侧面了。然而，他们仍然有蜂胶带来的困扰，特别是用以粘牢上框梁到蜂箱大盖下的缝隙之时。

这个故事说的是，有一天，朗斯特罗斯拜访了一家蜂场后正走在回家的路上，他瞥见了一个巢框，一个环绕和容纳蜂蜡巢脾的完全方形的木条框，蜜蜂能够把它们的巢脾附着在木条上而不是附着在盒式蜂箱的上面和侧面。他看见了一个"悬挂式"的巢框，放在蜜蜂生活的箱体内，这保证了巢脾与箱体的上面、侧面和底部由一个刚好足以让蜜蜂通过的空间分隔开。这个空间介于6~10毫米，现在知道这是蜂路。这个概念彻底改变了养蜂，是一个与蜜蜂合作而非作对就可达成完美的例子。自从朗斯特罗斯发现以来，这个基本设计几乎没有改变过。

尽管当时这个设计已被一些养蜂人所采用，但朗斯特罗斯反复出现的心理健康问题及过于专注于他的蜂箱专利和制作权，减缓了人们对他的这个设计的接受。

差不多10年后，当时还是个珠宝制造商的俄亥俄州麦地那郡的阿莫斯·艾夫斯·鲁特（Amos Ives Root）看到了这个新设计的好处，转而开始在他的工厂里制造养蜂设备，再迅速扩大经营并一举成为世界上最大的养蜂设备生产商。

当时，制造业正大步前进。当电力、铁路运输和快速通信等创新融合在一起时，允许制造商向广大受众宣传他们的产品，以低廉的价格生产大量的必需物品，然后再把它们可靠地运给客户。现代养蜂的鼎盛时期已经到来。

虽然铁路运输减少了成本和运输时间，但是用铁路运送全部组装好的蜂箱仍然效率低下（坦率地说，鲁特公司是在把俄亥俄州的空气输送到许多遥远的地方）。因而，他们不再在工厂组装蜂箱，转而开始输送未组装的蜂箱部件。这样，就有更多的蜂箱部件可以装在一节车厢内送给客户，再由客户自行组装。由计算机控制的现代化机械自动组装了从巢框到蜂箱箱体的所有部件。

此时，美国仍有乡村经济，购买组装好的养蜂设备的高昂成本是相当可观的。这进一步鼓励了其他制造商（晚于鲁特公司，几年后才开始的），他们只生产未组装的或可拆卸的设备部件，而将劳动力成本转嫁给那些只花时间而不花钱来组装这些部件的最终用户。

今天，一个有经验的、拥有所有必要工具的装配工，可以在3~4小时内组装出一个四箱体的蜂箱，包括巢框、大盖及其剩余部件。而且，一旦组装好，还需要刷两层油漆来保护它免受风吹、雨淋、日晒、

● 由计算机控制的现代化机械自动组装从巢框到蜂箱箱体的所有部件。

首先得知道一点历史

养蜂的历史是丰富的、多样的和危险的，既充满了敏锐的洞察力，也会被贪婪和无知所压垮。尤其是，它与其他任何时间的实践几乎没有什么不同。然而，它的历史却有着令人难以置信的丰富记录。

考虑到有大量文献存在，我们在此仅探讨那些在其发展过程中具有非凡意义的事件。对于含糊不清的工艺和它们出现的年代，留给学者和历史学家在另一个时间进行介绍。

以前，人们都没有养过蜜蜂，他们只是拿走了蜜蜂的蜂蜜。他们在森林里发现蜜蜂，就把蜜蜂居住的树砍倒。他们在山洞里发现蜜蜂，就抢走它们的囊中物。这些古人无论在何种地方发现蜜蜂，即使是付出被蜇的沉重代价，也要从蜜蜂那里掳走一切想要的东西。他们可能（在一次夜间的突袭中）偶然发现，燃烧着的冒着滚滚浓烟的火炬使这项工作变得不那么危险了，而且对于这些蜂蜜偷盗者来说还有更多的奖赏，他们可不管这对于蜜蜂而言损失有多惨重。

最终，应该是某个漫游的蜂群发现了一个倒置的篮子很符合它们的喜好，然后就住了下来并在其中筑巢。由于可以遮蔽风雨，大小又合适，这些侵入者渐渐兴旺繁衍起来。直到被篮子的主人发现，这对他们来说，是个不愉快的意外。

篮子后来进化到篮子似的草编蜂窝，扭曲的树枝埋在泥里甚至是动物的粪便里以阻挡雨水。仍然是因为蜜蜂把它们精致的蜂蜡巢脾紧紧粘在这些临时住所的上面和侧面，所以蜂蜜收获总是带有破坏性的，对蜜蜂来说从来没有好的结果。

很快人们就清楚了这种短期的获得如同谚语所说的是扼杀了能够产下金蛋的鹅。开发一种更好的、非破坏性的收获蜂蜜的同时还留着蜜蜂的方法变得势在必行。

这就是养蜂的发展过程，尽管探索者的名字和事件的顺序尚存争论，但最终导致了可移动巢脾的出现。各事件先后顺序排列如下：

- 可移动的上框梁以供建造巢脾。
- 整个巢框嵌进并粘在可以移走大盖的箱体底部。
- 一个完全可移动的巢脾，不再附着在上部或侧面，由一个木质的框架包围着，把两边和底部分开，完全悬挂在木制箱体里——易于移动，也易于更换。蜜蜂和养蜂人都高兴了，这下可找到了！

所以你今天轻松使用的是由千百年来的发现、偶然和必然等共同作用的结果。你现在可以把大盖和内盖移开，撬开略微蜂胶化的巢框，拿起来，动一动，检查一下，再精准地放回去，都会使所有的（蜜蜂和蜂巢）不受伤害和不受破坏。一系列今天被认为是理所当然的行为，却是通过长时间的刺痛和挫败、发现和领悟来实现的。

● 很长一段时间里，蜜蜂被简单地关在被掀翻的篮子里，就像被称为"草窝"的容器。为了收割蜂蜜，蜜蜂被杀死。这是没有效率的。

雪融等的影响，以增加使用年限。一个拥有大部分工具的非熟练工，做完同样的事可能最少需要两天的时间。

但这些时间，人们可不喜欢把它浪费在旅途上。因为在花园里面正有蜜蜂在等着，那可是一个将技术、劳动和永恒的时间汇聚在一起的地方。现在有各种各样的装配选择，从传统的自组装套件到油漆好的、完整组装的蜂箱，应有尽有。如果你选择传统的路线来装配自己的养蜂设备，事先要注意的是，附带的这些套件的装配说明往往是非常不充分的。

一个更新的概念

在经历了一个半世纪的微小变化之后，养蜂设备的生产方式发生了一场革命。与其说制造技术是革命，不如说是进化，因为这些技术被用于许多产品。这场革命以养蜂业应该开始思考的方式到来了。

那些养蜂设备的部件总是被制造者们组装起来——大盖、箱底板及少量的其他部件。而这些预先组装和涂漆的蜂箱确实是相对较新的，不仅使养蜂更愉快，而且对初学者和有经验的专业人员都更实用。

如果是现成的蜂箱，已经运到为蜜蜂准备的蜂场，那专业人士就可以节省时间和金钱了（组装费是很贵的）。对于初学者和辅助人员，既没有合适的工具又没有合适的地方来组装，仅是组装自己的设备变得如此困难的原因之一。一旦开辟一个足够大的空间来制作所需的东西以及放置拥有所有的木工工具以完成组装任务都变成了不确定，就会把业余爱好者的注意力从在花园里饲养蜜蜂这个起初想做的事情上转移开。

所以，一旦你明智地决定使用预先组装好的设备，就会发现还有更多的选择。例如，你的体力极限是多少？普通的巢箱，因为它的高度而被叫作高箱，当充满了蜂蜜和蜜蜂的时候，重量几乎达 45 千克。这对于举重运动员和强壮的青少年来说，搬起它可能没问题。如果是更小一点的蜂箱，叫作中箱，重量在 27 千克左右，对于力气一般的养蜂人来说，则是一个更好的选择。使用传统的装置，是大多数课本和指南中所建议的，一个典型的蜂箱有两个深箱体，底部的用来育子。但如果是有 3 个或多达 5 个深箱体的蜂箱，则在巢箱上面的那些中间箱体用来储存蜂蜜。那可是好多零碎东西拼在一起的，当

○ 完美的框架已经组装好了。6 个订书钉、4 根木条和 1 块塑料巢础。没有弯曲的钉子，巢础片完整，没有破损。

它们全都装满了的时候，要搬起来可是很费劲的。

让我们简化一下。现在，仅有可容纳 8 个巢框的箱体可用，而不是传统蜂箱里的 10 个，并且它们是中等尺寸的，最好是它们已经被组装起来甚至被粉刷过。当其中一个装满的时候，重量仅有 16 千克或者更少，这样就不必考虑自身是否为举重运动员或青少年了。

如果你使用传统的设备、有良好的管理并有适宜的天气助力，最后你会得到大约 45 千克口感极佳的液态黄金——蜂蜜——那可是你的蜜蜂从你的每个蜂箱里产生的，每箱 45 千克。换个角度来看，那可是几乎 19 升的量。

但如果你的目标不是创造破纪录的产量，而是去学习方法、享受这个过程，那么最好的开始方式就是从一个蜂箱开始或者最好采用几个 8 框（8 框的中箱）的而不是 10 框（10 框的高箱）的蜂箱，以便丰盈的蜂蜜产量不会给你带来操作和储存方面的压力。

我的一个老朋友是一个有经验的养蜂人，他曾经说过：人们因为蜂蜜而开始饲养蜜蜂，但又因为蜂蜜而停止养蜜蜂。我要确保这种事情不会发生在你的身上。

养蜂的事实

一个蜂箱里可以有几百个部件。每个箱体由 4 个边组成，深箱体有 4 打钉子，中等箱体有两打钉子。如果你使用巢框搁置架，则每个箱体将有两个巢框搁置架和 8 个以上的钉子。每个箱体容纳 8 个或 10 个巢框，巢框由 5 根或 6 根木条、一打大小不同的钉子和一张塑料巢础组成。如果你组装一个带有两个 10 框深箱的典型的初学者标准蜂箱，你至少需要有两个中等箱（假设你不会弄弯一个）、500 个以上的钉子，16 个箱体侧面，200 个巢框部件和木条，40 个巢础片，以及巢框搁置架，并且这仅仅是用于一个蜂箱的。多数人都是从两个蜂箱开始的。因此，购买预组装设备的优点变得更加明显。

第一章
马上开始

养蜂是一种冒险，是一种爱好，也是一种投资，就像准备花园一样。考虑一下你院子里的阳光透射量、阴凉处和排水系统，你必须计划好把你的花园安置在哪里以及如何准备土壤。你必须就你能种植什么以及你的作物需要什么样的照顾来做出明智的决定。你还需要知道收获的日期，为了避免浪费大量的工作，你需要制订一个保存丰收物的计划。最后，你需要计划一下该做些什么好让土地在淡季休息。同样的规划过程也适用于养蜂。

开始吧

你的第一步是订购尽可能多的养蜂资料，它们包含着丰富的信息。也有专门介绍养蜂的杂志，可免费索取一份。特别要浏览一下那些提供预组装产品的公司。

接下来，读一读这本书，本书探讨了蜜蜂的生物学特性、养蜂设备、管理和按季节组织的工作。熟悉养蜂的季节性规律是很重要的，很像你按时序安排你的花园，但具体细节各不相同，需要注意才能掌握。

● 蜂箱应在视觉上与公众隔离。场地应该有午后的阴凉，有很大的工作空间和有较低维护成本的景观。注意这里看到的白色蜂箱是非常显眼的。光秃秃的白色蜂箱，很少或根本没有遮蔽物，会引起人们的注意并带来麻烦。隐蔽和不惹人反感为最好，否则这个场地不要用。

供应水

必须为蜜蜂提供淡水。夏季一个蜂群每天至少需要1升的水，当非常热的时候就要增加到4升。确保你的院子里有可连续获得的水，这将使你的蜜蜂生活得比较容易，也可避免它们在不受欢迎的地方为了寻找水源而游荡。

水对蜜蜂来说是必需的，就像对你和你的宠物一样重要。无论你为蜜蜂选择何种供水技术，目标都是提供持续的淡水。这意味着当你休假几个星期的时候，当你忙到忘记检查时，尤其是天气很热的时候，蜜蜂也会有水供应。即使缺水，它们也不太可能会死，因为昆虫们都非常勤劳。但糟糕的是，它们会离开你的院子到别处去找水。你有时会发现，很多蜜蜂忽然出现在隔壁邻居家的儿童游泳池或在你邻居的鸟浴盆里。户外宠物的喝水

● 自动浇水装置是一种理想的提供水而不必担心干旱影响的供水方式（在冬季，浇水装置需要断电并将水排干净）。

● 有很多方法可以安全地给你的蜜蜂供水，这是它们需要的。在炎热的天气里，一个满箱的蜂群会消耗多达 4 升的水。其中一些是由花蜜提供的，但是为了饮用和让蜂箱冷却，还需要大量的水。放置一个鸟浴盆（园中供鸟洗澡的小盆或水槽）很有效，但在温暖的天气里，你几乎每天都需要补充水进去。如果你错过了一天，或者更糟的是三四天，蜜蜂就会在其他的某个地方找到水源了。

碟成了蜜蜂寻找水源时最喜爱的取水点。在蜂箱里，蜜蜂需要水来帮助蜂群在温暖的日子里保持凉爽，在饲喂蜂子前先稀释蜂蜜，使巢脾中结晶的蜂蜜液化。为了让蜜蜂能够获得水，请尝试以下方法：

- 在一桶淡水中漂浮几个软木块或小块木头，供蜜蜂在饮水时落脚停歇。
- 安装一个小水池或水上花园，或有几个当水流得缓慢时可以自动填充的鸟浴盆。
- 将水龙头设置在外面，慢慢滴（对城市养蜂人来说很棒），或者把宠物或家畜的自动饮水器的钩扣扣上。

同时，要记住滋生蚊子的问题。静止的水甚至一周左右就可以产生一整窝这种经常携带疾病的害虫。于是，你需要有由水泵循环的或定期更换的水源。

在你获得蜜蜂之前，要先了解一下你的邻居中谁也在养蜜蜂

你可能知道有些邻居并不喜欢长有杂草的草坪或散养的狗或猫，有些地区也有养蜂的限制。你需要了解你所在城市或城镇的传统风俗习惯，因为有些地区可能会限制你饲养蜜蜂。很少有条例不允许在郊区放置蜂箱，但是，通常有具体的、限制性的准则来管理它们。有些地方是严格禁止有蜜蜂的。

调查一下你的邻居对你的新爱好的看法也很重要。尽管在你的领地上养蜜蜂是完全合法的，但是如果你的邻居对被蜇和成群的昆虫持绝对否定意见，你得做出一些妥协。

很多时候这些邻居因为家里有人过敏而担心，或者更多的时候认为他们对蜂刺过敏。在尚未形成对峙前，看看那个人是不是真的对蜜蜂过敏还是他们只是有正常的非过敏反应，包括被蜇部位的轻微肿胀、瘙痒和红肿。

加入俱乐部

找一个当地的养蜂俱乐部，这样你就可以和当地的其他养蜂人联系了。当地的俱乐部成员有很多共同之处：天气、蜜蜂饲料、分区限制、销售机会、设备、蜜蜂食物和蜜蜂来源、类似的病虫害问题等。

你可以借鉴养蜂老师傅的经验，从他们的决定、错误和疏忽中学到很多东西，但也要考虑提供建议的养蜂人的观点。与那些拥有相同养蜂年限但仅有一两群蜜蜂的人相比，拥有数百个蜂群的养蜂人，显然对多数情形会采取不同的方法。效率、规模、时间和利润可能决定了职业养蜂人如何着手处理养蜂问题，而对大自然的热爱、对木工的喜爱以及有足够的蜂蜜储存来作为美食，都可能限制业余养蜂人的视角。如果你能在他们各自的特定背景下加以考量，你同样可以从他们那里学到东西。

从一个长期养蜂人那里学习知识并获得经验的一个极好的方法是在他们的后院或蜜屋里给他们免费打下手，边工作边提一些问题，了解对他和你都有用的设备如何工作，刨根问底地追问"为什么"，直到问到人家厌烦为止。一个有经验的导师是无价的，但不要滥用这个机会。

在另一个层面，你不需要成为一个专家或经验丰富的养蜂人，就能在你当地的俱乐部里成为一个实际的会员。新的声音和活力、新的展望、新的技能和不断增加的与外界的接触，一般都是受欢迎的。

地区协会也可以成为养蜂人的重要资源。参加各种会议会增加你的曝光率和经验，了解在虫害管理和控制方面的其他技术和进展，分享对当地俱乐部有益的想法。更大的、资金更充足的协会（例如在州一级的）可能有资源和联系人提供最新的立法信息以及影响养蜂和养蜂人的法律、条例和资助。所有团体都受益于你的支持，不管是经济上的还是时间上的，要确保利用好你所拥有的大量有意义的资源。

摆放你的蜂箱

最好先考虑其他人的舒适程度，再来考虑你的蜜蜂的舒适度和快乐。每个家庭的宠物，包括蜜蜂，都需要一个不受午后阳光照射、雨淋并提供充足淡水的地方。把蜂群安置在可避免午后阳光照射的有保护措施的地方，但不要把它们放在完全的树荫下。你的蜂箱暴露在太阳下越多，它就能更好地抵御一些害虫。一整天阳光都很好，但是午后的一点树荫也能给养蜂人带来安慰，特别是在炎热的夏日里工作。

还在后院

如果在你住的地方养蜜蜂是合法的，但因为其他原因又不能将它们养在后院，你还有其他一些选择。

你的"庭院蜂场"可以设在后门廊，巧妙地把蜂箱伪装成家具；在前面的门廊上，涂着和房子一样的颜色；在储藏室里有敞开的窗户或其他供蜜蜂进出的出入口。

如果你有个小院子，位于角落里，有很多徒步通道，或者位于学校附近，那么请检查一下你的屋顶。你可以有一个平坦的车库屋顶紧贴你家楼上的窗户，然后问题就都解决了。

或者，把你的蜂箱放在车库里（至少有一个窗口），你可以在里面操作蜂箱，你的蜜蜂可以轻易地进进出出。

● 你的蜂箱架要从头到尾都基本是水平的，但前面比后面要略低一点。把煤渣块放在水泥铺路石上，以减少它们沉入土壤的机会。如果今年一切顺利，当然在未来几年也是如此，箱架上的这2个或3个蜂箱总重量会达到273千克。最后，在检查蜂箱时，请在箱架上留出空间，放置额外的蜂箱部件。把大盖直接放在箱架上，然后把内盖稍微歪一点放上，再把继箱架在内盖上。这是为了防止幼蜂或蜂王掉落到地上和丢失。

蜂箱架

放在潮湿地面上的蜂箱内部总是潮湿的，为蜜蜂带来了不健康的环境。为了保持蜂箱内部干燥，将蜂箱放置在高出地面的平台上，称为蜂箱架。

你在选择蜂箱架前，要考虑到蜂箱离地面越近，你需要弯下腰和挺起腰的次数就越多，所花费的弯腰或下蹲的时间也就越长。一个高0.6~0.9米、足够支撑起227千克重的蜂箱架是理想的。你可以用水泥块和结实的木材做一个简单的支架，另一种选择是完全用沉重的木材或铁道枕木来制作支架。

将你的蜂箱架造得大些，足以放置你操作蜂箱时的设备和工具。如果你的蜂箱架很小，你将被迫把设备放在地上。然后，你将总得弯腰拿起零部件放到蜂箱的顶部来复原它们。你最好在一个蜂箱架上再设置一个额外的台面或额外的空间来放置设备。有句老话是绝对正确的：所有的养蜂人都有背部伤，或者将来会有背部伤。因此，为了避免痛苦而做额外的计划是值得的。一种常见的方法是建立一个足够长的支架，可以舒适地容纳3个蜂群，蜂箱之间留有0.6米左右的距离。然后，只在架子上放2个蜂群，中间留有一个空位。当检查蜂群的时候，这个空间是放蜂箱零部件的位置，而且取回它们并不需要弯腰到地面。

创造空间

当把所有的东西都放在你的后院时，要安装有一定能见度的纱窗，让你的蜂箱架与你的所有地红线间的距离刚好，或许紧挨着一个建筑物，但你要给自己留出进出活动的空间。规划出一个足够大的让胳膊肘活动的空间，让你能围绕你的蜂群做圆周运动。尤其是在蜂箱背面，在那里，你会花费大部分时间来操作你的蜜蜂。在建立蜂场时，也要记住一些事情。首先，在蜂箱四周留出足够的空间，让你在搬动蜂箱或其他物品时能舒适地通过而不需要做任何体操动作。也要给你

◎ 蜂巢支架提供了很多空间来操作这些蜂群。后面或侧面没有限制，它们为额外的设备留出了很大的空间。

的货车或旅行车留有足够的空间，让它们离你的所有地红线足够近，可以在蜂场和储存点之间运送装备。

草和杂草是景观元素，如果任其生长，会挡住蜂箱的入口，减少通风，增加采集蜂的工作。用庭院铺垫材料、树皮覆盖物或另一种杂草栅栏在你的蜂箱架周围铺上一圈是个不错的主意。安装前，在地面上铺一层塑料甚至大小不一的碎石都会起作用。即使是一小块旧地毯，也能阻止杂草的生长，并在春季或经历几天下雨之后防止你的脚被弄脏。

后院以外的蜂场

有时把蜜蜂养在后院和花园里、前面的草坪上或者屋顶上是不可能的。当你决定让你的蜜蜂离开你家的时候，有一些基本的规则需要优先考虑。

首先，你的蜜蜂应该放在附近。如果你把大部分时间都花在去蜂场和回家的路上，那么，拿一趟落下的工具一天就过去了。

而且，开车到你的蜂场一定要很方便、安全、合法。如果你需要把一些装备搬下壕沟、越过栅栏或者穿过一条小溪才能到你的蜂场，则会经常发生衣服被卡住、被撕破或者被弄湿的情况，并且很难避免不再发生。

养蜂人也经常把蜜蜂放在他们能放的地方，而不是该放的地方。这是因为他们的习惯不好，所以完不成他们的规范作业。你选择的地方需要考虑你、你的蜜蜂还有周围社区的生活环境。

养 蜂 提 示

将蜂箱垫高放置

保持蜂箱地势高燥可以免受臭鼬袭扰。这些身上带有气味的访客因吃蜜蜂而臭名昭著，它们晚上会来拜访蜂箱，伸出爪子抓挠起落板。守卫蜂闻声会出来巡查，然后就被捕获并吃掉。实际上，如果没有被阻止，一个臭鼬家族可以在一个季节内摧毁一两个蜂群。一只臭鼬只能够到46厘米的高度，所以一个60厘米的蜂箱架就可以避免臭鼬的危害。不要在起落板上使用带钉子的金属条，也不要在地面上使用带钉子的板，两者最终都会伤到养蜂人。

好的篱笆成就好的邻居

做一个好邻居，包括尽你所能减少蜜蜂和邻居间的竞争与冲突。即使你有完美的邻居，谨慎管理也是你从事养蜂活动和管理的重要组成部分。以下是一些需要重点考虑的地方。

蜜蜂建立"飞行模式"就像一个机场一样，你可以操纵这个模式，这样当蜜蜂离开蜂箱时，它们会高飞到空中去，越过你的家庭成员、你的邻居和你的宠物的头顶。它们会以同样的高度返回，然后降落到蜂箱入口。你永远不会看到它们，它们也永远不会撞上你的后脑勺。有几种技术可以发展这种飞行模式，这也将美化你的庭院设计。让高大的一年生或多年生植物爬在篱笆上，一个常绿的树篱或靠近蜂箱的建筑物都将有助于引导蜜蜂向上飞走，同时，还会遮挡住蜂箱，外人看不到。

中性色的蜂箱，如灰色、棕色或军绿色等，都比银狐白色的箱体更不易被看见。不然就选择无色的木材防腐剂。任何油漆或颜料配方对蜜蜂都应是安全的，如果你只把它应用到蜂箱的外部，那么在装放蜜蜂之前一定要让它干燥。

找到一个好场址的一些考虑

● 你应该可以在现场保存一些工具：喷烟器燃料、一个旧喷烟器、几把起刮刀、几个继箱、大盖、箱底板和内盖等。将这些工具储存在有盖子的容器或叠起的蜂箱中（有个盖子），使其保持干燥。

● 应该有空间让你的车停在有蜜蜂的地方，并且可以转身。

● 你的蜂场应该一整年有安全的、容易的、随时的出入口，而不仅仅是在夏季。蜂场应该"又高又干"，特别是在春季。

● 至关重要的是，你的蜜蜂必须常年靠近安全的水源。

● 每个蜂场都应该被大量的花期长的花蜜和花粉所包围。

● 蜂场应该避开冬季的寒风凛冽和夏季的日光灼晒，蜂箱巢门要朝向东南。

● 这个蜂场符合良好位置的大部分要求。它有屏风；有阳光也有树荫；方便进出，周围有可供车辆行驶的空间；地面水平；远离季节性的洪水；有充足的花蜜来源。

地面应该平整，全年干燥，不受牛以及其他喜欢在蜂箱上刮擦动物的侵扰，还要避免被蓄意破坏者发现。你的蜜蜂应该处于远离住宅的安全距离，不会让邻居们注意到任何已经发生了的事情。

如果可能，在你决定把蜜蜂放在某个地方之前，请花上一整年来评估一下这个地点。你会发现，在夏季，你的位置可能又高又干，很容易到达，并且在八月饱受日光暴晒。但是到了春季，溪水上涨了，你必须等到五月才能回到那里。了解一个地区的耕作方法（轮作、放牧、耕作时间表等）。在每个季节，寻找可用的饲料：哪些植物正在开花，数量多少，是否可以利用。当你看着草地、田野和盛开的庄稼时，一定要小心，因为它们不是蜜蜂永久性的食物来源。相反，你可以去看一看篱笆墙、低矮潮湿的地块、陡峭的丘陵、灌木和森林树木。从长远来看，这些往往更加持久和可靠（提醒：要获取这些信息，联系当地养蜂协会根本没用）。

蜂场一旦建立起来，并且你的蜜蜂已经在那里待了一段时间，就放置一个蜂群诱捕箱在那里，用来捕获你错失的乱跑的蜂群，因为你不是一直在蜂场。事实上，即使在家里，整个夏季都放有一个蜂群诱捕箱也是个不错的主意。

当你确定了三四个值得探索的地方后，你需要靠近一些，好好看看。你需要找到业主并做一个近距离亲自检查。找业主可能是个挑战，它可能是一个没有一面之交的房地产控股公司，或是一个伺机销售的房地产公司。不过，请与业主联系，考虑安排一次面对面的交流。

　　带上地图或从电脑中打印出来你所看到的地形图，以及一份供参考的联系人列表，以显示你的档次和水平，并有一个充分的理由为你的蜜蜂寻找一个暂住地。土地所有人需要知道他所关心的问题：你的季节安排；你拥有的卡车或者汽车种类；会有多少个蜂群进来；你在时是否会使用喷烟器；除了你还有没有其他人在帮忙。准备好讨论一下有关保险、安全等问题，以及希望用蜂蜜付房租。这就是为什么我们经常把蜜蜂放在我们能放的地方，而不是我们想去的地方。你需要给你的蜜蜂提供一个地方，这对你有好处，对你的蜜蜂有好处，对业主也有好处。

受限的城市养蜂

　　与瓦螨对抗了30年，养蜂业尚未走出"化学迷雾"，全行业、合理的害虫综合治理（IPM）技术尚未突破，但是有一定抵抗力或耐受性的蜜蜂越来越多了，而且开始取得进展。

　　也是在养蜂的黑暗年代，养蜂人越来越少。对于大城市和小城市的养蜂人及他们的郊区邻居来说，很容易受到来自那些对蜜蜂的好处一无所知的人的压力并接受他们的管制。因为养蜂人少了，为他们辩护的声音就

城市养蜂人可能有非常小的、靠近人流量大的街道的后院，或者他们可能拥有被房屋逐渐侵占的农田。

更少了。所以在过去的几十年里，瓦螨损毁了养蜂业，它们得到了误入歧途的市政当局的得力帮助，许多地方变得简直见不到养蜂人了。没有养蜂人的地方就没有受到饲养管理的蜜蜂。

　　但现在情况变了。人们对所有传粉者栖息地丧失的日益关注，再加上媒体引导的由所有传粉者以大比例流失所带来的对蜜蜂的关注，使全世界都意识到这一事实：食物的未来正受到由于蜜蜂及其饲养者的减少而带来的威胁。接踵而来的政府的动作重新唤起了人们对所有传粉者包括蜜蜂的同情。虽然我们一直都知道这是真的，但现在才有更多的人认为成为一个养蜂人真好。当许多城市和城镇再次允许蜜蜂存在时，各地的养蜂农户赢得了道德和生产上的胜利。

增加立法和检查

　　然而，在大多数地方，养蜂仍然受到限制。需要更新并需花费资金的许可证通常是交易的一部分。蜂群拥有数也是如此，在给定的空间内，对允许的蜂群数量设置了上限。注册、培训、邻居的许可、住房说明、水源和其他的限制也往往存在。通常需要向监管

官员登记蜂箱数。不过，城市里养蜂现在获得允许了，生活对你、对蜜蜂及对许多有益植物来说变得更好了。

随着时间的推移，检查及缴纳必要的费用可能成为标准做法。检查是为了保护城市，确保你是在用一种安全可靠的方式在饲养你的蜜蜂。与检查人员携手合作检查过程，就是让那些检查人员进入蜜蜂所在的地方。如果财产不是你的，那么你可能需要克服更多的障碍才能找到蜜蜂所在点。有些地方需要检查人员随时可以完全接近蜂箱，另一些地方则使检查成为检查人员和养蜂人的一个教学时刻。在密集的城市地区得到检查人员亲临蜂箱的后勤指导服务可能会很麻烦。想想看，当检查人员想去受欢迎的酒店屋顶蜂场检查时，他或她要把车停在哪里？

受限的城市养蜂需要拥有非常好的邻居。公众、道德、政治和法律方面关于城市养蜂都发生了变化。门已经打开，越来越多的地方允许养蜂。但你还是要注意细节，呈现你和你蜜蜂的最好行为，并要记住，为甜蜜的养蜂业当好形象大使的规则并没有被废除。

城市养蜂意味着蜜蜂与人类的冲突更有可能发生，与以往你和你的蜜蜂被分开相比，你的目标就是减少或消除这些冲突。

什么是受限的城市养蜂？

受限的城市养蜂包括独特的景观和环境因素，包括近邻、高篱笆、车库、老房子、产花蜜的树、小院子、大门、前廊、后平台、公寓楼、棕色石头街区、吸热的水泥和沥青、垃圾、屋顶蜂箱、鸽子棚、路边花卉展览、拥挤的停车场、带烧烤的阳台和孩子。你的蜜蜂会发现空地上满是城市生活的垃圾和废弃物。如果你的蜜蜂分蜂了，它们可以逼迫企业停产，让街道或整个城市街区陷入瘫痪。你的蜜蜂还可能会去没人知道的地方。

城市养蜂也可能意味着隔壁有新的变化——也许那块大豆地里突然挤满了几百号人。它不同于密集的城市住宅，但它仍然是一个挑战。

在这种情况下，你必须要做的是与当地的协会合作。如果当地没有协会，就开始成立一个。与这些团体的合作可以为社区成员和执法部门提供一个可以去的地方，如果有问题，还可以让可能出现的任何问题给你提个醒儿。最重要的是，它为教育你的邻居敞开了大门。

仅有一个面孔、一个名字和一个网页的那些协会，更应该很好地抓住与其他一些组织合作的机会。这些组织可能有蜜蜂可以去的地方，有已经建立的学习蜂场，有可以举行会议的俱乐部。

当你独自行动的时候，你会错过这些机会，一旦威胁逼近你，你就没法应对了。

蜂群增长

养蜂的场景在这里发生了巨大的变化，因为仅仅在过去的几年中城市养蜂人数量猛增。以前，城市里合法地养蜂很少甚至根本没有，蜜蜂种群中的病虫害问题也较少，这是因为一个地方的蜜蜂种群数量一般都很少，这一地区的养蜂人也较少，与其他蜜蜂和其他养蜂人有些隔绝，就像森林里的野生蜜蜂一样，少有病虫害问题。

现在情况有了很大的变化，城市地区养蜂人和蜂群的数量急剧增加。结果是隔离程度急剧下降，蜂箱的摆放较之大批涌入前总体上靠近得多。这种群簇的聚集已经将许多大型的城市从本质上变成了一个非常大型的蜂场，并且随之而来的是所有感染瓦螨的蜂群正在衰弱的问题，蜜蜂纷纷离开去寻找更好的田园。

此外，每个养蜂人都有不同的瓦螨控制策略——从绝对不用到过量使用化学药物。其结果可能是混乱，唯一的补救办法就是对瓦螨种群的增长时刻保持警惕。一旦有病毒症状出现，整个季节都要进行防御控制。

城市里的分蜂团

分蜂预防在城市里甚至变成更为重要的管理手段，原因就是你拥有了大量的繁殖性蜂群。可是我们知道，在以一个笼蜂群建立的蜂群里，其第一年是很少产生分蜂的，它们不会长到足够大。然而，如果你购买了一个会长大的核群，并带有一只老蜂王，那么，一个分蜂团就可能出现在你的养蜂第一季里。

所有的书都写了关于分蜂群的内容，所以这里只是一个简单的介绍。一个分蜂团意味着一个种群的繁殖。为了增加蜜蜂的数量，一个蜂群实际上要分为两个（有时更多）蜂群，每个蜂群都有一只蜂王和很多的蜜蜂，所以每个蜂群都可以扩大和繁殖。当几个环境影响因素共同发生时，一个蜂群就会分蜂。蜜蜂是健康的，很可能有一只一年生的或更老的蜂王在每天产出数量惊人的蜜蜂卵，天气非常好，蜜蜂正处于春季的中后期，有很多食物进来，而且还储存了很多，蜂群会变得拥挤。没有足够的扩张空间是人们怀疑蜂群分蜂的通常原因，这是部分正确的，但它真的不止于此。把一个蜂群聚集在一起的一个因素是蜂王信息素（每只蜜蜂

● 城市里的一个分蜂团既是一个教学的机会，也是一次冒险。这是一个重申你与邻居和安全人员关系的好时机。

都能识别的健康蜂王释放的物质）的存在，它告诉蜜蜂群中有蜂王，它很健康，一切安好。但它只是一只蜜蜂，仅能产生这么多的信息素。当蜂箱里有太多的蜜蜂时，每只蜜蜂收到的蜂王信息素的量就下降到察觉不到的水平，于是幸福的感觉逐渐消失，蜂群的态度是，这里的一切都不好，很不好，让我们饲养一个新的蜂王，离开这里吧。

于是，蜜蜂们开始给现存的蜂王缩减食物，以便它能为飞行而瘦身。它们开始培养新的蜂王，直到现存的蜂王带着大约一半的蜜蜂离开这里去开创一个新蜂群，而新蜂王留在现有的蜂群里。

当时机合适的时候，大约一半的蜜蜂开始在前门外聚集，就一小会儿，然后突然消失！它们真的走了，但它们不会走远，通常离原群也就几米。然后它们在某物上聚集起来——一根树枝、一辆汽车的挡泥板、一个商业标志、一个交通灯、一个校园秋千——调整好方位，并决定去哪里安家筑巢。

这是多数人第一次遭遇到蜜蜂的时候，常常是罕见的可怕的情况，突然有成千上万的蜜蜂，就在那儿！但多数分蜂群不会吸引公众太多的注意，除非它们的临时驿站选在著名的、危险的或适于拍照的景点。然而，它们可能会引起地方当局不必要的注意。在城市环境中，实行分蜂预防是至关重要的，更多的关于生物学和预防管理的内容详见第二章中蜂王和第三章中早春检查的内容。

这是和社区官员合作的绝佳机会，培养良好的感情，有机会接受教育，以及可能帮你减轻很多痛苦。在这里，养蜂者协会和警察局开通了一个热线联络电话，对养蜂人保持简单的生活有所帮助。一旦有发现蜂群的电话打进警察局，他们马上就可以召集1个、2个或5个养蜂人过来并对此进行处理。通常，警察局或街道绿化部门也可以帮忙，带上收捕高处蜂团所需的设备，进行街道或人行道的临时管控，甚至可能用卡车而不是小汽车来运输。

预防分蜂是非常重要的，但如果这个分蜂群来自一个野性的种群，那么，用尽世界上所有的好的管理措施也阻止不了它分蜂。可是，当地居民、企业和其他官方只会简单地把当地的养蜂人看作必须对此负责的养蜂人。因此，为了保证大家的安全和幸福，与当地协会和当地官方合作就不会有太大的压力。

● 在科罗拉多州丹佛市的一家酒店屋顶上的蜂箱。注意蜂箱大盖上的大砖块可以避免箱盖被吹走。表面有一块人造草皮垫，可以保持温度合理。每天都要灌满一小碟水，注意那个在一个不错的防风区后面的蜂箱。

在屋顶高处

"眼不见，心不烦"是人们喜欢

把蜜蜂养在屋顶上的原因之一，因为下面的人从来都不知道上面还有一群蜜蜂。但是屋顶养蜂有它自己的一套规则和指导方针，而这是地面上的养蜂人所没有遇到过的。

强烈的或持续的风，尤其是不在风洞位置的、通常有10层或10层以上高的建筑物上，可能会减少蜜蜂出巢飞行的时间或者干脆将它们困在家里。所以，在你决定把蜜蜂放在很高的屋顶上之前，先检查一下那里的风。在较短的或少风的屋顶上安装防风罩或双面屏风，将有助于蜜蜂在离开或返回蜂房时灵活机动。而且要小心的是，蜂箱架的腿不要戳穿屋顶上的防护膜。

养 蜂 提 示

蜂群负荷和蜜蜂密度

如果给蜜蜂提供足够的住处、食物及其保护，它们对风、太阳、高温、寒冷和其他环境胁迫是非常有耐受力的。控制好在城市或乡村某地你所拥有的蜂群数（蜜蜂密度）是另一个因素。你所在地区可以支撑多少蜂群？在整个城市里，通常有以多种丛簇形式种植的各种各样的街道树木。多数树木在春季和初夏开花，在季节中期凋谢。那怎么办？公园和城市的绿化带里种着很多花，并且还有花店作为补充（一个拥有几个品种盆栽向日葵的路边花店一次可以饲喂100多只蜜蜂，通常情况下，店主会感到沮丧，因为顾客对这些花的处理很谨慎）。

看一看在线地图服务，在附近走走，看看空地，可能会有夏末开放的野花。最终，一个城市的屋顶、阳台或后院可能很容易维持2个或3个蜂群，若是10群的话就可能有点夸张了。像其他地方一样，如果这个地区的蜜蜂过多，蜜蜂将不会繁衍良好。另一个需要考虑的因素是城市中的自然野地，有河流或湖泊的城市往往有大量未开发的无法被人们利用的空间，但却长满了开花的杂草。把你的蜜蜂放在这些区域附近绝对有好处。当你加入当地养蜂人协会的时候，这也是会得到回报的，你就能知道你周围有多少蜂箱、谁拥有它们以及管理方式如何。当你需要做管理决策时，所有这些都绝对是一个优势。

移动你的设备

在屋顶安装蜂箱之前，您必须评估其可接近性。你得把东西往屋顶上搬动，然后再从屋顶往下搬动。在你订购设备之前，要测量所有的门、窗户或其他开口，以确保这些装配好的设备可以轻而易举地从中通过。即使有足够的开口，从屋顶上取下一个满箱的蜂群也是一个挑战。楼面外梯或消防通道可能很陡峭、很狭窄——如果移动空的、轻的设备就不是问题了，但当移动重的、大块头的、充满了蜜蜂或蜂蜜的设备时，却是相当危险的。也要考虑你的屋顶是否只能通过大楼的走廊、电梯或大厅才能进入。在公共空间搬一个蜂群可能带来一些问题，比如乱飞的蜜蜂、乱滴的蜂蜜、停车和倒车等的便利性。

屋顶上养的蜜蜂和在其他地方放养的蜜蜂一样，水也是最难保证连续稳定供应的。在夏季，热屋顶的蜜蜂每天至少需要2升甚至多达4升以上的水来饮用或给蜂箱内部降温。你的工作是确保蜜蜂总有水可用。某些城区实际上需要这个作为允许养蜂的一部分，不这么做的惩罚是很重的。在你把蜜蜂放上去之前一定要检查一下。

地面上养蜂

在一个城市里，除了屋顶，有许多其他安全的地方可以饲养蜜蜂，如后院、空地、小巷子、阳台和走廊。但在这些地方你如果不采取防范措施，都会引起别人注意。要运用常识规则。

🔘 郊区或城市养蜂的最大挑战之一是在邻居的游泳池附近养蜜蜂。栅栏可以减少接触，但所有氯化水的吸引力是一种不可抗拒的力量。确保你的水源不会干涸，并安装屏风，使蜜蜂的飞行路径远高于任何游泳者。

观察飞行模式。当蜜蜂离开家时，总是会有很少的刺激会让它们飞得高于1.8米，除非在飞行路线上有障碍。如果在飞行路线上没有任何障碍，它们会撞到人。安置一个障碍或屏风，近到足够让蜜蜂几乎立即飞得高过2.4米。这将减少你的蜜蜂与人类的不必要接触。

避开公众视线。即使这个城市的人说"好吧，你可以在这座城市拥有蜜蜂，只要你遵守这些规则"，但是安全和常识才是最重要的。一个城市的人口密度增加了人们偶然地、恶作剧地或恶意地干扰蜜蜂的可能性。

无论将蜂群放置在何种地方，都应该消失于公众视线之外。自然色的蜂箱当然比白色箱体的更好，活动的屏风对于遮挡地面或接近地面的蜂群是有效的。但是谨记，蜂群在阳光下表现较好。阳光能使蜂箱保持更温暖和更干燥，使蜜蜂更容易给蜂蜜脱水，也使瓦螨和蜂箱小甲虫在不太潮湿的环境中活得不那么好。这是矛盾的，如果屏风、栅栏和大门都高到足以让忙碌的人们看不见，它们可能也高到足以在一天的某段时间里使阳光远离蜜蜂。尽量把在地上栖息的蜂群藏好，以便你只需要将蜂箱的两三面给遮住就好，而且还会在上午和午后透进一些阳光给蜜蜂。这样它们会更开心，你也会开心。

打理蜂群

就像后院一样，当你在城市环境中打理蜂群的时候，你必须考虑可能在你附近的人们和宠物。如果蜜蜂受到威胁，就会保护它们的巢，打开一个蜂群很容易，但经常被蜜蜂认为是一种威胁。如果你的蜜蜂离其他人很近，你应该在蜂群中蜜蜂数量最少的时候开启蜂箱并操作蜂群，也就是在流蜜中期许多老的采集蜂外出的时候，很多内勤蜜蜂都在忙着处理被带回来的花蜜。

无论你的蜜蜂放在哪里，你必须要遵循一定的准则，这样你和你的蜜蜂就会在一起过得更好。

蜂巢的开口可以面对任何方便人们和蜜蜂通行的方向。它面对的方向并不重要，你只要记住你的家人会使用你的院子，因此能够控制你的蜜蜂对每个人都很重要。为你的蜂箱找到最好的位置，无疑是在你、你的邻居们、你的家人和你的社区之间要重点考虑的事情。一旦你决定了蜂箱的最佳位置，你就必须考虑蜂箱本身。

⬤ 在操作你的蜂群时，考虑一下你的邻居和你的蜜蜂。大多数的邻居和大多数的蜜蜂都不在家的中午往往是合适的。避免周末，那时邻居们可能在做园艺或者在屋顶上放松。

设备：专业工具

在选择蜂箱和个人装备时，以下是一些重要的考虑因素。

蜂箱

前面已经介绍过蜂箱的基本原理。认真考虑使用预组装的、中等深度的、8框的箱子和适当的巢框。令人惊讶的是，养蜂设备没有标准化的尺寸。从一个制造商到另一个制造商，蜂箱的尺寸并不完全相同。如果你把不同制造商的零部件混搭后就会发现，它们可能不太完全匹配。

即使你的箱子不匹配，你的蜜蜂也会适应的。但是它们会尽最大努力把不匹配的箱子零部件粘牢在一起，以对抗你检查蜜蜂时把蜂箱费劲地拆开。从破裂的赘脾（建在蜂箱部件之间用来连接空隙的一种自由形式的蜜脾）上流淌出的黏糊糊的、湿漉漉的蜂蜜会把事情弄得一团糟，会给你的蜜蜂带来很大的刺激。蜜蜂会把不匹配的箱子零部件用蜂胶（一种它们用植物树脂做的物质）粘在一起，所以盒子和相邻的盒子是分不开的。谨记：一开始，仔细选择一家供应公司，并坚持下去。你首要考虑的不应该是成本，而应该是对你和你的蜜蜂是否方便和舒适。

为了在开始养蜂的时候用的是典型的1.4千克重的笼蜂⊖，你需要为每个蜂群准备至少

⊖ 笼蜂是以千克称重出售的蜜蜂。 ——译者注

蜂路

当蜜蜂进入一个自然的洞穴时，比如中空的树，它们就会出于本能进行筑巢，仔细地产出相似的蜂蜡巢脾并让它自洞穴顶部悬挂下来，几乎延伸到洞穴的底部，两侧附着在洞穴侧壁以供支撑。为了保持那个舒适的空间地带（也叫蜂路），它们在巢脾之间留出足够的空间，这样它们就可以从一个巢脾移动到另一个巢脾，彼此擦肩而过，储存蜂蜜，照顾蜂子，当它们不再做工时或没有飞出巢外时，也可以有个地方休息。这个空间不是随机的，大体上不少于6毫米，也不多于10毫米。这个距离在天然的洞穴里和人造的蜂箱里都没有变化，如果给蜜蜂留有更大或更小的空间，那么蜜蜂是难以应付的。如果你的蜂箱里这个空间大于10毫米，蜜蜂就会用蜂蜡巢脾来填充它，并在其中孵育蜂子或储存蜂蜜或花粉。如果这个空间太小，它们则会用蜂胶塞住它。它们这样做是为了确保在巢穴里不给其他生物留有空间。

在巢脾建筑方面有几个例外。蜜蜂不会填补蜂箱内箱底板与巢框下框梁间的空间，它们让这个空间保持开放以调节通风。如果巢脾被建得直达箱底板上，那么从前门进来的新鲜空气就不能在蜂箱里流通。一般来讲，蜜蜂也不会填满内盖和大盖间的空间。这一规则仅在有大量食物的情况下才会被打破，因为蜂巢里没有足够的空间来储存食物了。

● 蜂路，这里所显示的是一个空间或缝隙，介于蜂箱内巢框的上框梁之间。它也是巢框顶部和箱体上边缘之间的距离。蜂路允许蜜蜂在蜂箱里走动。如果这个蜂路太大，蜜蜂会用蜜脾填充；如果太小，蜜蜂会用蜂胶填充。

● 当蜂路很大的时候，蜜蜂可能会在那里储存蜂蜜，于是你将有双重的麻烦。搬起继箱进而分开其间的赘脾，你就可能因为所有的被暴露的蜂蜜而开启了一个盗蜂模式；你会毁掉很多的连接巢脾，然后蜜蜂就要花费时间把它们清理干净而不是采集更多的蜂蜜和照顾蜂子。

3个8框的中深度蜂箱，很快你就会需要更多的蜂箱，本书后面会探讨这些选择。每个箱子里都有专门的供悬挂巢框用的箱内壁槽口架，也叫框梁架。巢框使巢脾在蜂箱里保持整齐并方便你安全地检查蜜蜂。

　　所有的箱子都是相似的，但制造商们会在设计上保有微小的差异，最主要的区别在于槽口的切入深度。当一箱巢框被放在另一箱巢框的顶部时，深切的槽口比浅切的槽口允许巢框在箱子里挂得更低。在两个箱子间应该有足够的蜂路，大约10毫米宽。当箱子组合在一起时，如果一个巢框挂得太低或太高，在下面箱子里的巢框上框梁之间和在上面箱子里的巢框下框梁之间就会有太宽或太窄的蜂路。如果空间太小，蜜蜂就会用蜂胶把它们粘在一起。如果空间太大，它

● 一个 8 框的蜂箱就是这样的箱体。它有 3 个中等大小的继箱、1 个在大盖下的内盖、1 个带铁纱网的箱底板和 1 个防鼠装置。

们会用巢脾把空间填满。不管是哪一种，结果都是一团糟。为了避免这种情形，当你在增加或更换设备时，请与同一个供应商保持联系。

巢框

　　蜂箱巢框是围绕着巢脾的木制的或塑料的矩形框。外部提供支撑并维持巢框的矩形形状。蜜蜂在巢框内建造巢脾。

　　巢础是一张薄薄的蜡片，上面印有六边形巢房的轮廓，这些蜂蜡巢房构成了巢脾。一种巢础是用蜂蜡制成的，伴有完整的巢房轮廓浮雕。这些础片是易碎的，通常有垂直的铁线嵌入在其中进行支撑。当用蜂蜡为巢础组装传统巢框时，你需要不时地添加水平

● 这个巢框适合中等的继箱。

的铁线以获得额外的支持。另一种巢础是一片薄的塑料，带有像蜂蜡础片一样的浮雕。这些不需要铁线支撑。还有完全由塑料制成的巢框，外面的支撑和里面的巢础是一块成型的塑料。

　　可以购买未组装的木制巢框，附带有蜂蜡的或塑料的巢片。组装的木制巢框也是可以的，并配有塑料巢础。如果购买的巢框有塑料巢础，需要添加蜂蜡涂层。

　　售卖预装蜂箱的供应商们也会卖适合箱子的预装巢框，所以合适的蜂路才得以保留。在箱子里使用合适的巢框是很重要的。它应该从上向下安装，在巢框的下框梁间及其下面、上框梁间及其上面都留有蜂路。你会发现制造商们在巢框之间留的蜂路是不同

的，你必须为你拥有的箱子选择正确的巢框。对于你的所有设备，坚持与同一制造商合作是很重要的，这样不会给你养蜂带来太大压力。

箱底板

你的蜂箱将需要一个箱底板。尽管有几种款式可以选择，但是建议用通风的箱底板。在蜂箱下面，它不是实心的木底板，而是在底板上带有一个铁纱网的敞开空间。带有铁纱网的箱底板的优点是：敞开的底板在蜂箱内提供了由上到下的大量通风环境，带走了过量的湿气，帮助蜂群调节了温度，并且一个敞开的底板使蜂箱内产生的垃圾落到箱外而不是积累在箱内底板上。但是，你要确保有一些实心的可以插进和抽出的临时板，以便你可以在寒冷的季节关闭开口，至少可以部分关闭。

内盖

放置在最上面箱体顶部的是一个内盖。如果大盖是屋顶，那么内盖就是蜂箱的天花板。它在夏季为热蜂箱顶部提供了缓冲，并有助于调节气流。在内盖的中央有一个长圆形的洞，可以提供气流，当从蜂箱中取蜜时，可作为一种脱蜂器，蜜蜂可以通过内盖上的入口上移。几乎所有的内盖都是预先组装好之后出售的。它们通常是由一层高密度模压门面板或一个具有各种凹凸图案的高密度纤维板制成的。这样制成的内盖可以使用，但还不够好。它们会随着使用时间的增长而松弛，破坏内盖底部和巢框上部之间的蜂路。然而，一些内盖由放在一个框架里的几个薄板制成，不会随着使用时间的增加而变形。还有一些只是一张薄的胶合板。建议选择后两者中的一种。你需要的其他工具包括一个桶式饲喂器、一个巢门档、一个蜂刷和一个通风板。根据它们在养蜂中使用的时间，在书的后面对每一项都有解释。

● 内盖位于最上面的继箱之上，但在大盖之下。它有一个长圆形的洞，当底部巢门被封锁时，可以通风、进食和通向外界。虽然有些在两面是相同的，但大多数都有一个平坦面和一个凹入面。在狭窄的侧边条上的那个缺口提供了一个备用的上部巢门。

● 确保有一个带铁纱网的箱底板。在这里看到的是在铁纱网下面有一个可移动的板，可以用来监控瓦螨。板可以从前面或后面推入。

选择自己动手制作

养蜂社区里只有少数人把组装设备视

为一种进入手工制作的仪式。还有一群熟练的养蜂木工，他们喜欢从头开始制作设备，并且自己组装设备。

多数制造商提供的装配说明书不详细，有时根本就没有说明书。所以，对于那些想要制作完美的有线巢框以完美匹配方形蜂箱箱体或者完美匹配预先涂蜡的塑料巢础的人来说，后边是你在任何地方都能找到的最好的装配说明。遵守这些准则，你的设备就能使用很久。

⬤ 一个装配好、带有独立零部件的蜂箱，从底部到上部依次为：箱底板、3个继箱及其巢框、1个内盖、1个带金属护套的大盖。放在箱底板上的巢门挡，同时也是防鼠器。

巢框组装

对于巢框组装，你可能需要一个钉子夹具、一个埋线板和一个嵌入工具。有些人用平头钉驱动器往楔子上钉小钉子。

供应公司提供一种装配夹具，可以帮助你一次性快速组装10个巢框。

1）20个下框梁，每边10个，用弹簧固定的木板固定。

2）在下框梁底部的接头上涂上胶水，然后把底部的边条放进去，再钉起来。

3）翻转该装置，将胶水涂在下框梁顶部的接缝上，把上面的横条放上并且钉好。用胶粘住并用钉子钉住或用U形钉钉牢的巢框，在你的蜂箱里会坚持得更久，用得更好。你也可以用一把装有长U形钉（通常是3.8厘米）的钉枪，在其上尖锐端带有胶或树脂来保证将它们固定住。

当你用起刮刀撬起一个装满蜂蜜的沉重巢框时，你要在连接处施加几百牛·米的力矩才能拿住并把它提起进行翻转。更有甚者，如果巢框的底部被钉在上框梁之下，如果上框梁被从上往下钉在侧边梁上，那就很可能会被撕裂下来。这时，一个锚钉在这里就很有帮助了（详见巢框组装指南中钉子的位置）。

给巢框上线

如果你选择在你的巢框中使用蜂蜡础片而不是塑料础片，就需要在你造的巢框上进行埋线。

在布线前，要到你买巢框的人那里购买细线，并把它插入到与在末端的预钻孔严密匹配的金属眼圈里。这些小眼圈可以防止拉紧的线切进入柔软的松木巢框架里。这样可以防止细线松动，不至于使蜂蜡巢础片下垂。

当孔眼到位时，开始在巢框上水平穿铁线。供应商卖的巢框铁线直径刚好，由不锈

蜂箱组装指南

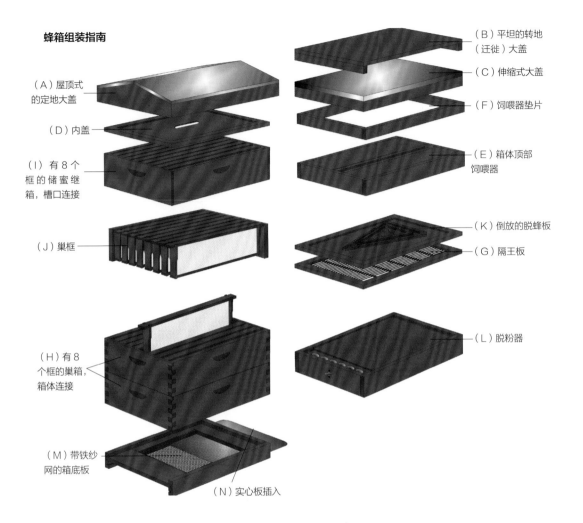

（A）屋顶式的定地大盖

（D）内盖

（I）有8个框的储蜜继箱，槽口连接

（J）巢框

（H）有8个框的巢箱，箱体连接

（M）带铁纱网的箱底板

（N）实心板插入

（B）平坦的转地（迁徙）大盖

（C）伸缩式大盖

（F）饲喂器垫片

（E）箱体顶部饲喂器

（K）倒放的脱蜂板

（G）隔王板

（L）脱粉器

● 这幅图展示了现代蜂箱的零件和部件。有三种类型的大盖：屋顶式的定地大盖（A），一般用铜板覆盖；平坦的转地（迁徙）大盖（B），当被拖上卡车时，蜂群可紧密地结合在一起；以及在蜂箱顶部安装的伸缩式大盖（C）。带有转地（迁徙）大盖的蜂群不使用内盖（D），直接将伸缩式大盖放在顶部继箱的上面。顶部饲喂器（E）允许蜜蜂从中间的槽上来，在槽的两边取食你加在托盘上的糖浆。饲喂器垫片（F）是用来盛放软糖和蛋白质补充剂的，或者当你用甲酸（熏蒸）衬垫处理你的蜂群时作为一个间隔装置。隔王板（G）被放在巢箱（H）之上、储蜜继箱（I）之下，以阻止蜂王在储蜜继箱产卵。巢框（J）以其末端延伸的框耳悬挂在每个继箱之内。这些框被放在继箱两端称为槽口的内部沟槽里。两个连接处被用来构建继箱：槽口连接处（在储蜜继箱之上）和箱体连接处（在巢箱之上）。这里倒放的脱蜂板（K）指示蜜蜂的单向出口。脱粉器（L）收集用于随后饲喂蜜蜂的或被养蜂人出售的花粉。在最底部是一个带铁纱网的箱底板（M），有一个用于冬季恶劣天气的实心板（N）。实心板是可以买到的。

钢制成,所以不会生锈。这一点很重要,因为蜂蜜是酸性的,而且含有水分,会导致无保护的铁线迅速生锈,破坏蜂蜜和巢脾。

1)把线从一侧的顶孔穿过,越过巢框并从另一侧的顶孔穿过,向下从边框的外侧往回再穿过下一个孔后下拉。把线回拉越过巢框并穿过你开始工作的那一边(如果你用的是深巢框,请重复这个步骤)。你将会用2条(或4条)水平的线从一边穿到另一边。

2)在你开始工作的地方,靠近侧边框的末端钉一个小钉子,钉入一半。在它周围用铁线的一端进行缠绕。如果是给一个深巢框上线,还要在你完成的孔的附近,侧边框和有沟槽的下框梁的末端再钉另一个小钉子,同样钉入一半。对于更小的巢框,要把单个钉子钉在两个孔的中间部位,如图中所示。在未系紧的末端拉扯铁线,并尽可能地拉

● 一种带有凹槽的埋线板,使得上框梁和下框梁嵌进,允许巢础片水平地躺在里面,并且当把铁线压进巢础片的时候,从下面起支撑作用。

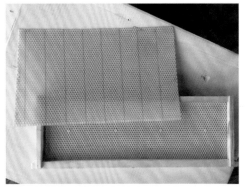

● 有塑料巢础片的巢框和有铁线加固的蜂蜡巢础片的巢框的比较。与之相比,蜂蜡是非常脆的,容易断裂。

● 一个齿轮埋线器正在沿着铁线移动,把铁线压进蜂蜡里,因为背后有支撑,所以不会穿透巢础。

巢框组装指南

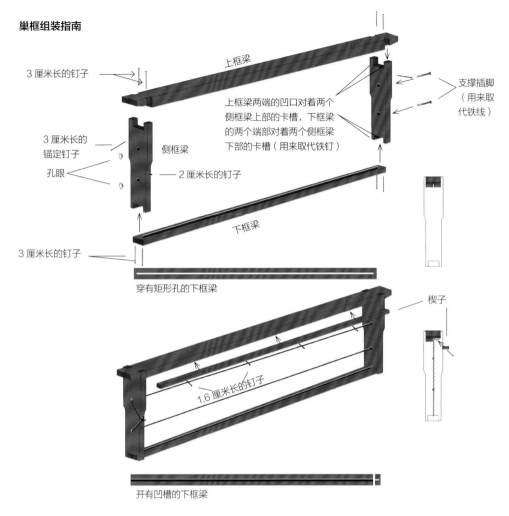

3 厘米长的钉子

上框梁

上框梁两端的凹口对着两个
侧框梁上部的卡槽，下框梁
的两个端部对着两个侧框梁
下部的卡槽（用来取代铁钉）

支撑插脚
（用来取
代铁线）

3 厘米长的
锚定钉子

侧框梁

2 厘米长的钉子

孔眼

下框梁

3 厘米长的钉子

穿有矩形孔的下框梁

楔子

1.6 厘米长的钉子

开有凹槽的下框梁

● 巢框组装显示钉子、钉子尺寸、孔眼、支撑插脚和其他支撑结构（让巢础紧靠上框梁的楔子——一个带有凹槽总能引导巢础嵌进的下框梁，还有一个塑料巢础能插进去的开槽的下框梁）。穿线图显示了在哪里该把铁线系紧在钉子上，以便固定蜂蜡巢础。这幅图中两个最重要的钉子是穿过侧框梁和进入上框梁的锚定钉子。尽管从一个装满蜂蜜的黏糊糊的箱子里拿出一个巢脾时你会给这个接头施加压力，但它们可以把上框梁和侧框梁永远固定在一起。

紧（可用钳子辅助）以保证固定在钉子上。每条铁线都应该足够紧绷，当拨动时会有"砰砰声"。当足够紧绷时，把钉子的剩余部分钉进去。

　　3）用小刀从上框梁的底部取出楔子，把巢础片放在方格板上时要放在铁线后面。巢础片的底部嵌进下框梁的凹槽。把这张巢础片铺好，当巢础放倒时，铁线钩就会朝上。放回楔子，使其通过夹紧钩子而固定巢础。用细小的平头钉把楔子固定在上框梁上。

　　在巢框被放置在蜂群之前的 2~3 天，巢础应该被插入巢框中，因为它有下垂的倾向，即使有铁线的支持。要尽早布线，但在插入前先完成巢础。

当巢框完成且蜡质巢础也嵌进了铁线时，使用一块从多数供应商那里都可以买到的埋线板，这种板可以容纳各种尺寸的巢框，所以巢础片可以被从下面支撑起来。用埋线器将铁线从顶部向下推入蜂蜡中。如果没有埋线板在巢础下的支撑，铁线将会穿过蜂蜡而毁坏巢础片。在摇蜜机中，为了甩出蜂蜜需要非常大的离心力，这时需要铁线来支撑巢脾和巢础。

如果你用深箱体来养育蜂子，就不需要给那些巢框埋线。相反，你需要使用支撑插脚（从本质上讲，是插入一个开口的铆钉而不是铁线，开口的每一边都靠在巢础片的两面）。这是因为这些巢框将不会进入摇蜜机来移走蜂蜜。如果你正在组装你的巢框，但使用的却是塑料巢础，你要确保有适合的巢框。

● 考虑一下使用一个巢框组装夹具，把木片固定在原位，所以你可以一次性组装 10 个巢框。

● 3 个不同尺寸的巢框：（前）完全造好的浅巢框；（中）带有塑料巢础的中型木制巢框；（后）塑料的、单片的带有蜂蜡巢础的深巢框。

要确保供应商给你的巢框都带有开过沟槽的上框梁和下框梁，以嵌入塑料巢础。传统样式的巢框中沟槽的宽度对于塑料巢础来说略微有点小。

当组装这些巢框时，首先要用所有的钉子和胶水来组装木质的框架。然后，将塑料巢础片安装在下框梁或上框梁的沟槽中（如果你把巢框翻转），轻轻按下稍微弯曲的巢础片，并把它滑入剩余的沟槽中。巢框组装时，有些按从上而下的顺序较好，而其他的则按从下而上的顺序较

● 蜂箱需要得到保护，以免受天气因素的影响。两到三层油漆效果很好。一定要盖住裸露的末端和扣手的地方。

塑料巢框

如果你能选择塑料巢础的颜色，可以考虑黑色的。许多初学者在非常白的甚至是黄色的塑料巢础上很难看到巢房底部的白色卵和小幼虫。黑色的塑料使你更容易看见白色的卵和小幼虫。

好。在沮丧地把巢框扔出房间之前，可以试一下这两种方法。

在组装了几个巢框之后，购买装配好的巢框的想法就变得非常强烈了。与购买成品的费用相比，自己制作所花费的时间成本更大，时间就是金钱。

你可以看出巢框中固体塑料巢础片和其上覆盖有蜂蜡的巢础片之间的差异。蜂蜡巢础片几乎是透明的、易弯曲的，当被放置到巢框中时，都需要水平和垂直的铁线来加固。

箱体组装

箱体组装是一个简单的任务。在你把它们粘在一起之前，要确保把手总是在箱体外的右边上方。有两种样式的接头可以用来把箱子的角固定在一起。最常见的是箱形或指形接头；不太常见的是搭接或嵌接接头。两者都工作良好，都易于组装。

接头可以用胶粘住，也可以用螺钉固定住，以便可以在以后更换损坏的一面。组装时箱子必须是方形的。有些人让金属框架带有几个形状的支撑物，以保持箱内巢框之间的和上、下框梁间的框间蜂路都正确。如果你不安装这些支撑物，那么巢框上面的空间将会太大，蜜蜂就会用赘脾去填满这个空间，而如果巢框下面的空间太小，则蜜蜂会用蜂胶来填塞。如果你的蜂箱里充满了这些东西，就是你漠视巢脾金属支撑物的后果。用一层底漆和两层乳胶漆或几层着色剂涂刷组装好的蜂箱，你所选择的颜色可以伪装你的蜂群，也可以宣布它们的存在。

上框梁蜂箱

把蜜蜂放在蜂箱里饲养的方式越来越多，而不是只有传统的5框、8框或10框的蜂箱饲养。尽管有几种款式，我们只关注一种，因为它代表了其他蜂箱的优点并突显了在所需的管理实践方面与郎氏箱相比的差异。

首先，我们常养的欧洲蜜蜂是穴居生物，它们选择的洞穴只有几个要求。需要有一个天花板挂巢脾、一个靠近巢脾底部的入口。这个洞穴必须防风防雨，通常离地4.5~6米，大约0.06米^{3}或者略大一点，以在流蜜盛期能容纳一个正常大小的蜂群。欧洲蜜蜂喜欢在房子的两侧、水表箱、小洞穴、倒着的手推车、前廊的柱子、教堂的尖塔和任何一个可以容身的空间筑巢。让蜜蜂生活在一个8框或10框的蜂箱里既不稀奇也不困难。为何将蜂箱放在非常靠近地面或者就在地面上而不是空中6米高的地方却依然能吸引蜜蜂前来一直是个谜，但必须克服海拔的不足，因为当我们把欧洲蜜蜂放在我们的蜂箱里时，它们几乎总是待在那里。所以，只要它满足基本的要求——体积、安全和防风雨，箱子的形状几乎没有任何影响也就不足为奇了。

上框梁蜂箱是作为一种折中方式而发展起来的。因为气候和可用饲料的影响，非洲的蜜蜂会进行季节性迁移。为了利用这种行为，养蜂人会准备一些空心的圆木，长为0.6~1米、直径为0.3~0.5米，当蜜蜂抵达他们所在的区域时安置它们。他们用一个可移动的门关上这根空心圆木的一端，也关闭另一端，但留下一个入口。用一根绳子将圆木挂在树上，绳子用来提升和降低这块圆木——正如你猜到的那样——离地面4.5~6米。然后，养蜂人就等候着。

向塑料巢础添加蜂蜡

即使塑料巢础上已经有一些蜂蜡了，但是你还得在上面添加更多蜂蜡，以便蜜蜂有足够的蜂蜡开始做它们的巢脾。

其中最难的部分，可能是找到1~1.4千克的蜂蜡来覆盖40个中等巢框。如果是深巢框，则需要更多。它不需要是蜡烛级的，但它可以是直接熔化的未过滤的蜡。你需要浅黄色的、干净的封盖蜡——它是昂贵的，但你只需要少量，最终，你会收集你自己的蜡。

我有一个双炉加热板，我在其上放了一个旧的烤盘，里面装了1/4~1/3的水。再拿出几个旧的平底锅，里面放了一半的蜡，把锅都放到水里，然后开启双炉加热板。把蜡加热到熔点，大约66℃，在此温度下，你会看到蜡的硬化表面上沿着锅的边缘开始出现一个黄色环。如果蜡太凉，一层薄薄的固体蜡就会开始覆盖整个表面。如果蜡太热，就根本不会有蜡环。太凉的蜡不易用刷子刷到巢础上，太热的蜡会把六边形巢础的底部给填满。温度很重要，但不是关键。

在塑料巢础上刷蜡时，只在六边形凸花的上部边缘敷一点就足够了，不必填满切割成锯齿状的缩进部分。刷蜡得需要一些练习，但即使你用得过多也不用担心，蜜蜂会把它拿走并进行使用的。

你也可以订购添加额外蜡的塑料础片。

◎ 用一把海绵刷子蘸一下锅里的蜡液，然后把蜡涂到塑料巢础上。

迁徙的分蜂群到达后，找到这些原木，搬进去，建造巢脾，并用蜂子把巢房填满，花粉靠近前门而蜂蜜靠近后门，在可移动巢门附近。当流蜜期结束时，蜜蜂们便弃巢飞走，去寻找更好的天气。于是，养蜂人把圆木放下来，打开后面的门，收割蜂蜜，让前面的巢脾不受破坏，并对下一个分蜂群保有吸引力。

其他地方的养蜂人都有简化和有效地利用这些过程的想法。与其把门放在一端，把门洞放在另一端，倒不如从顶部打开，在整个过程里不破坏任何东西的情况下，让养蜂人能够检查蜂箱、移动单个巢脾和采收蜂蜜。移动圆木顶部的1/3左右，他们留下了一个U形的腔体，并放进了板条，现在上框梁呈交叉状，给蜜蜂们一个固定巢脾的地方。作为上框梁的板条要摆得足够宽以便并排放置时，被建在其上向下悬挂的巢脾间可以用一个蜂路的距离分隔开。然后，养蜂人把两边向内倾斜一点，以适应自然建造巢脾的曲线。这些可移动的巢框对管理迁徙的蜜蜂很有帮助，因为它们可以被运到新的地方去。

蜂箱的风格和设计在不断演变，适应了更温和的气候和更好行为的蜜蜂。然而，因为这些蜂箱很容易制造而且都遵循大致相同的模式，标准尺寸并不常见，但也很少有制造商及其所制造的适合自家设备的零部件不适合其他上框梁蜂箱的。如果方便，你可以自己做一个符合制造商设计的蜂箱，然后再做一个适合它的额外或替代的部件。或者，用你手中的材料简单地设计一些适合你工作的东西。目前，这是最常见的经验。商业化的东西正变得越来越普遍，因此，来年再找零部件来组配你今年买的就容易得多了。

在遮蔽、颜色和飞行路径方面，任何蜂箱的位置都是相似的。可是，用上框梁蜂箱时，保持水平就具有了一个全新的意义。要肩并肩、头对头地保持近乎完美的水平，用一个水平仪来确定。蜜蜂会建造出水平的巢脾，但是如果上框梁不水平，蜜蜂就会建造出联结脾（也称作交叉脾），将2个甚至3个或4个上框梁粘连在一起，使得巢脾的移动基本上是不可能的，或者只有在重创巢脾的情况下才行。如果用挂在树上的空心圆木，养蜂人就不用在意这些了，因为在季节结束时毁坏巢脾取出蜂蜜是计划之中的事。用这

● 一个典型的上框梁蜂箱，此蜂箱带有连接的蜂箱腿。

● 另一个典型的上框梁蜂箱安放在一个小桌子上，但是没有蜂箱腿，很容易搬运。

些蜂箱，至少可以节省一些子脾。请从一开始就保持水平。

上框梁蜂箱有它自己的特性，不过，有几本可以买到的关于建造和管理它们的书是靠谱的。向当地的养蜂人寻求建议，如果可能，最好是从当地的某个有经验的人那里获得好的信息。与使用普通蜂箱一样，买一个由可靠的供应商制造的一个上框梁蜂箱，当以后需要的时候，这个制造商有可替换的或额外的部件。然后，按照这里介绍的简单程序开始并继续前行。一旦你建立了一个蜂群，不管是什么蜂箱，蜜蜂基本的生物学特性和养护的指导原则在本质上都是一样的。

安置上框梁蜂箱

你可以采用和郎氏箱相同的技术，在上框梁蜂箱里安置一群笼蜂。首先，在上框梁的空腔里，你要限定出一个适合这么多蜜蜂的空间。计算出8个或10个上框梁的宽度，在每一端都要有隔堵板，入口不在你预留空间的中间。如果入口在尽头，我的建议是，把你的隔堵板放在远离前门几个巢框那么远的地方（一个隔堵板是一块由一个上框梁支撑的木板或塑料板，它紧紧卡在蜂箱的两侧和底部，防止蜜蜂进入到另一边）。在一个有上框梁的蜂箱里，悬挂着巢框，中间由蜂路隔开，食物可以直接放在蜂团的正上方。但是，在一个上框梁蜂箱里，上框梁密封了大盖，所以不能在那里放置一个饲喂器，因此，食物必须在上框梁之下。一种方法是在隔堵板上贴上一块软糖，将其紧贴在王笼上，一开始不要超过两三个巢框远。如果天气变冷了，食物和蜂王会在同一个地方，而蜜蜂也不会放弃它们。你也可以用一个特制的巢框，称为"上框梁开槽饲喂器"。另外

一种引入饲喂器的方法是允许在隔堵板边界旁留出额外的空间，其内放上一个隔堵板型饲喂器，并确保用额外的上框梁盖住它。好处是它是封闭的，离蜜蜂很近，它们很容易取食。缺点是你必须打开蜂箱来填充饲料；可是，它强迫你熟悉你的蜜蜂，并且更重要的是，允许你观察蜂群的生长。当巢脾被填满的时候，可以一次性地添加一个或两个额外的上框梁，然后把饲喂器取出来，所以蜜蜂不会在饲喂器的顶部筑造巢脾。

通过移走盖子、饲喂器及王笼来完成笼蜂的安装仪式。将王笼粘到某个上框梁上，这样它就会接触到饲喂器旁的框梁。在蜂王和隔堵板之间至少保留几个上框梁，但距离要足够近，以便蜂团可同时接触到两者。如果用箱内饲喂器，从两个上框梁的开口处把蜂王吊起来，允许蜜蜂聚

○ 你也可以向上框梁蜂箱投喂软糖，在悬有上框梁的外部空间处，靠近隔堵板放一块平板，如果天气好，蜜蜂可以在它四周移动。或者，如后面显示的，你可以用橡皮筋把它绑在隔堵板上，或者，你只要把隔堵板简单地移回去，加入两三个空的上框梁，并将一大块软糖滑进这个很空的空间里去。

集在它周围，并且离饲喂器也近一点。把箱内饲喂器放在箱底板上，紧随其后插入隔堵板，放上框梁，然后关上蜂箱。

从蜂箱一侧移出一半的上框梁巢脾，取出尚未造脾的上框梁和饲喂器，把蜜蜂抖进箱内空间。放回尚未造脾的上框梁，这样箱内空间就被封闭，你就做完了。

一天之后检查一下，确保王笼还在原地，但在几分钟内就得检查完毕。要像对待其他蜂王一样，给它至少一周时间与蜜蜂熟悉，如果它们的行为没有攻击性，就把软木塞从王笼里拿掉，让它们放了它。

在这大约10天的时间里，一定要确保正在被造的巢脾不是交叉脾。这里一把又薄又长的刀是很常用的工具，可以沿着框梁从侧壁上把巢脾切下来，但是你需要用起刮刀把已经粘牢在两个上框梁上的那个巢脾给分开。你可能不得不这样做一次，甚至两次，但在那之后，蜜蜂通常就会把它空出来。

所有的新巢脾都需要检查。在没有巢脾的空间上方，先移除隔堵板后面的几个上框梁（蜜蜂在另一侧）。然后慢慢地、小心地把隔堵板从相邻的上框梁上移开，先看看上面有没有粘着巢脾。如果没有粘着巢脾，就把隔堵板移开，以暴露被蜜蜂使用的腔体。分离上框梁时要非常小心。新的巢脾是非常脆的，如果把它连在箱子的一侧或连在另一个巢脾上，当你移动它时，它就会从上框梁上脱落下来。当你开始检查时，总要保持有一个不用的上框梁紧邻在隔堵板外，以便你拿出它前能够看到它。这一技术与一个接一个地检查一箱巢脾的方法基本相同。

当蜂王被释放并产卵时，巢脾建造速度会加快，以满足育子和粉蜜储存的需要。要经常检查有没有弯曲的或掉落的巢脾，有没有粘住侧壁的巢脾，有没有以随机方向乱建的交叉脾。

当巢脾掉下来的时候，只要伸手把它拿出来，一定要有一个放置它的地方。如果它很小，只要把它放在你蜂场里的蜡桶里就行了。但如果它是大的，内有蜂蜜或蜂子，一个结实的、有点凹进的19升大的桶盖足以盛放任何液体蜂蜜。如果把手伸进去不管用——那会有点紧张——可改用厨房用的铲子、长柄勺子或夹钳把它取出来。把这些新发现的养蜂工具和那把长刀的割蜜刀及一个起刮刀都留在蜂箱里的上框梁上，使得把巢脾拿出来很容

⬤ 用橡皮筋把一厚片软糖固定在隔堵板上。当插入蜂箱时，软糖就会被紧贴在蜜蜂旁边，所以它们不必打乱蜂团来获取食物。这块特殊的软糖厚片大约有0.45千克重，所以你可以计算出所需要的重量。关于如何制备软糖厚片，请参见"早春检查"一节的内容。

易；同时，可以在整个养蜂过程中节省你不少的时间。不要担心由于蜜蜂会把巢房做得很浅而导致里面的蜂蜜或蜂子掉出来。如果你发现有一个断了的巢脾附着在上框梁上，你可以把它全部移走，让蜜蜂完全重建，或者让它们从断裂处重建，或者你自己重新粘牢它。在断裂处修理过的巢脾，其强度与未断裂的差不多。

如果一个破碎的巢脾里面填满了蜂子，简单地丢弃它简直就是犯罪，因此，需要修理它。你只需要简单地移动上框梁并小心地分开巢脾碎片，看看怎样让这两个碎片复合在一起。可能会有一些泄漏的蜂蜜，一些在空中和蜂蜜上的蜜蜂，这可能是令人不安的。如果是这样，把这两个碎片移到一个封闭的地方去修理。不过要记住，温度对蜂子来说很关键，你不能让它暴露在外面的空气中，特别是不能在冷空气中暴露过长的时间。

找几条足够大的橡皮筋，在离上框梁最远的被称为巢脾尖端的地方，绕巢脾一圈。再用4条甚至更多的橡皮筋只缠绕到巢脾尖端和巢脾顶部之间的一半部分。将这些橡皮筋分放五六处，使它们平均支撑巢脾。提出上框梁巢框，看看这些橡皮筋的承受能力。如果满意，则替换巢脾。蜜蜂会把断裂脾修复得像新的一样，再过几天，它们就会咬掉这些橡皮筋，箱内一切恢复正常。

新巢脾在前几周内是不结实的，如果装满了蜂蜜或蜂子，并向错误的方向倾斜，就会和上框梁分离。一定不要像以往你翻转周围有个框架的巢脾那样翻转上框梁巢脾，因为一个新的、充满蜂蜜或蜂子的巢脾还不够牢固到足以支撑自身，会断掉并损毁。相反，你要小心地把它旋转90度，以便上框梁是垂直的而不是水平的，然后再顺时针旋转整个巢脾，这样你就能看到巢脾的另一面了，然后再将上框梁返回到原来的水平位置。你可以倒转过来（让巢脾在上框梁之上）检查它的反面，也可以扭转回去（让上框梁在巢脾之上）。当更换某个巢脾的时候，就把上框梁放回这个巢脾的原来位置，如果你继续更换，只要把巢脾和上框梁互换就行。保持回归原位的一个方法就是简单地在每个上框梁的一端做上标记。这样，带有标记的一端总是回到它原来的地方。

上框梁取蜜

如果流蜜很好，蜂群会把上框梁巢脾扩大建造，满满当当地填充箱内空间。储蜜布局取决于巢门的位置。当巢门开在一端时，幼虫一般在巢门端的箱内空间处，蜂蜜被储存在箱内空间的后部。如果巢门朝前开（偏左或偏右一点），则巢脾上部的1/4往往有蜂蜜而底部有幼虫。越往后走，巢脾中蜂蜜与幼虫的比例越大，最后就变成全蜜脾了。然而，巢门开在中间的时候，则幼虫往往倾向于在蜂箱内的中间巢脾里，蜂蜜在上部而幼虫在下部。从中间往两侧方向越远，蜂蜜与幼虫的比例越高，并且在两端完全用蜜脾填满。

为了制作切块的巢蜜，你需要决定巢脾最终要放进什么样的容器里。你会自己食用还是要送给朋友及其家人，或者实际上是售出呢？你需要贴上哪种标签？在你做出决定之前，仔细看一下几种蜂蜜巢框，了解一下它们的厚度，这样你的容器可以把它们装起来，而不必把巢脾压扁，同时蜂蜜也不会渗漏和弄脏容器底部。

准备好后，取出一个或多个蜂蜜框，用蜂刷把蜜蜂刷回你移除巢框时留下的空间里，然后把巢框带到你将要切割的地方。这个地方必须是防蜜蜂的，否则将会有饥渴的蜜蜂来寻找这个有美味蜂蜜的场所。把巢脾放在一个切开后能让任何暴露的蜂蜜都会流下的表面上。把巢脾放在某种烤架上，在下面垫上一张饼干纸，效果会很好。你可能需要不止一个。如果量大，可在一个烤架下面放几个平底锅，效果会更好。

用一把非常锋利的刀把巢脾从上框梁上割下来。然后，把巢房中不含蜂蜜的巢脾部分切掉。如果一面有蜂蜜而另一面不含蜂蜜，则拿开这个巢脾，因为空巢脾是没人喜欢的。不过，你可以把它返还给蜜蜂，它们会喜欢的。

把巢脾切成小块，然后让它们沥干，直到把容器装满。你可能有几个容器是由单个巢脾填满的，也可能有很多容器是由多个巢脾填满的。把它们像碎片拼图一样装起来，这样容器就被填满了。盖好盖子，贴上标签（如果你有），你会让很多人非常高兴。

然而，你会发现，你的很多朋友都不知道该拿这个怎么办。那要怎么吃呢？实际上有好几种吃法。你可以直接咬一口蜂蜡和蜂蜜，咀嚼它并吞下去。蜂蜡不容易消化，但却是很好的粗粮。或者，咀嚼到蜂蜜没有了，就把蜂蜡给吐出来。或者先烘焙一些饼干，从烤箱里拿出来，然后立刻放上一大块巢蜜。热的饼干会使蜂蜡熔化，让蜂蜜扩散，盖住饼干表面。或者，做一片吐司，抹上黄油，再放一些巢蜜碎块，马上放在微波炉里加热几秒钟，足以使巢脾变软，让蜂蜜流出来，但也不能时间太长，否则会使得面包太难咀嚼。第三次你就会让它刚好了，毫无疑问，这绝对是吃蜂蜜的最好方法。

然后，通过直接地拿出仅含蜂蜜的满脾，收获就相当容易了。你可以用它们来做切割巢蜜或块蜜，它是巢蜜和液体蜜的一种混合物。要制造它，首先要制造一些液体蜂蜜。你可以挤压巢脾来释放蜂蜜，并用蜂蜡来制作蜡烛或乳膏。你可以用沃尔特·达尔格伦（Walt Dalghren）的创意设计来做一个过滤器，用两个19升的桶，一个桶的底部1/3被截除，用铁纱牢固地盖在它的位置上，然后将其嵌套在第二个桶之上。你可以从底部1/3的地方切下一个环，然后用它来悬挂一个尼龙织物过滤器。从上框梁上切下来的这些巢脾，放在最上面的那个桶里。把巢脾放在网上，用一个蔬菜碾磨机挤压巢脾，把蜂蜜挤出来，滴进下面的桶里。如果挤压碎了，要尽可能确保巢脾至少是室温的或更温暖的。蜡越软，蜂蜜越热，这道工序就越容易做。

当你把尽可能多的蜂蜡碾碎，挤出尽可能多的蜂蜜时，就让蜡沥干，至少过夜或者把它们盖住后等待更长时间。当被沥干后，要么把它洗干净，去掉残留的蜂蜜，要么就把它放在另一个有空继箱的蜂群顶部，让蜜蜂为你清理。当你这样做的时候，要确定你不是在传播疾病。如果你有另一个接收桶，那就换一个，把你收集到的蜂蜜拿去过滤，把蜡渣、被淹死的蜜蜂或其他材料滤出来，然后准备装瓶。

将蜂蜡再次用太阳能化蜡器熔化，然后过滤并使用。因为上框梁收割蜂蜜是一个相对较新的做法，供应商还没有生产出收割设备，你就得自己制作。这种情况将不会持续太久了。

在上框梁蜂箱中越冬

在冬季温暖的上框梁蜂箱里过冬是相当简单的，就像任何蜂箱一样。正是在寒冷地区，越冬才成为一种挑战。你可以想象一下，你需要18~36千克蜂蜜，让所有的蜜蜂

检查上框梁蜂箱里的巢脾

● 把隔堵板往后移，与临近的巢脾留出一个蜂路。

● 在隔堵板和第一个满脾之间保留几个上框梁的宽度，当你移动和拿起巢脾时，可以给你工作的空间。

● 在观察了巢脾的一面之后，提起上框梁的一端，这样上框梁就是垂直的，并且巢脾依然如图所示。

● 转动巢脾180度，并降低上框梁的顶端，检查反面。为了把巢脾放回相同的位置，只需要把你的动作反过来做一遍，这样巢脾就在同一个位置了。

  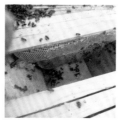 

● 在移动巢脾之前，如果你没有将连接在箱体侧面的巢脾分开，将有一大堆的麻烦。这样的断裂会溅出蜂蜜、伤害蜂子，甚至导致巢脾与上框梁分开。

● 一张典型的巢脾。蜂子被放置在巢脾下部约2/3处，而蜂蜜被储存在上部的1/3处。

● 一张完全装满蜂蜜的上框梁巢脾。因为没有标准，你得称一下这张巢脾，看看它能装多少蜂蜜。

● 当一个蜜脾断裂时，如果无处可去，蜂蜜就会流出来并在底部聚集，蜜蜂会被淹死。

从上框梁巢脾取块蜜

● 拿出一张完全封盖的或者差不多这样的巢脾。用你的蜂刷把蜜蜂刷回到由取出巢脾所留出的空间里，并将这个巢脾放入一个蜜蜂钻不进去的容器里。要小心点，这样你就不会刮坏封盖进而让蜂蜜泄漏。

● 轻轻地把你的巢脾和上框梁放在托盘或平底锅上，以容纳泄漏的蜂蜜，然后把巢脾从上框梁上切下来。

● 把这片大巢脾切成多小的块，取决于你要用什么容器来装，把它们放在烤架上，底下有盘子接着从切割的边缘淌下来的蜂蜜，至少沥干过夜，用洗碗布——或更好地——用蜡纸盖上，这样不会落入灰尘和其他异物。

● 用于装块蜜的容器包括大的或小的透明塑料盒子，它可以炫耀你及你的蜜蜂的杰作。或者，你可以把小一点的块蜜放在蜜罐里，然后用液体蜂蜜灌满，这样就变成了一种美味可口的宴飨。

从上框梁巢脾取液体蜜

● 由沃尔特·达根（Walt Dahlgen）设计的上框梁巢脾中提取蜂蜜的双桶系统的零部件。上面桶的下部 1/3 要去掉，并且与一个金属网相连接。巢脾插在上面桶里。尼龙过滤器安装在底部，用塑料环固定。下面的桶有个阀门可以把蜂蜜倒空。

● 准备捣碎巢脾碎片的装置。用一个蔬菜碾磨机。完成后，让过滤器排出的蜂蜜进入到下面的桶里，把留在上面桶里的蜂蜡取出来处理掉。

● 将巢脾放在桶底的金属网上，用一个蔬菜碾磨机捣碎。蜂蜡滞留在上面而液体蜂蜜聚集在下面。

● 完成后，打开阀门从桶中放出液体蜂蜜。

过冬。一个里面装满了蜂蜜的上框梁巢脾，取决于箱内空间的大小，有2.3~3.6千克的蜂蜜。当然，当育子速度变慢时，也有很多巢脾的上半部或者更多一点装有蜂蜜，但底下的一半是空的，这些是你需要担心的巢脾。这些半满的巢脾里到底有多少蜂蜜呢？这可是让你的蜜蜂过冬的食物啊！所以，在你知道有多少之前，先称一下这些半满的和全满的巢脾。一个很好的经验法则就是，你需要给一整脾的蜜蜂准备一整脾的蜂蜜。这很容易弄明白，但需要一些时间。提出巢脾，粗略估计一下每面覆盖着的蜜蜂百分比，蜂蜜也是如此。最后，它们应该是相等的，或者更好一点的，蜂蜜比蜜蜂更多。

如果你没有储存足够的蜂蜜来过冬，你就需要饲喂你的蜂群。你可以把饲喂器装在前门，也可以在蜂群里腾出足够的空间来容纳放在支架中的饲喂器。软糖也可以粘在隔堵板上，或者就放在蜂团下面的箱底板上或者放在那个特殊的巢框里。如果在带纱网的箱底板上有盖子，一定要在冬季更换。如果空间允许，夏季移除整脾的蜂蜜并储存起来以准备过冬，这是个好主意，没有比这更好的食物了。但是在一个上框梁蜂箱里，蜜蜂在围绕着蜂子的巢脾底部结团，取食巢脾顶部的蜂蜜，越冬期间再往上移动。因而，所有的横向5个巢脾里的蜂蜜，将作用不大。所以，找那些上面有很多很多蜂蜜的巢脾。然后，把装满蜂蜜的巢脾尽量向蜜蜂靠近，这样当天气暖和的时候，蜜蜂可以移动到那里去取食蜂蜜，再回来反哺给几个巢脾远的子区的蜂子。

在寒冷地区，给蜂箱施加保护是必须的。有几种可以防风和防寒的方法，但有趣的是，通风并不重要，因为蜂箱内部的温暖使上框梁的底部保持温暖，所以没有凝结物落在蜜蜂身上。

如果你的蜂箱是用支架离开地面的，降低它的高度以减少风对蜂箱的影响是一个好主意。把它放在地上，用一层聚乙烯绝缘材料防止潮湿和寒冷，是一个切实可行的方案。然后用稻草围住它或者用屋顶纸包住它，作为一道防风屏障。如果它有一个坡屋顶，在坡顶下面的空间里放置某种绝缘材料，以达到保暖和御寒的目的。虽然有些型号的蜂箱在上框梁和屋顶之间的长边有个很狭长的开口，当你在操作蜂箱时，允许蜜蜂从上框梁上方逃脱，但不管在哪里，巢门都是做通风用的。如果上框梁上面没有一个空间，就把绝缘材料直接放在屋顶上，如果有必要，用屋顶材料保护它。用蹦极绳或粗的绳子把它固定在适当的位置。

你也可以简单地添加几片绝缘物来覆盖顶部、侧面和底部。三四条蹦极绳可以把它固定住，到你检查它时，就可以把这些绝缘物移开了。

你可能想在支架和蜂箱周围放上一个裙板，如果它们是一整片材料，可以保持支架下的空间封闭，并保护蜂箱的两侧和底部。将裙板材料紧固在蜂箱内腔边缘，这样当你打开大盖的时候，它依然是紧固的，把蜂箱从上到下完全缠绕起来，蜂箱不会被风雪吹走。如果你所在的地方有严冬，你也许想在蜂箱下面的空地上放上几捆稻草，以维持一个完全没有风的闭塞区域。一定要在巢门处留个小开口，这样蜜蜂就可以在天气暖和

● 在冬季保护上框梁蜂箱的一种方法是用屋顶纸把它包起来并把它放在泡沫绝缘物上，以保持干燥和温暖。你可以用稻草包围住蜂箱，以提供额外的防风保护。

● 一种快速和简单的方法就是在最后一框蜜蜂和隔堵板之间来饲喂一块软糖或蛋白质补充剂，再加上一个上框梁来关闭开口。

的时候出来排泄飞行。巢门可以被保护起来或缩小尺寸，以保护它们免受直风吹入。别忘了用纱窗或其他巢门挡来保护蜜蜂不受老鼠的侵害。这些在上框梁之上开有巢门的蜂箱，可以让被困的蜜蜂出来，这对老鼠来说也是非常好的。你最好例行检查顶部并移除任何老鼠，而不是试图阻止它们，直到天气太冷时它们无法钻进去。

不管是为了新笼蜂还是为了一个即将耗尽食物的冬季蜂团，一种让食物接近蜂团的方法是在蜂箱里垂直地放置软糖。你可以简单地在隔板上放置一块软糖，用橡皮筋固定住。你可以做一个饲喂器，以隔板的形状作为一个巢框，然后把软糖放在中间，用木条、橡皮筋或其他方法固定住。或者你可以简单地制作一个隔板形状的巢框，中间是空的，在那里可以放置软糖。

你也可以用同样的装置来容纳蛋白质补充剂。事实上，同时饲喂两种饲料的一个极好的方法是制作一个隔板形状的巢框，中间是空的，带有一个背面。用软糖和蛋白质补充剂填满这个空间，把它靠近蜂团使之容易取食。做三四个这样的巢框，这样，在你每次去蜂场的时候，你就可以简单地提出一个，并用另一个来替换它。

你也可以简单地在最后一个巢框和隔板之间留出的空间里放一块软糖或蛋白质补充剂，用一个没有巢脾附着的上框梁盖住。

当天气够暖和的时候，你可以去掉绝缘材料，把蜂箱放回到蜂箱架上，更全面地检查蜂箱，把蜂子、蜂蜜和蜜蜂调整到你想要它们待的地方以便越夏。

在冬季要考虑做的一件事是制作或获得一个相同尺寸的蜂箱，以便巢脾和上框梁匹配，或制作一个小核箱，简单来说就是一个与原版有相同空间度的更小版本的蜂箱。这样在增加蜜蜂种群的同时，你还能分开健康的种群并能预防分蜂。最终，你将拥有一些与同一尺寸蜂箱相似的尺寸相同的上框梁蜂箱。

上框梁病虫害防治

无论蜜蜂在哪个箱体里，都需要防治害虫和疾病，而这需要仔细观察。因为蜜蜂制作的从上框梁上悬挂下来的巢脾是按照它们自己的标准而不是按预制的巢础来制作的，一些养蜂人声称，天然大小的巢房有助于蜜蜂更好地对抗病虫害。很多研究都不支持这一点，但有一些传闻表明这是有帮助的。我的经验是，借用一句短语：相信，但要证实。当反复使用同一个供应商的蜜蜂时，他们处理病虫害的方法大致相同，而且无论是箱体还是巢脾都没有太大差异。但是，这种情况正在慢慢改变，你的感受可能有所不同。无论如何，要注意可能出现的问题，当蜜蜂需要帮助的时候要做好准备。

使用酒精漂洗来监测瓦螨种群。如果你确定要处理，用精油处理将是困难的，因为在蜜蜂身上没有可以放置精油并让蜜蜂触碰到精油的地方。为了工作，蜜蜂必须把精油移走，并在这个过程中将精油分散在蜂箱里。另外，比空气还重的烟雾无处可去。甲酸也不会起作用，由于上框梁之间的密封环境阻止了烟雾到达其下的蜜蜂处。但是，往上框梁之间的蜜蜂身上滴一滴甲酸/糖浆溶液已经有一些养蜂人尝试成功了。

雄蜂截留是很困难的，因为在这样的箱内空间里建这种雄蜂巢脾，几乎是在每个子巢框上，而不是孤立在一个特定的雄蜂巢框上。你可以用一个塑料巢础，上面已经有雄蜂巢房，并被切下安置进去了，但这挑战了上框梁蜂箱不用巢础的想法。然而，它可能真是个解决的办法。直到今天，甲酸蒸汽的效果依旧好坏参半，因为所有水平的和垂直的巢脾都很难得到蒸汽。杀螨条可能是最容易使用的，但它们无疑是最有毒的选择，也终止了拥有干净蜂蜡的讨论。但是，如果选择了，它们就会从位于蜂巢中心的一个无巢脾的上框梁的底部悬挂下来。

上框梁蜂箱被一些人认为是比我们把蜜蜂放进去的其他类型的蜂箱更天然的。如果你不把巢础放进郎氏箱的巢框里，蜜蜂就会用它们选择的巢脾来填充而不是或多或少地依附于巢础促使它们的方向。这样不就更自然吗？或许吧。同时，如果盒子式的蜂箱没放水平，蜜蜂也会在这些蜂箱中建造交叉脾。

我认为在蜂箱的类型方面真的没什么区别。如果你选择养蜂，你要承担食物、住所、安全、防止虫害和疾病的责任，并且，所有你所拥有的牲畜都能得到同样的人道待遇，无论是蜜蜂、鸡、猫、狗还是牛。不管哪种蜂箱，放在哪里，目标是什么，你作为饲养者对它们的责任仍然是饲养蜜蜂最重要的方面。

所有这些赘述，一定要提及关于瓦螨防治的部分及后面关于治螨规则的部分。有了这种意识，害虫如何可怕、影响如何重要，就怎么强调都绝对不为过了。

个人装备

既然你已经为蜜蜂准备好了，那现在就该给自己做好准备了。

蜂衣

一件蜂衣是你的制服、你的工作服，它可以让你和你的蜜蜂保持舒适的距离，也可以让你的衣服保持干净。为了满足养蜂人个人的需要，蜂衣的复杂化和多样性是第一位的。你会发现白色是最普通的颜色，但是任何浅色或带有装饰的衣服都是可以接受的。最近比较流行的是通风服，它是由层层的网格构成的，当叠加在一起时，就足够厚，可以阻止蜜蜂接近你，但即使是在最热的一天里也是非常凉爽的。有的在膝盖、肘部、大腿和其他出现磨损最多的部位会有一些布片补丁；有的带头罩；有的是夹克式的。唯一要注意的就是它们能被树枝勾住，这种情况偶尔会发生，虽然大多数都能抵抗撕裂，但仅仅是被勾住就是一个问题。如果你整个夏季都生活在炎热的地方，考虑用一款这样的蜂衣吧。

有许多种你能想象得到的蜂衣款式。一个很好的经验法则是，它们花的钱越多，它们提供的保护就越多。一定要穿上你觉得舒服的衣服，因为如果你在操作蜜蜂的时候不自在，你就不会很好地打理它们。

如果你所在的位置是气候较温和的，那么可以买到由非常薄的、薄的或非常厚的棉织物所制成的连体蜂衣，这些东西从头到脚都包裹着你，但是在夏季的天气里会十分闷热。另一种选择是用类似的材料制成的夹克式蜂衣，这些更凉爽，但不能让你的裤子保持干净。与蜜蜂打交道时要记住的重要事情是它们对自己的家园是非常具有保护性的。当任何类似天敌的东西靠近时，比如一只臭鼬、一只熊或一只浣熊，它们都会感觉受到了威胁。这些敌人有一个共同点——它们又黑又毛茸茸的——所以，在蜂箱附近穿深色毛茸茸的衣服不是个好主意。无论你选择哪种蜂衣，都要以简约开始，并且还要找个带拉链的头罩和面网。这些都提供了良好的能见度、耐用性，并且不会让一只犯错的蜜蜂有机会钻进去。面网是可以拆卸的，你可以在以后搭配其他的头套，而不必投资一个全新的套装。我能给你的最好建议就是买你能买得起的最好套装。简单地说，如果你操作蜜蜂的时候感到不安全，你就会开始找各种理由来避免接触你的蜜蜂——而这将是你养蜂生涯的结束。

当你检查你的蜂群时，蜜蜂会落在你的衣服上、你的面网上，它们会在你的手上行走。这不是威胁的行为，但一开始它会分散你的注意力而且有点令人不安。戴上手套可以消除分心。多数人在刚开始饲养蜜蜂时都戴着手套，过了一阵子就完全不戴了。最重要的规则是穿着让你感觉舒服的衣服。

手套

你可以买到用厚的、耐用的、几乎不可移动的牛皮革制成的皮手套，它几乎可以防

清洁防护设备

当你穿上你的蜂衣并戴好手套进行几次蜂群检查后，蜂毒和警报信息素的量开始在这些材料中累积。经常清洗可以消除这些化学物质，并且当你操作蜂群时，会减少守卫蜂的拜访次数。把这些衣服单独漂洗，这样警报信息素就不会污染你的其他衣服。

● 当你买标定尺寸的手套时，测量你的手掌后周围的距离。用英寸表示的周长是你需要的手套的尺寸。9英寸（23厘米）就是手套的尺寸为9。

● 各种手套都可以买到，从上至下：重型皮革手套，薄而柔软的皮革手套，涂有塑料的帆布手套，塑料涂层布手套，薄的洗碗手套。

● 试着戴一双耐用的皮手套拾起一个25美分硬币，如果你不能戴手套拾起它，它们就不能用在蜂箱里。但不管是用薄的手套还是不用手套，你都能感觉到一只蜜蜂而不会压死它。戴上了沉重的手套，你会挤压到蜜蜂，进而在这个过程中释放警报信息素。

子弹，还有山羊皮手套，它们更灵活，足够厚，不会有刺痛感，但这两种手套都大大削弱了我们在操作蜂群时的所有感觉。当你用力快速地操作或是应对烦躁的蜜蜂时，这种手套很好。对我们大多数人来说，这不是一个常见的做法，我们努力追求着小心细致地工作，目的是不打扰蜜蜂及其蜂箱。一般来说，你会先戴上你觉得安全的手套。这样在你手上行走的或者喜欢你蜂衣的蜜蜂就不会让你感到不安，如果你没有感到安全，你就不会去弄蜜蜂。从安全防护开始，向着最终不戴手套操作来努力。

有些供应商出售的手套尺寸精准（不是传统的S、M、L、XL尺码），并且通常由薄的、柔软的皮革制成，最合手。这对指尖尤其重要。手套手指太长会让你笨手笨脚，移动巢脾时很难做到足够小心。普通的橡胶洗碗手套也很好用，当你操作巢脾时会相当灵活。

不戴手套是大多数养蜂活动的最佳方式。每个人都有他（她）自己的时间表来达到某种舒适的程度。最终，当你准备放弃手套的时候，你会先把旧手套去掉一对手指，

仅用于蜜蜂的手套

不要戴你的防蜇手套做其他事情，如清洁割草机或使用链锯。否则，汽油残渣会刺激你的蜜蜂，它们会攻击你、你的手套及任何附近的人。只为蜜蜂穿戴你的蜜蜂手套。

以增加你的灵巧性。然后，有一天，你会完全忘记戴上它们，甚至根本没有注意到没戴手套。

脚踝保护

有些事情直到最后才被考虑，那就是你的鞋面和你的裤子底下的间隙。我们很少认为蜜蜂会在地面上，但是，当你打开蜂箱，拿出一个巢脾或移动箱子时，蜜蜂就会掉出来。多数蜜蜂会飞走，但有些不会。落在地面上的蜜蜂会自然地爬上某物。通常它们的选择是爬到蜂箱架上或是你的鞋子上，再从你的鞋子到你的腿上，在这里它们被困住了、吓到了，可能就会行刺了。为了避免后者，蜂机具供应商出售简单的带有钩环附件的弹性带，可用于扎紧你的裤腿。

弹性带

长腿蜜蜂套装的袖口有弹性或闭合的带子，使爬行的蜜蜂不再是问题。但是，如果有一只蜜蜂被闷在里面就成为问题了，所以使用可以绑在手腕上或脚踝上的有弹性的带子，并且用尼龙搭扣固定，是一个明智的选择。在你的后口袋里放上一对。当然，一双长筒的靴子可以不让蜜蜂逼近，并让你的脚保持干燥。

新蜂衣的挑战

无论是蜂衣还是手套，先穿戴上试试！确保它们能穿戴上，并轻松地脱下。一旦穿戴上，有经验的养蜂人通常会看看上面有没有破洞。如果有洞，你要再找一套。

喷烟器和燃料

喷烟器是养蜂人最好的朋友。一个在过去的100年里改变很小的简单装置，它基本上是一个金属罐（叫作点火室），顶部有一个铰链式的、可移动的定向的喷嘴，底部有一个风箱，炉算架（在内部的底部附近，以防止灰尘堵塞从风箱来的进气口）。只有大型的和小型的喷烟器可以买到，不管是谁做的，大型的都是更好的选择。不锈钢的比镀锌的寿命长，但也不是长出很多，倒是喷烟器外面加上一个保护罩确实会延长其使用寿命。买一个大的不锈钢的上面带有保护罩和挂钩的喷烟器，可挂在蜂箱侧面，当你打开蜂箱时，它是关闭的，但不会挡着你的路。

你的喷烟器用什么材料来燃烧？许多燃料工作良好，但有一些是危险的。蜂机具供应公司提供由压缩棉纤维、小粒压缩锯末和干净的麻布卷制成的燃料桶。如果你有外场地，你可以随时买上一些，放在车库或车座下，因为总会有那么一天其他燃料是湿的，或者你用完了常规的燃料。

许多类型的燃料是充足的并可免费获得的：锯屑是一种，未经处理、未着色的刨木花是另一种，而松针总是我的首选。干的、腐烂的木头——叫作朋克木头——它柔软到足以在你的手中被粉碎，并且可以在树林里散步时进行收集，它可是理想的燃料呢。从建筑工程遗留下来的小块干木头也很好用，只要它们能被装进点火室。未经处理的黄麻麻布是很好的燃料，但要注意不要使用合成麻布。用干草或稻草制成的未经处理的麻绳也可以使用，但要注意麻布和麻绳通常用杀真菌剂或其他抗腐剂处理过，以便它们在潮湿的天气里不会碎裂。确保你正在燃烧的是未经处理的材料。不要使用以石油或汽油为

● 在和蜜蜂打交道时，你的喷烟器是不可或缺的。在这里展示的是个大小合适的喷烟器。养蜂人穿了一件带蜂帽的夹克，并戴着薄的皮革手套作保护。

● 如果你的喷烟器使用树枝类材料，如松针或刨木花，那么杂酚油、灰烬和烟垢会堆积到喷壶口。

● 要定期用起刮刀或其他刮器清理喷烟器的喷管内部，以消除积垢。

● 别忘了把喷壶口清干净，这样你就能得到你需要的全部的烟雾了。

● 还要提前计划，如果你用的是天然的、有机的（基于植物的）喷烟器燃料，要保证手头总是有很多。秋季，当松针落到地上很多的时候，我就把它们耙起来，当天气干燥时把它们储存起来过冬，准备在春季进行第一次检查。厚厚的落叶和腐朽的木材是一样的，都在秋季采集而在冬季干透。

养 蜂 提 示

如果有机会，在购买喷烟器之前，你先把风箱装进喷烟器看看。因为毕竟制造商们在挤压风箱的手感上存在着很大的差异。看一下风箱顶部有多宽及挤压时要怎样用力。一个太宽的、硬的风箱会使一个漫长的下午变得更长，可能需要用两只手来挤压，这是非常不方便的。在展会的时候先试试某一款，或者看看你的朋友用了什么样的，再看看哪款最适合你。

烟雾如何影响蜜蜂

几千年前，人们发现，当去掠夺一个野生蜜蜂窝的时候，如果手中有一个大的燃烧着的火炬，取蜜就会变得轻松多了。火中的烟似乎使蜜蜂稍微平静和安静了一些。

当你往你的蜂群里喷点烟时，会发生几件事。想象一下，你的蜂群的内部，里面黑漆漆的，温度大约为35℃，湿度徘徊在90%左右。蜜蜂种群中的主要交流形式是气味——蜂王对工蜂的信息素、工蜂对工蜂的信息素及蜂子对工蜂的信息素。当你喷出一口烟的时候，它就掩盖了这些具有真正信息的气味，并有效地切断了通信，引起了一定的混乱。正常的秩序被打乱了，指挥系统的链断了，给养蜂人打开蜂群、检查它、做一些工作及关闭蜂箱等，提供了可乘之机。当烟雾开始进入蜂群时，一些蜜蜂会撤退，另一些蜜蜂则直接去最近有储存蜂蜜的地方，开始尽可能快地进食蜂蜜，以防它们需要弃巢。

有些蜜蜂，如守护蜂，似乎不受烟雾影响。它们在蜂巢的外围工作，也不受蜂箱通信的影响。

不过，即使是守护蜂也有一定程度的气味交流，这也会被烟雾所中断。一般来说，当蜜蜂首先感觉到蜂巢里的危险时，它会快速发出一个小的、短的报警信息素。这种信息素具有类似香蕉的气味，可以被人类的鼻子探测到。当其他蜜蜂探测到报警信息素时，它们的本能是探查。如果威胁是真实的，它们就会释放更多的报警信息素，煽动越来越多的蜜蜂。有些蜜蜂可能会行刺，这会释放额外的报警信息素。蜜蜂将继续这种活动，直到威胁消除。你还会知道一件或更多的关于螫针的事。一旦蜜蜂行刺，当它往外拔出时，带倒钩的螫针就会卡在你的衣服或皮肤里。与此相连的是毒囊和酸囊及交替挤压它们的肌肉，把螫针刺进皮肤，把蜂毒注入伤口。另外，还有制造报警信息素的器官。它们会继续释放信息素，把新的攻击者引向你被螫刺的地方。立即取出螫针，这样你就不会再被螫着了。然后，往被螫部位喷烟，以遮住任何可能残留的信息素。

基础的点火装置。蜜蜂对化学物质敏感，那些经过处理的材料所产生的烟雾会杀死你的蜜蜂，并可能会在你的喷烟器中引起火灾和其他安全隐患。

额外设备

还有一些额外的设备，可以让你在多数情况下更容易、更快速地做一些事情。

赘脾/蜂蜡收集器

一个蜂蜡收集器可以是一个简单的桶、罐子或盒子，用于盛装你每次检查蜂群时刮削下来的蜂蜡碎屑。蜜蜂会在你不喜欢的地方筑造出错的巢脾。与其丢弃这个有价值的产品，不如移走并保存它。用你的起刮刀在巢脾下面滑动，然后把它向上和向外提起。买一个或者做一个可以挂在蜂箱一侧的小容器，要不然就简单地用一个小桶或罐子，你可以根据天气来密封它，并且就把它留在蜂场，直到被需要或被填满。

● 起刮刀、蜂刷和封盖蜡刮器。注意叉子上有许多又长又尖的尖头，要小心处理。蜂刷很容易使用，当猪鬃上蘸有蜂蜜时，你会很容易把它清洗掉。让它保持干净，这样蜜蜂就不会粘在上面了。

封盖蜡刮器

这个非常锋利的叉状工具是用来去除那些由割蜜刀所无法触及的封盖的。在巢房被打开后发现有瓦螨时，封盖蜡刮器可以用来将雄蜂的幼虫从巢房中剜挑出来。

蜂刷

蜂刷是可以从每一个供应商那里买到的，它有特别长的和非常软的猪鬃，用于从巢脾上移走蜜蜂、从上框梁上刷掉蜜蜂及从你要用起刮刀的地方赶走蜜蜂。一些养蜂人每次都用它，多数人仅在收获蜂蜜时用它。拥有一个蜂刷确实是个不错的选择。

迈克森特（Maxant）式起刮刀

这种普通的起刮刀在一端有一个扁平的刀片，而在另一端有一个圆的90度弯曲，这有助于从侧面或一端撬起你想要接触的巢脾。将带钩的一端放到巢框框耳之下，在邻近巢脾或蜂箱侧壁上，用钩子末端作为（杠杆的）支点，轻易地把巢脾提起来。扁平端有一个双面刀刃，用于分离继箱或者作为一种刮掏工具。

巢脾搁置架

这种装置悬挂在你正在操作的继箱一侧。当你想要把巢脾拿出或者放进这个蜂箱

● 迈克森特（Maxant）式起刮刀用一边的凹痕作为支点抬起钩子，在另一边握住巢框的框耳。一个最低限度的杠杆作用提升起哪怕是最黏稠、最重的巢脾。

● 一个巢脾搁置架或支持物，使得巢脾就在附近，但在操作蜂群的时候又不会碍事。各种尺寸均有。要注意的是，蜂王要留在蜂箱里，不能落在这个巢脾上。不然，它可能会飞走。

时，它给你提供一个放置巢脾的地方，而不是把它靠在本蜂群的蜂箱架边上。否则，你如果没有蜂箱架可倚靠时怎么办呢。在检查剩余的巢脾之前，总是先要从蜂箱内侧外缘移开一两个巢框——它们几乎不带有蜜蜂、蜂蜜和蜂子。小心提起并检查每一个巢脾。当你移除第一个巢脾时，如果同样是空的无蜂的，将其放置在巢脾搁置架上或移动到所创建的箱内空间。这样确保带有蜂王的巢脾留在蜂箱里（尤其是你没看到它时），所以它不会掉下来，也不会飞走。

隔王板

隔王板是一个金属或塑料网格，覆盖了整个蜂箱的表面。网格的间隔可以使工蜂通过，但较大的雄蜂和蜂王不能通过。它是用来确保蜂王留在蜂群里用作巢箱的区域内，不允许蜂王进入蜂群里用来储存多余蜂蜜的区域产卵。

当蜜蜂允许蜂子被产在蜜脾时，它会把那些巢脾里的蜡变暗，这就使得后来储存在那里的蜂蜜变暗。况且，在有多余蜂蜜储存的继箱里，如果巢脾里有蜂子，当你打算取蜜时，尽管用了脱蜂板，但哺育蜂并不会离开蜂子。而且，在检查蜂群以判断蜂王品质时，你就知道去哪里找它，减少了要检查的巢脾数。

● 在蜂群上的隔王板 几乎每一种类型都违背了蜂路原则，所以总是有一些赘脾建在上面。不要用起刮刀刮铁线，因为你可能会弄弯铁线，进而扩大了空间，让蜂王挤过去。应该把隔王板放在一个熔蜡器中去除蜂蜡。

可是工蜂不大愿意，有时甚至是不会通过隔王板，这严重限制了蜂群的体积。蜂群开始认为自己很拥挤，可能分蜂，也可能停止采集花蜜，因为它们觉得没有地方可以存放了。有时，隔王板成了隔蜜板。这个问题可以通过从隔王板下面的巢箱里往继箱上移动一两个蜜脾来解决，这实际上是告诉蜜蜂去那里是可以的。

起刮刀

养蜂供应目录提供多种起刮刀。最实用的是看起来像一个刮漆器的那种，一端是弯曲的，另一端又宽又平又锋利，标准的10英寸（25厘米）起刮刀将提供最大的杠杆作用。也有一些更短的型号可供选择，不用担心。但是，当箱体被蜂胶和蜂蜡黏在一起时，这些短款的起刮刀可能提供不了足够的杠杆作用来完成分离继箱的工作。起刮刀很

养 蜂 提 示

别被骗了

在多数五金店里，你会看到一些很像正常的起刮刀那样的工具，但是，这些产品与蜂机具公司出售的那些工具有很大的区别。这些五金店的油漆刮刀不耐用，当用于撬开继箱或撬动巢脾时会被折断，那时有数百公斤（1公斤=1千克）的压力被放在起刮刀的刀尖上。起刮刀是你的工具中一个耐受力最大的部件，所以不要拿一个不适合的工具去冒险。它们会被折断甚至伤害到你。

● 左边是各种起刮刀。有些只是变型，而另一些则有特定的用途。找一个适合你手的，因为大部分时间你都是手握起刮刀在工作。[注意：左边第一个带有保护区的工具有一个坚实的抓手，但它很重。左边的第二个工具是用来清理上框梁之间的。左边的第三个工具是迈克森特（Maxant）式起刮刀]。

● 如果你像这样握住起刮刀，就可以轻松地操作巢脾和继箱。

● 关于如何操作巢脾和起刮刀的两张图。这使得该起刮刀总是在手边，但又不妨碍你的工作。

● 箱内饲喂器适合放在巢箱里，占用一个巢脾的位置，里面装满糖浆。要选择那种带有粗糙面的或是带有铁线阶梯的款式，这样当蜜蜂进去取食糖浆时，它们可以爬出来，不至于溺毙。

● 如果要收集蜂胶，有一个蜂胶截留器是非常必要的。

● 用脱蜂板是将蜜蜂从储蜜继箱中移除的简单方法。蜜蜂从圆锥体的宽末端进入，然后就无法通过狭窄的末端找到返回的路（在 P177 的图为另一脱蜂板，上面有一个大孔引导着蜜蜂向外出去，下面 3 个小的逃生孔引导蜜蜂进入继箱或下面的巢箱）。

设备核对表

每个蜂箱的设备应包括：

● 在冬季，带纱网的箱底板应拉上插槽以关闭纱网。

● 至少 3 个组装好的、中深度的巢箱，要完全配有含黑色塑料巢础的组装好的巢脾。

● 至少 2 个额外的中等深度的储蜜继箱，要完全配有组装好的巢脾，巢础颜色随意。

● 隔王板（可选择的）。

● 蜂箱前门的防鼠器和巢门挡。

● 内盖。

● 大盖。两种款式，坡屋顶的或平屋顶的，效果都很好。坡屋顶的是装饰性的，但很重，不能作为一个平台来放置继箱；而平屋顶的在检查蜂群时，可提供一个放置喷烟器或起刮刀的地方，但它们都很漂亮。

● 蜂衣或养蜂夹克（戴面网的），也许只是面网和你自己的一套工作服，外加合适的手套和脚踝带。

● 起刮刀——至少 2 把。

● 喷烟器及其燃料。

● 容纳重蜂箱的蜂箱架。

● 蜂箱上部糖浆饲喂桶、罐或蜂箱上部饲喂器。

● 书籍、杂志和其他养蜂信息。

● 蜜蜂和蜂王。

● 熏烟板和化学物质。

● 脱蜂板。

最终你会想要：

● 额外的储蜜继箱。

● 开盖设备、割蜜刀或打孔器（叉子）。

● 手动的或电动的摇蜜设备。

● 装瓶设备、瓶子和标签。

便宜，但也很容易丢失，我建议你准备两把。其他款式是为蜂箱中的特殊任务而设计的，当你对标准的起刮刀有了一些经验，你就会发现它们的优点。

蜜蜂

现在你有了设备，是时候选择你的蜜蜂了。

笼蜂、核群、蜂群和分蜂团

养蜂设备属于专业设备，但幸运的是，它越来越容易找到。可能不是在你当地的杂货店，而是在附近的农场用品店。甚至在购买真正的蜜蜂时，你可能会在一些有趣的地方发现它们。作为当地养蜂俱乐部的一分子或参加过初级养蜂班，都能成为你的优势。因为可以知道某人认识你要找的什么人，无论你何时需要，都是养蜂成功的关键。

有几种方法可以让你的蜂箱里有蜜蜂——两种简单的方法和其他两种都非常令人兴奋和直接的方法。你可以买所谓的笼蜂，它是一种简单的木头–铁纱网或塑料网的盒子，内含蜜蜂、一只蜂王和一罐作为运输过程中的食物的糖浆或软糖，它将从专门饲养蜜蜂用来出售的养蜂人那里运来。你要把这些蜜蜂转移到自己的蜂箱里，让它们开始在蜂箱里活动，并把它们作为一个蜂群来饲养。或者，你可以买一个小的开始群（这里指核群），把它放在自己的蜂箱里。

另一种选择是从另一个养蜂人那里购买一个满箱的准备分蜂的蜂群。好处是你可以尽量减少以一个小的、易受伤害的笼蜂甚至是核群来开始的风险，但潜在的缺点是你开始时就得全速前进，而没有大多数新手养蜂人所需的适应期。

捕捉一群蜜蜂是很多养蜂人职业生涯的开始。这就需要寻找、捕捉一群蜜蜂，把它带回家并进行过箱。这个活动与养蜂收获一样兴奋。

准备好一切

老话说得好：机遇总是偏向于有准备的头脑，这是不言而喻的，但我还是要说一说。提前开始准备；确保你有所需要的一切；尽你所能与所有的有用之人保持联系；阅读养蜂的目录、期刊和书籍，尤其是这本书；如果可能，找一个当地的俱乐部，参加一个养蜂的入门课程，并且要确保你的邻居和家人支持你的养蜂愿望。现在冒险开始了。

购买笼蜂

无论你住在地球的什么地方，在较温暖的地区，早春会比在寒温带地区提早两三个月到来。住在温暖地区并生产蜜蜂来销售的人们在一年之中很早的时候就开始饲养蜜蜂了，因此，当春季晚些时候到达比较寒冷的地区时，他们已经准备出售蜜蜂了。

为了做到这一点，他们每隔三周就会将一些蜜蜂从蜂群中移出来。他们打开蜂群，找到并移走蜂王，将多余的蜜蜂摇进一个专门用于邮寄鲜活蜜蜂的笼子（一个带纱网的或塑料的笼子）。最常见的出售的笼蜂是1.5千克的，但是1千克和2千克的也是可以的。一个重1.5千克的笼蜂刚好是一个8框或10框箱的容纳量。500克蜜蜂大约有3500只活蜜蜂，所以1.5千克的笼蜂将含有大约10000只蜜蜂。

● 有两种笼子或容器。左边的是传统的笼子，由木头和窗纱制成，通风极佳并且安全。由塑料制成的新的笼子，理论上是防挤压的，但还没有完全实现，因为有些类型允许你只打开一端并释放蜜蜂，而另一些则要求你把它们从上面的饲喂器开洞的地方倒进倒出，就像传统的笼子。两个都在里面装了一个饲喂器，蜂王会被挂在一侧。

一罐糖浆或糖蜜为蜜蜂提供了几天的食物。一只蜂王，安全地待在它自己的保护笼里，被挂在靠近蜜蜂但不被蜜蜂骚扰的地方，因为笼蜂需要几天的时间才会与它熟悉，如果它们接触得太快，它们可能会变得好斗。这个完整的笼蜂现在可以被直接邮寄到一个客户或当地供应商那里。第三章会讨论如何将来自笼蜂的蜜蜂和蜂王转进你自己的蜂箱里。

在春季，如果你够幸运，会赶上你当地俱乐部的人把一车车的笼蜂直接运到他或她的订购点来出售。订购前请查找当地供应商，因为最好在本地购买。看看他们在卖什么（笼蜂或核群的大小）、价位和笼蜂取用的日期（一般来说，变通的机会很小——倒是周末很常见），以及你将选择哪些蜜蜂或蜂王。同时也要找出供应商从哪里进蜜蜂和蜂王及需要多长时间才能送到。当谈到价格，有句俗话"一分钱一分货"基本上是对的。如果你住在离主要供应商几百千米的地方，你就可以直接购买或者让人把蜜蜂直接邮寄过来。不过，请注意，蜜蜂仅能被运送有限的距离，否则会给蜜蜂带来伤亡。

购买核群：一个更好的选择

在考虑以核群而不是以笼蜂开始时，已经算是一种改变了。无疑并且十分不幸的是，大多数刚开始养蜂的人都是以笼蜂开始的，因为可以买到比核群或满箱的蜂群更大数量的蜜蜂。

一般而言，笼蜂比核群要便宜一些，但是"花好钱买好货"是绝对正确的。简而言之，如果可以，买个核群。如果不行，那就买笼蜂。

核群本质上是一个微型的开始群。大多数核群里有5个框，但其他的则可能有3~6个。它们是用硬纸板、塑料或木盒子制作的，但这些盒子并不是永久的。一个核群里应包括一个产卵的蜂王、所有日龄的工蜂、封盖的和未封盖的蜂子、所有日龄的雄蜂和雄蜂子、储存的蜜粉，还有全部或大部分造好的巢脾。

核群生产商已经下了很大的赌注来开始建立大群了。当你从他那里购买核群的时候，核群里的蜂王或许自从去年的夏季以来，在大群里已经产卵1个月甚至几个月了。在你买到这个核群之前，这个时间量足以让核群生产商从他花费的时间和金钱上来评估蜂王的生产和行为，并且发现是否有必要去换掉它，而不是你所希望的买到的蜂王是个好蜂王、买到的蜜蜂都是健康的并且带有很充足的食物。

目前，生产的核群数量远不及生产的笼蜂数量，但它们的数量每一季都在增长。你的核群来源应该包含至少产卵了一个月的蜂王们，甚至是更好一些的，产卵了几个月的蜂王们。通过在前一个季节分开夏季大群来生产核群，并为每个核群配备一只标记的新蜂王过冬，正变得越来越流行。这产生了一个强大的越冬蜂群、一个年轻而有活力的蜂王、非常少的瓦螨，这是步入养蜂业的一个很好的方式。如果可能，寻找本地的生产本地蜂王的核群生产者。

要注意的是设备的兼容性。许多但不是所有的核群生产者都使用深箱而不是中等深度的箱来饲养他们的核群。你可以先弄一个深箱来容纳一个深箱核群，但在流蜜期要把它们移到中等深度的箱子里。

如何从一个核群开始

你需要把你的核群从供应商那里运回家。通常它是安全的，蜜蜂不会泄漏，但要有思想准备可能在你的汽车里会徘徊一些流浪蜜蜂。如果你担心，就用卡车运回家或者戴上你的蜂帽。

在你离家之前要准备好设备。在你把笼蜂或核群带回家之前，请先温习一下有关笼蜂如何安置的详细信息。你需要将箱底板连同箱子和巢脾一同安放到蜂箱架上，还要有饲喂器及其饲料、巢门档、喷烟器和起刮刀、内盖和大盖。不管天气如何，你一回家就把核群安放到你的蜂箱中，千万不要把蜜蜂关在那个小核箱里。不然，它们会因为不通风而过热，进而死亡。如果天气温暖，它们会死得很快；如果天气凉爽或寒冷，它们会死得慢点。不要犹豫或延迟安置你的核群。如果外面下着瓢泼大雨，就把核群放在该蜂群最终会被放置的准确位置，打开前门，以便它们可以呼吸新鲜空气，在天气好转之前不要打扰它们。当过箱时，它们会没事的，会感觉很自在。穿上你的蜂衣，戴上蜂帽，点燃喷烟器，移走新核群的包装物。

为了把蜜蜂从核群转移到你的箱子里，你要先移动箱子中间的6个巢脾，并将它们放在箱内一侧。再把核群放在原群的旁边。从有核群的一边往巢门口里吹上几口烟，或者把大盖稍微抬高一点，往缝隙里喷些烟雾。把大盖放下，等一下，重复一遍。然后，慢慢把大盖（和内盖，如果有）拿掉。用起刮刀松开离你最近的核箱巢脾。慢慢地（如果有必要，再多喷些烟）把它抬起来，注意不要把它撞到邻近的巢脾或箱子侧面。把巢脾放在核群上。慢慢地把它移向蜂群，并把它放在箱子里离你最远的巢脾旁边留出的空

⚬ 商业性的笼蜂生产者通常生产大量的蜜蜂及他们自己的蜂王。当一个蜂群足够大的时候，它们把几框的蜜蜂直接"抖进"一个漏斗组成一笼蜂，添加一只蜂王和一个喂食罐，关闭包装盒，就可发送走了。另一种收集蜜蜂的方法是放置一个里面装着蜜蜂和蜂子有时还有蜂王的箱体，用烟熏它们使之下行经过隔王板进入到一个有纱盖的箱体。当这个带纱盖的箱体几乎装满了被喷烟后抖自几个箱体的蜜蜂的时候，下面箱体里的蜜蜂就被倒进笼子，称重，准备装运。这种技术比一次性只摇一框蜜蜂要有效得多。

⚬ 你的核群蜂箱可能是木头做的，拥有一个蜂箱的所有部分，只是在大小上放置5个而不是8个或10个巢框。

位上。重复下一个巢脾，然后再下一个，以此类推。

放到箱子里的巢框应该与放在核群里的位置一致，只不过现在是在蜂箱的中间。如果你用一个10框的蜂箱，换下其中的5个框，这样就有9个框在里面，并且它们都不会拥挤在一起。如果你用8框的蜂箱，就在你刚放进去的5个框的两侧，各替换一个框。

然后，不停地给这个核群饲喂糖浆和蛋白质补充剂，直到蜜蜂吃不下为止。让它们对新家和新地点先适应几天，然后再开箱检查。之后，就是例行的常规的一系列检查。

购买一个满箱的蜂群

另一种获得蜜蜂开始群的方式是从另一个养蜂人那里购买一个满箱的蜂群。这种方法让你成为一个即时养蜂人，但它也给了你作为养蜂人的所有责任。在采取这一步骤之前，你应该考虑到一些事情。首先，到了春季，满箱的蜂群需要进行分蜂控制和病虫害的监测，也需要处理大量的蜜蜂。当你沿着这条路走的时候，根本没有适应期。

购买满箱的蜂群时要考虑的另一个因素是它曾经属于过别人。就像购买任何二手的商品一样，你应该在购买前让另一个更有经验的养蜂人或当地的蜂群检查员评估一下蜂群的健康状况和设备质量。如果可能，要得到这个蜂群的虫害和疾病历史、饲喂时间表，以及任何害虫综合治理（IPM）或液体（固体）药物治疗的一个详细记录。如果可能，还要得到蜂群中巢脾的年限，这在颜色或状况上是明显的。一个关键的信息是，该蜂群以前是否曾被用一种抗生素治疗过美洲的或欧洲的幼虫腐臭病。如果是这样，那就快点远离吧。

蜜蜂的类型

所有的蜜蜂都有一个共同的祖先，但是它们自然的或人为辅助的迁徙已经让它们发育成为带有适应性状的亚种或品种。现在除了两极地区，世界各地都有蜜蜂存在。许多品种已经适应了在沙漠中、在漫长寒冷的冬季、在热带雨季和旱季的更迭中、在极早春和极晚春的地区、在流蜜期非常短的地区及在花蜜永不停止的地方生存。把这些不同的品种从一个地方搬到另一个地方，通常会产生非常不快乐的蜜蜂和养蜂者。自然选择的过程已经产生了在洞穴（相似于传统的人造蜂箱）中生活得非常熟练的蜜蜂，它们采集和储存食物以度过花粉和花蜜罕见或根本不存在的冬季，选择在食物丰富的春季早早地分蜂，增加它们建立新巢、储存食物以继续存活于未来的冬季的可能性。

人们已经确认了20多个蜜蜂的亚种，它们中的许多，其能否在人造蜂箱中生活及对世界上温和气候的适应能力，都经过了养蜂人的测试。很多亚种都被养蜂人抛弃了，因为它们具有不受欢迎的特性，譬如：过多的分蜂、差的食物储存特性或极端的护巢性。

意大利蜜蜂

意大利蜜蜂是世界上最常见的蜜蜂。由于是在温带到亚热带的亚平宁半岛上进化而来，意大利蜜蜂适应了漫长的夏季和相对温和的冬季。它们在入冬前或入冬后就开始进行季节性育子，并继续繁殖后代直到冬末。意大利蜜蜂从未真正停止过繁育，只不过在一年中最短的日子里，它们的确会放慢繁育速度，但不会慢太多。这也意味着它们对食物需求在冬季几乎不会减缓，它们几乎总是有大量的虫口和蜂子需要养育。

● 意大利蜜蜂一般呈黄色，带有棕色或黑色的条纹。雄蜂和蜂王体形较大，拥有金色的腹部。图中的蜂王胸部带有一个绿色斑点的标记，便于找到他。

生活在南部气候区的养蜂人，会比他们的北部同行们应对较少的管理问题。在蜜蜂活动的几乎所有月份里，都有花蜜和花粉植物。但是，在温和和凉爽地区饲养的意大利蜜蜂面临生长季节缩短、要制造和储存足够的食物来度过漫长的冬季的挑战。

笼蜂生产者更偏爱意大利蜜蜂，因为它们开始育子过程早，可以多养出些蜜蜂去卖。那些以为农作物授粉为谋生手段的养蜂人也喜欢意大利蜜蜂的这种特性，因为他们能及时生产出数量众多的蜂群来为早春季节开花的作物授粉。当有充足的饲料和良好的飞行天气时，意大利蜜蜂会生产和储存大量的蜂蜜。要制造大量的蜂蜜就需要有大量的蜜蜂，而意大利蜜蜂能提供大量的蜜蜂。

意大利蜜蜂对养蜂人也很有吸引力，因为它们并不明显地保护它们的蜂箱。当你移动和检查巢脾时，意大利蜜蜂通常会安静地待在巢脾上，它们不会过度分蜂，也不会产生大量的蜂胶。

意大利蜜蜂体色呈现黄色，腹部有明显的深棕色或黑色条纹。雄蜂大多是金色的，金色的大腹部上没有条纹。蜂王很容易辨认，因为它们有非常大的橙金色的腹部，这与蜂群里的所有其他蜜蜂是极其不同的。

卡尼鄂拉蜜蜂

卡尼鄂拉蜜蜂起源于卡尼鄂拉的阿尔卑斯山脉的东南欧的北部地区，包括奥地利、斯洛文尼亚等。多山的地形和有点无法预测的环境使得这些蜜蜂能够在寒冷的冬季生存并对瞬息万变的天气和季节做出反应。结果，当春季天气好的时候，它们会迅速反应，利用短暂的季节迅速增加它们的虫口并提前分蜂。在夏季，它们会享用丰富的食物，但是，如果出现干旱或其他不利的情况，它们也可以同样迅速地减缓活动。当秋季来临时，它们的活动甚至会更慢。在冬季，它们以小群越冬，消耗的食物也比在生长季节里明显少得多。

不像意大利蜜蜂，卡尼鄂拉蜜蜂的体色是黑色的。工蜂呈深灰色至黑色，腹部带有灰色条纹。蜂王是全黑色的，没有意大利蜜蜂的蜂王大。雄蜂很大，有全黑色的腹部。它们是所有蜜蜂中最温和的。当养蜂人检查巢脾时，它们在巢脾上很安静，能容忍养蜂人的常规操作。它们使用蜂胶也很节省，通常会在赘脾里使用多一些。

高加索蜜蜂

很少被使用或者很难得到的是起源于东欧的高加索山区的高加索蜜蜂。它们在春季繁殖非常缓慢，在夏季对可利用的资源反应良好。就像卡尼鄂拉蜜蜂，它们对冬季的反应是减少种群数量和节约使用蜂蜜储存。但是，因为它们群势发展缓慢，它们在春季分蜂的时间比它们的近亲意大利蜜蜂和卡尼鄂拉蜜蜂要晚。

高加索蜜蜂是极为温驯的，在被检查时可安静地待在巢脾上。它们也使用蜂胶，在你能想象到的每个地方都用，这使得你在蜂箱内的操作变得非常困难，但是收获这种特殊的蜂箱产品特别有吸引力。随着最近对蜂胶医疗价值的发现，对这些蜜蜂的需求在增加，供应也在增加。

高加索蜜蜂的工蜂是深灰色的，腹部带有浅灰色条纹，有时有棕色斑点。蜂王和雄蜂都是黑色的，就像卡尼鄂拉蜜蜂一样。

● 卡尼鄂拉蜜蜂是深色的，带有褐色至深灰色的条纹。蜂王和雄蜂几乎都有黑色腹部。看见那只带有蓝色斑点标记的蜂王了吗？

● 高加索蜜蜂呈深灰色至黑色，腹部有较浅的灰色条纹。蜂王和雄蜂的腹部为深灰色至黑色。然而，它们很不常见，通常见到的都不是纯种高加索蜜蜂，因此会有棕色甚至黄色的斑纹。

其他蜜蜂品种

瓦螨寄生在成年蜜蜂和幼虫蜜蜂身上，被认为是和亚洲蜜蜂的东方蜜蜂一道从亚洲进化而来。这种经年累月的共同进化使得东方蜜蜂对这些瓦螨产生抗性或耐受性。

最常见的蜜蜂是西方蜜蜂，起源于亚洲，向西、向南迁徙至非洲，后向北迁徙至欧洲，今天被称为欧洲蜜蜂。它们区域化为其他的蜜蜂生理宗（意大利蜜蜂、卡尼鄂拉蜜蜂、高加索蜜蜂、马其顿蜜蜂和其他蜜蜂），并没有与瓦螨一同进化。当欧洲蜜蜂迁徙（自然的迁徙和人类辅助的迁徙）到印度尼西亚东部的一些地区时，在本地东方蜜蜂（蜜蜂的另一个种）中流行的瓦螨，竟然跳过物种开始感染西方蜜蜂。因为本地的蜜蜂和瓦螨花费了好多万年的时间来协同进化，它们以一种非致死的关系生存了下来，瓦螨只感染东方蜜蜂的雄蜂，唯独留下工蜂，让瓦螨和蜜蜂都活下来。当西方蜜蜂第一次被引入到有瓦螨存在的地方时，蜂-螨间似乎也有类似的关系存在，而且也没有引起惊慌。但似乎是有一种变异，仅单一的雌性瓦螨可以感染西方蜜蜂的工蜂蜂子。正如我们所知，世界发生了改变，西方蜜蜂的蜂群，包括被感染的雄蜂和工蜂在内，开始成群地死亡。这是一场多年来的一边倒的战争。

西方蜜蜂继续死亡，直到养蜂人开始使用致命的足以杀死瓦螨但还不至于杀死蜜蜂的杀虫剂。目前，填补这一空白的化学药物仍然很少。西方蜜蜂几乎在世界各地迁徙，瓦螨也（非故意地）跟着移动。

● 这张图片显示一只雌性的瓦螨正在吸吮一只化蛹的蜜蜂。在巢房里它在一只工蜂身上仅能养育1~2只后代，但在一只雄蜂身上却能养育2~3只后代。

蜜蜂的性情

温驯的蜜蜂更容易管理，也更有趣。由于一些研究过的、定向的育种计划，今天你买到的蜜蜂比20年前还温和。尽管每一品系的蜜蜂都不一样，但有时温驯性是更能征服人的。虽说经验是判断蜜蜂性情和温驯性的最好老师，但以下的一些准则是需要注意的：

在你到达蜂箱之前，守卫蜜蜂不应该问候你。它们应该待在蜂箱里或是在巢门口，这不包括那些正离开蜂巢去采集的蜜蜂。

即使是在一个大的蜂群里，当你开箱10分钟之后，不应该有很多的蜜蜂还在空中飞来飞去。一缕轻烟就能让所有的蜜蜂留在上框梁上和巢脾间的下部。倘若你先给它们一小口烟，当你拿掉大盖和内盖时，空中应该仅有很少的蜜蜂。

当你移除内盖时，蜜蜂应该依然相对安静地待在上框梁上。

当你提起一个巢脾时，蜜蜂不应该起飞、变得焦躁不安、疯狂地在巢脾上乱跑或掉落。在极端情况下，看上去蜜蜂就像蜂蜜，慢慢地从巢脾的最低处滴下来。

缓慢和容易的动作应该可以帮助你避免受到任何的蜇刺。

当你把继箱从巢箱上搬开时，蜜蜂不应该跑动或飞出。

在你检查蜂群之后，不应该有蜜蜂跟着你超出几步远。此外，你必须在让蜜蜂保持温驯的状态下开展工作。采取最轻的操作动作，并尽可能少地激怒蜜蜂。

只在阳光充足、没有风的温暖的（18~37℃）日子里检查你的蜂群，以便有尽可能多的蜜蜂外出觅食，而不是在家等着蜇你。

当天气转凉、下雨、刮风、阴天、暴风雨即将来临或暴风雨刚过时，绝对不要开箱操作。

不要在清晨太早或黄昏太晚时开箱工作。10:00~16:00通常是最好的工作时间，因为那时气温是最温暖的、最不可能有风的，并且多数蜜蜂都外出觅食了。

打开蜂箱的时候一定要温柔，不然，快速的动作和响亮的、突然的声音会激怒蜜蜂。

用适量的烟使蜜蜂感到舒适，但不要过度。太多的烟会使蜜蜂吸入过量，很快它们就根本不会对它产生任何反应了。

要经常清洗你的蜂衣。在蜂衣上的偶尔行刺会让蜂毒积聚起来，对蜜蜂发出一种"警报"的气味。

覆布，一块可以操作的布，它是一个帆布和铁线装置，盖在一个敞开蜂箱的巢脾上面，除了你正在操作的一两个巢脾以外，可以让蜜蜂保持安静并处在黑暗之中。这是在蜂场上总是保有的工具之一。

如果你的蜜蜂不是非常温驯的，并且它们开始蜇人和引起麻烦，你就要给这个蜂群换蜂王了。

如今，除了澳大利亚以外，地球上到处都能发现瓦螨，世界各地的养蜂人都在广泛使用为数不多的化学药物。但即使是最好的化学药物也不能杀死所治疗过的蜂箱中的每一只瓦螨，因为有些瓦螨是天生就有抗性的，它们的后代对这些化学药物同样有抗性。养蜂人和科学家继续尝试新的化学药物，他们增加了剂量，增加了一年里治疗的次数，也增加了各种化学药物的组合。然而，瓦螨依然存在。

不是每个蜂群都死于瓦螨的攻击。多数（或许超过90%）的蜂群是这样的，但剩下的不用治疗也可以好起来。但是，由于被治疗过或是被隔离过，瓦螨种群尚未来得及建立起致命性，以至于某个能抵抗瓦螨的非常少数之一的蜂群才确实存活了下来。西方蜜蜂并不能像东方蜜蜂那样对瓦螨发展出抗性，所以当今天的化学药物统统用过时，蜜蜂继续呈几十亿的死亡，直到新的化学药物出现。蜂–螨的生存竞赛在继续。

有两个事态发展打破了这一循环。第一，为美国农业部工作的科学家们认为，在蜂群中，感染瓦螨时间最长的、从来不用治螨药或用药非常少的蜜蜂，都会有最好的机会发展出对这些瓦螨的某种水平的抗性。能证明这一点的地方是在俄罗斯东部地区，在那里，瓦螨和西方蜜蜂接触时间最长，养蜂人接触到的化学药物是世界上最少的。当科学家们查看的时候，发现竟然有西方蜜蜂与瓦螨一起生活，并且依然活着，即使瓦螨感染了雄蜂和工蜂蜂子。

蜜蜂不是一个纯的种族。它们是卡尼鄂拉蜜蜂、意大利蜜蜂、高加索蜜蜂，甚至还有一些马其顿蜜蜂种系存在的一个混合种族。这个混合种族有好几个品系。有些很适合这个地区的晚春，所以在春季群势发展很慢。另一些则是很好的蜂蜜生产者，但它们的群势发展速度太快，以至于分蜂成为每年春季的一个头疼问题。还有一些是防卫性过强的，也有些则是像小猫一样温驯的。

它们在遗传或血统上是独一无二的，它们中的大多数对瓦螨显示出良好的抵抗力或耐力也是独一无二的。虽然不是完美的，但比起那些在美国暴露了25年才进化形成的性状要好。

在美国农业部科学家的指导下，来自几个地方的几个最好的品系被开发出来，最终，其中的许多已被释放到养蜂业中。不久之后，这些俄罗斯蜜蜂品系的专门育种者团队组成了，并制定了质量控制和认证方案。这给予该项目一个完整性并让人们对它抱有信心。美国农业部正在进行纯度测试，以便俄罗斯蜜蜂的购买者可以确信他们正在购买的是经过认证的俄罗斯蜜蜂而不是俄罗斯蜜蜂杂交种。此外，选择理想品系的工作还在继续，因此这个品系是在不断地改进着的。

俄罗斯的蜜蜂并不完美，但它们能够在几乎没有或完全没有使用化学药物的情况下在蜂箱内存活下来。对养蜂人来说，这就是瓦螨治理的一次巨大飞跃。

俄罗斯蜜蜂

选用俄罗斯蜜蜂的养蜂人不必每个季节进行几次对瓦螨的治疗，而且通常根本不需要任何治疗。

它们对环境中的可用资源非常敏感。当食物充足的时候，它们迅速地建立种群，并利用这些赠予物。在春季，它们的虫口增长速度通常比意大利蜜蜂或卡尼鄂拉蜜蜂要慢；它们耐心地等待第一个好的流蜜期。这是许多养蜂人发现的一个难以操作的性状，因为他们希望蜜蜂能尽早上升群势。在这个季节的晚些时候，人们更

● 一只典型的俄罗斯蜜蜂蜂王：俄罗斯蜜蜂有一个混合的血统，所以它们可能与意大利蜜蜂相似，像卡尼鄂拉蜜蜂一样深色，或者像图片上这只有黝黑的虎尾腹部。

容易控制分蜂，因为蜂王更容易得到，可以给这个蜂群换王并进行分蜂，并且天气一般更稳定，确保了这两个蜂群有一个更轻松的复壮时间。

通常情况下，俄罗斯蜜蜂杂交种（也就是纯粹的俄罗斯处女蜂王与当地蜜蜂的雄蜂自由交尾时所产生的后裔蜜蜂）会显示出更高的防御水平。这种情况在纯品种与未知品种交尾时并不少见。然而，正在日益变得明显的是，将有卫生行为的俄罗斯蜜蜂与适应当地条件的种群混合后，已经产生了越来越有能力对付瓦螨的蜜蜂。要知道有一个俄罗斯杂交种已经产生了行为抗性，会被用来对付瓦螨了。

俄罗斯蜜蜂在秋季比大多数蜜蜂更早地停止育子，因为它们对环境有敏感性。因此，它们以非常少的蜜蜂进入冬季，并且在冬季比几乎任何品系的蜜蜂消耗更少的蜂蜜。

关于俄罗斯蜜蜂的说明

这些品系中的几个被带到美国，并就以下几个性状进行了广泛的测试：产育力、温驯性、冬季食物消耗、对温带和亚热带气候的适应性、春季建群速率、分蜂倾向，当然还有它们暴露在瓦螨感染压力下的存活率以及其他的。

幸存者蜜蜂（因为没有更好的名字）

一些蜂王生产者出售他们所谓的幸存者蜂王或抗性蜂王。它们是混合遗传的杂交种，是故意培育瓦螨抗性的结果。俄罗斯蜜蜂的特性在这些蜜蜂中很常见。

不出所料这些蜜蜂是高产的、温和的、极度讲卫生的（事实上，这被证明是抗螨的显性特征，也是被大力挑选的主要特征之一）。事实上，这种卫生行为是相当明确的，

目的就是发现和清除封盖巢房里的瓦螨。所谓的瓦螨敏感性卫生（简称VSH），是蜂王生产者大力推崇的蜂王品质之一。其他的抗性特征还有强有力的梳理行为，以及在巢房外对瓦螨的搜寻与刺杀行为。幸存者蜜蜂应该有很好的越冬能力，对其他病虫害有一定的或非常强的抗性，在你当地是高产的、温驯的，并且会对当地花蜜和花粉做出快速反应。而且这些特性应是年复一年地可重复的。

● 这是一只被养蜂人用绿色斑点标记的幸存者蜂王。它是从已经存活下来的很少的一些抗瓦螨侵害的种群中挑选出来的。

无论如何，幸存者蜜蜂（不管它们的培育者管它叫什么名字）已经被成功地开发出对瓦螨的抗性，并且多数还显示了养蜂人正在寻找的其他特性。在这些蜜蜂中普遍存在的一个令人满意的特性就是蜂王很长寿，两年甚至三年都是高产的。当与其他短寿命的蜂王相比时，有些育种者将这种特性称为幸存者特性。

另一个值得追求的特性是极端的梳理行为。那些积极地清除同伴蜜蜂身上瓦螨的蜜蜂，往往会在此过程中对瓦螨造成一定的伤害，如咬掉某只瓦螨腿节的一部分。它们通常被称为"咬螨者"，对瓦螨表现出抗性。

与俄罗斯蜜蜂项目不同的是，没有任何认证机构可以证实这些蜜蜂实际上对瓦螨或其他疾病是有抗性的。有几所大学和美国农业部的项目正在开展中，迟早将会使得这种服务可行，但目前仍处于初始阶段。不过，有越来越多的团队正在与育种者们合作开发培育种系，该种系再被归还给团队，然后由这些种系培育出的后代被用作通用的蜂王生产群。它们也被用来和当地的蜜蜂种系繁殖，生产既对付瓦螨又适应当地条件的蜜蜂——这当然是一个崇高的和可以实现的目标。

从现在起，当一个蜂王生产者说她的蜜蜂对瓦螨有抗性时，你就要求她用数据来证明这一点，也许有人会支持这些主张。一个好的蜂王生产者应该会有这两样东西（抗螨的蜂王和抗螨实验数据），不会不愿意与你分享它们的。找到一个好的生产者并尝试养其中的一些蜜蜂是值得的。尽管幸存者蜂王正在变得更好和更可得，但IPM（Integrated Pest Management）的实时管理仍然是必要的。

开始的时间表

无论你住在什么地方，蜜蜂的活动季节会随着植物的生长季节而变化。在气候温和的地区，一旦春季天气变暖，白昼变长，植物生长开花，蜜蜂就开始出巢飞行，搜寻食物并采集花蜜和花粉。一个经典的经验法则是：在你居住的地方蒲公英开花前一周左右，你就可以计划让新笼蜂抵达了。如果你没有注意到蒲公英实际上何时开花，可以向当地有经验的养蜂人（或者花农）询问何时将蜜蜂邮寄出来比较好，并按照那个日期开始考虑你的计划。在那个日期前，你需要准备好养蜂工具，把你的蜂箱架以及景观屏障设立起来。

● 糖及把糖饲喂给你的蜜蜂的方式是使得你的笼蜂或核群开始健康生活的一个关键部分。

在大多数年份，在流蜜后期订购蜜蜂是个不错的主意，因为你得有一个在接下来的流蜜期想要什么的打算，并且要给予蜜蜂生产商足够的信息来开始计划。由于瓦螨，每一个笼蜂的或核群的生产者都乐意生产并出售笼蜂或核群，所以，赶早不赶晚地抓紧订购已经成为当今的规则。

第二章

关于蜜蜂

你的蜜蜂群在整个活动季的进程中遵循着一个可预测的周期。为了成功管理蜂群，你需要设想一下一年里将会发生的事情，这会帮助你安排看蜂时间，准备好合适的设备，以及防止出现问题。

你还应熟悉蜂群中的每个个体。重要的是要了解蜂王、工蜂、雄蜂及这些个体间如何相互作用，它们是如何作为一个群体进行行动和反应的，以及它们对环境的反应如何。在预防或纠正出现的问题时，识别任何不正常的情形，是很重要的一步。

● 上图所示为雄蜂（左）、蜂王（中）、工蜂（右）。

让我们从观察蜂群中的个体开始：蜂王、工蜂、雄蜂。我们将探究它们的发育情况及在流蜜期它们每个个体的分工。当我们这么做的时候，我们也要以蜂群为单位检查蜂群，以及蜜蜂的环境，包括它们住哪里、季节变化，以及你和它们的互动如何影响它们。下一章，我们会把这些内容放在一起，介绍如何在养蜂之前先制订一个可预测的季节性计划，以及如何使养蜂变得实用和愉快。

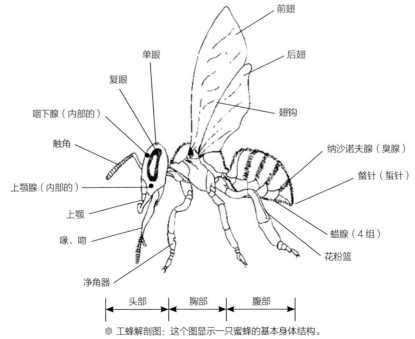

● 工蜂解剖图：这个图显示一只蜜蜂的基本身体结构。

蜂王

所有的蜜蜂都是从蜂群中蜂王产生的一样的卵开始发育的。

由于蜂王交尾时间很短，但是会连续多天与多只雄蜂交尾，蜂王把交尾过程中得到的精子储存在受精囊中。当一粒发育着的卵通过它的生殖系统时，精子被释放，这粒卵就受精了，蜂王会将受精卵放在巢房中。这个受精卵发育 3 天后，卵壳溶解，孵化成小幼虫。

内勤蜂立即给这些小幼虫提供食物，每天探望上千次。前三天，工蜂幼虫和蜂王幼虫的食物是一样的。它是富含营养的混合物，称为蜂王浆，是由内勤蜂通过它们特殊的食物腺体分泌的酶混合富含蛋白质的花粉、富含碳水化合物的蜂蜜制成的。这些内勤蜂将这种蜂王浆加入巢房中，小幼虫漂浮在液体食物池中。

● 蜂王的腹部长且细，比工蜂的大。蜂王体色不同，取决于它们的物种。

注定要发育为蜂王的幼虫在饮食上没有什么变化——仅仅是更丰富而已。然而，在第三天，要发育为工蜂的幼虫的配给量减少了，且糖类和蛋白质含量也会下降，这会使这些小幼虫食欲降低，也会阻止它们发育成蜂王。这种差异被称为渐进式饲喂。允许被饲喂蜂王浆的蜂王幼虫的生殖器官及必要的产生激素的腺体发育完全，以履行蜂王将来的角色。这种营养更丰富的饮食"激活"了早已存在的允许额外变化发生的某些基因（表观遗传学）。蜂王也比其他蜜蜂成熟得更快，完成从卵发育到幼虫再到蛹最后到成虫的过程只需 16 天，相比之下，工蜂需要 21 天，雄蜂需要 24 天（表 2-1）。

● 表 2-1　蜜蜂不同阶段的发育时间　　　　　　　　　　　　　（单位：天）

蜜蜂种类	卵	幼虫（未封盖幼虫）	蛹（封盖子）	总发育时间
蜂王	3	5.5	7.5	16
工蜂	3	6	12	21
雄蜂	3	6.5	14.5	24

蜂王				
工蜂				
雄蜂				

● 上图表示蜂王、工蜂、雄蜂的发育天数。注意：周围环境、蜂群群势、营养需求及其他环境因素的波动都可以改变发育期限。这些估算可以用来规划蜂群管理，但是不一定准确。

由于营养丰富的饮食，蜂王幼虫的体形比工蜂幼虫的体形大得多，需要更多的空间。它们的巢房要么朝下延伸，填满两张邻近巢脾之间的空间，要么悬垂在巢脾之下。一个蜂王的巢房的大小和结构就像是一个底部有开口的花生壳。体形较小的工蜂幼虫安身在子区里水平的巢房里。

新蜂王的产生有多种原因：取代因受伤而丢失的蜂王；为分蜂做准备；或者替换一个失败的但仍然存在的蜂王。

当新蜂王需要去取代受伤的或者失败的蜂王时，蜂群几乎不会仅建造一个王台；工蜂会依靠可获得的资源，尽可能多地建造王台。王台的数量从2个到20多个，在几个巢脾的两面都可以找到。产生多个王台的过程会持续两三天，因此不是所有的蜂王幼虫都是同样日龄的。第一只羽化的蜂王会尽可能地破坏依然在发育的蜂王，咬破王台的侧面，用螫针行刺里面正在发育的蜂王蛹。有时，几只蜂王同时羽化出房并且最终相遇，它们会决斗直至死亡，经常会有和新蜂王同父同母的工蜂们跑过来帮忙。

一个蜂群通常仅会容忍一只蜂王，但是偶然的情况下，一只衰老的、失败的蜂王可以和成功的女儿共存，正如同一时间羽化的姐妹蜂王也可以同时存在一样。这里，它们的亲密关系及其产生的类似化学物质让它们成为生命共同体。这两种情况是对蜂群有积极影响的，因为增加了产卵潜能。最终，老蜂王死去或者被工蜂杀掉。

获胜的处女蜂王继续发育至成熟，自己寻找食物或者依靠内勤蜂饲喂。它在蜂箱附近的定向飞行在一周左右后开始。未交尾的年轻蜂王需要熟悉蜂箱附近的地标，以便它在交尾飞行之后能够找到回家的路。蜂王几乎不和同蜂群的雄蜂交尾（因为近亲繁殖会引起后代的遗传问题）。来自其他蜂群的雄蜂和蜂王聚集在称为雄蜂集结区（DCAs）的中立地点，在开阔的区域或者林中空地之上9.1~91.4米的高空交尾。有趣的是，只要风景

⬤ 由于蜂王的体形大，王台位于巢脾的底部或者处于两巢脾之间，很容易看见。

和地形基本没变，每年的雄蜂集结区都是在相同的地方。远在几千米之外的雄蜂也被吸引到这些雄蜂集结区，因此，在相同的地方会同时有来自几十个蜂群的雄蜂。

当一只处女蜂王到达某个雄蜂集结区后，它会释放一种吸引雄蜂到这里来的信息素。那只最快的雄蜂从后面抱住蜂王，用足和触角检查蜂王，如果雄蜂认为这只蜂王是一只潜在的交配对象，它就插入自己的生殖器。这一举动令雄蜂昏厥并且似乎让它瘫痪，然后它的身体猛烈地向后翻转，留下它的生殖器官依然在蜂王体内，之后落地死去。这些称为交尾标志的器官会被另一只雄蜂给移走，如果它在这次飞行中追上蜂王。蜂王每次飞行与多只雄蜂交尾，会持续几天，直到总数达30只。通常来说，与蜂王交尾的雄蜂

越多越好，因为能增加可用的精子数量和这只蜂王所产后代的遗传多样性。当蜂王返回蜂巢时，工蜂们会移去蜂王身体里最后那只雄蜂的交尾标志。你可能在蜂箱起落板处看见过它带着交尾标志飞回来。

偶尔由于坏天气的持续，蜂王不能出去交尾。再过 5~6 天，这只蜂王就错过了交尾的最佳日龄。这时，如果有受精卵或者可用的小幼虫，蜂群就将着手培育更多的蜂王，如果没有，这个蜂群就会变成无王群。这种情况需要养蜂人注意，否则蜂群就会死亡。

当蜂王的受精囊里储满精子后，它的交尾时间就结束了，它便开始蜂王的生活。在交尾前和交尾飞行过程中，蜂王是没有被当作蜂群中的蜂王对待的。因为蜂王没有开始产生蜂群集结信息素，直到交尾结束后。然而，它们在交尾前确实有一些信息素的控制。这些信息素抑制王台的进一步产生和工蜂的卵巢发育，即使它腹部的这些产卵器官——卵巢和卵巢小管——直到交尾开始时才完全成熟。现在蜂王看起来长得更大，因为这些体内器官在变大，蜂王的腹部需要伸展来容纳它们。

蜂王产生几种复杂的能被工蜂察觉到的信息素。这些化学物质多数是由蜂王头部靠近下颚的腺体分泌的。根据蜜蜂专家的说法，至少有 17 种复合物产在这种挥发性的混合物里，通常简称为蜂王物质。几种其他的信息素是由蜂王胸部、腹部甚至足上的腺体所分泌的。当工蜂饲喂和清洁蜂王时，它们就会拾取到少量的这些化学物质。然后，当需要做其他任务时，工蜂就把这些物质散播到整个蜂群中，传递能够抑制某些行为或者增强其他行为的频率和强度的气味线索。由这些化学物质所传递的最重要的信息是：有蜂王存在，它很健康又高产，一切都很好。

在一个无人管理的蜂群中，排除伤害或疾病，一只典型的蜂王依然能在几个增殖季节里保持高产。随着蜂王逐渐衰老，她体内储存的精子在减少，它为蜂群团结分泌所有必需信息素的能力在下降。

总有一天，蜂群中的工蜂能够察觉到这种合适的信息素水平不再维持了。出现这种情况可能有多种原因，但是过分拥挤、蜂王衰老和受伤是最常见的。这两个事件在蜂群中可引发截然不同的和极不寻常的行为。

分蜂行为

随着增殖季节的结束，白天变长，蜜源丰富，气候适宜，成年蜜蜂越来越多，蜂群中拥挤现象经常发生。由于蜂王产卵稳定，子区面积在迅速扩大，占据了大部分可用的空间并释放出一整箱的信息素，此时的蜂王通常是一年以上的。这个蜂群里挤满了成年蜂，还有更多的蜜蜂即将出房，

● 当一群蜜蜂离开蜂巢时，它们飞向蜂群周围的空中，然后飞向附近的树枝或者其他可以落脚的地方，之后飞抵它们的最终的家。

● 蜜蜂在它们的新家要做的第一件事就是泌蜡造脾，以便有地方用来储存食物和饲养幼虫。

几乎没有什么空间可以扩展了，但外部的环境要求蜂群必须拓展。向这个蜂群里添加一只至少是一年的或许更老点的蜂王，也就是刚开始显示它的一点点衰老并产生较少的信息素，而且它生产那些信息素的比例和它年轻的时候是不一样的。蜜蜂多，蜂王衰老，蜂群中蜜蜂个体获得的蜂王信息素的量减少了，这种稀释效应诱发了蜜蜂把它们的精力集中在开始分蜂的过程上。这意味着蜂群中大约一半的工蜂改变了饲喂幼虫和采集模式，转为放慢生产速度，饱食蜂蜜，准备搬家。

这种情况的结果之一是，那些能够泌蜡的年轻工蜂开始在子区巢脾的底部建造大的王台基座，把它们建造得足以用来在巢脾底部悬挂王台。这些基座被称为王台杯，你经常会沿着巢脾底部发现它们。这时，就表明蜂群分蜂计划已经处于早期阶段了。而且，如果条件合适，现任蜂王会把卵产在王台杯里面。同时，一些先前的采集蜜蜂开始寻找能建造一个宜居新家的场所。

由于蜂群的扩展空间有限，所以蜂王放慢了产卵行为，被饲喂了较少的食物，三四天之内就会完全停止产卵。一只不产卵的蜂王体重下降，由于卵巢萎缩而变得苗条。它的这种苗条身材允许它飞行——自它交尾飞行以来就没有做的活动。

经过5~6天，它的行为改变变得更加激烈以至于新蜂王幼虫还在王台中发育，然后那些已经意识到蜂王这些改变的工蜂们不再外出采集了，而是待在蜂箱内饱食蜂蜜——收集搬迁必需的生活品。当第一只蜂王幼虫达到化蛹期并且它的王台被工蜂封盖时，蜂王离巢，分蜂开始了，这是现存蜂王搬往新住所的最后信号。

如果天公作美，那些一直在寻找新家园的侦察蜂和其他蜜蜂开始在子区周围急走，引发骚动。这样做实际上是开始提升那些想要离开的蜜蜂的体温，以便它们能够飞行。突然间，蜜蜂们，包括工蜂、少量雄蜂和这只在位的蜂王，泄洪般地涌出巢门，起飞离开。

养 蜂 提 示

当蜂王逃跑的时候

如果蜂王在你检查蜂群时飞走了（并且你很幸运地看到它离开），要把所有的东西都快速并且小心地放归原处，但是要把蜂箱的内盖打开一半、大盖完全打开，等待 1 小时。通常，蜂房的香气会成为它需要的灯塔，帮助它找到回家的路。然而，通常情况下，它不会回来了，蜂群也不会有蜂王了。4 天后再回来看看是否有卵存在。如果没有，你的蜂群就是无王的了。如果有卵，说明它很幸运，找到了回家的路。

留下来的蜜蜂们在这个蜂群里继续工作和生活，就当什么事情也没有发生一样，采集、加工并储存花蜜和花粉，拥戴新蜂王。与此同时，离去的分蜂团徘徊在蜂群周围的空中，再缓慢地组织起来并朝着附近的落脚点（如树枝或者篱笆柱）进发，通常与原群所在位置相距 45.7 米左右。

那些已经调查过可能的新家的侦察蜂加入等待的分蜂群，在分蜂群表面表演定向舞蹈，以说服更多的侦察蜜蜂前去拜访它们已经找到的有望安家的地点。当一个地点比其他地点吸引了更多的侦察蜂时，侦察蜂就会返回来，再次开始动员活动。分蜂群起飞，朝向新家飞去。蜂王夹在分蜂群中，而那些知道往哪儿飞的侦察蜂，有的负责带路，有的负责断后，它们嗡嗡地叫着，快速地穿行在向着新家方向飞去的分蜂群中，以保证每个成员都朝着正确的方向前进。一旦到达，它们就会挤进洞里，建造新巢，采集蜂立刻开始把花蜜和花粉携带回巢，此后不久，蜂王就开始产卵，一个新的蜂群组建完毕。当然，真实的情况要比这复杂得多的多，有些书里有关于这个极其复杂的事件及其在分蜂之前、期间和之后的各种行为的介绍。

同时，在原群里一只新蜂王已经羽化出台了，击败它的对手，交尾后正在产卵。这个蜂群继续像以前一样，但是它的产卵进度表上已有一个 3~4 周的中断。当治理瓦螨时，这可能是一个优势，因为此时蜂子很少，瓦螨不易繁殖并且数量也下降，直至蜂群育子开始，这将需要一周或更多的时间，那时才有巢房即将被封盖。

蜂王交替

蜂王交替也叫现存蜂王的替换，不是发生在蜂群处于分蜂模式时，而是因为要么有一种紧急情况发生，要么那只老蜂王不能产卵了。失败的蜂王并不少见。交尾不良的蜂王很少会持续很长时间，并且会很快被替换。有微孢子虫病的蜂王、被病毒或其他疾病损害的蜂王，一样也会被替换。可见，蜂群里蜂王是否健在是无法保证的，你需要时刻留意它的健康状况和表现。

● 交替蜂王的王台在这张巢脾面上被发现，而不是在底部，因为蜜蜂不得不选择已经存在的卵，而不是准备一个特别的巢房。左图中的王台悬挂在两张邻近的巢脾之间。

识别无王群

蜂群失王时，会显示一些提示你关注这种情形的明确的行为。然而，这些行为在有王（有一只健康的产卵蜂王）群里偶尔也会发生。尽管并不总是很清楚蜂群里发生了什么，但仔细检查通常会发现，有好几种无王的行为正在同时发生。失王 1 小时后，蜂王信息素的缺乏就会被蜂群中所有的或大部分的蜜蜂很清楚地知道了。在 1 天之内，有时或多或少，蜜蜂会采取紧急的替代行为。

随着蜂王信息素信号的消失，这个蜂群会表现得焦躁、紊乱和不安。包括扇风行为增加的诸多行为，似乎是为了更好地分散蜂箱中剩余的调控蜂群的化学物质。这种扇风很吵闹——毫不夸张地说。当你移除蜂箱的内盖时，你会立即注意到蜂箱之间大大的嗡嗡声的区别。同时，你会发现来自巢门前的守卫蜂甚至来自上框梁的起来迎接你的那些蜜蜂提高了防御水平。空中的蜜蜂越来越多、发出的声音越来越大以及一种普遍的焦虑不安的状态是这个蜂群刚失王不久的特征。

其他因素也会引起这些行为。如果前一天的晚上蜜蜂被臭鼬或者浣熊骚扰过，那么在第二天的大部分时间里蜜蜂还是激动的。一点杀虫剂的味道（不足以杀死很多蜜蜂）也会引起蜜蜂扇风、激动和防御好几天。在阴雨天或者在非常缺蜜的情况下打开蜂箱，同样会引起蜂群的防御行为，因为有比平时更多的蜜蜂逗留在家里。你得多探索一下才能确定原因，但短期无王蜂群的声音是独特的。如果这个蜂群已经失王一周或者更久，也会表现出其他行为，例如，无卵和交替王台，这是发生了失王的确切迹象。

紧急交替

蜂王突然死去、丢失或者严重受伤的任何一个事件都会促使蜂群培育新王。养蜂人在例行检查蜂群时可能会不小心挤到蜂王，蜂王突然死亡事件就发生了。当巢脾被移动时、突然暴露在强光之下受到惊吓后、突然起飞、正在巡视温暖又黑暗的子区时被突然移走等，都会导致丢失蜂王事件发生。如果蜂王飞行能力不强，它有时会在距离蜂群不远的地方丢失。

任何的伤害都可能会改变蜂王产卵、释放信息素和进食的能力。这些改变对工蜂来说是显而易见的，因为工蜂一直在关注着蜂王。工蜂可能会继续照顾蜂王，也可能不会，在 1~3 天的时间内，它们会采取措施，应对产卵、蜂王物质和其他信息素减少或缺失的情况。这些事件表明工蜂开始有换王行为了，因为特别紧急，所以这个过程被称为紧急交替。

在分蜂准备阶段，蜂群接收到一系列的信号，并依次对每个信号做出反应，逐步发展到这个结局。与分蜂准备阶段不同，在紧急交替期间，工蜂不建造王台，因为没有蜂王往里面产卵。相反，内勤蜂和那些积极饲喂蜂子的蜜蜂会寻找卵，或它们能发现仍然在以蜂王浆（喂给未来蜂王的特殊食物，能够让它们的生殖器官发育完全）为食的最小的幼虫。

当卵或以蜂王浆为食的小幼虫被定位以后，泌蜡蜂就开始为它们建造蜂王大小的王台。幼虫必须是日龄很小的，仅以蜂王浆为食，也就是 3 日龄或更小的。如果幼虫日龄比较大，蜂群培育的蜂王就不会成功。因为这种卵或者小幼虫只有在巢脾上某个规则的、水平的巢房内才能找到，所以这个蜂王大小的王台被建造在巢脾表面的外面，向下延伸，夹在相邻两个巢脾之间。如果有食物和合适日龄的小幼虫，蜂群会建造多个这样的王台。它们彼此通常距离很近，因为上一

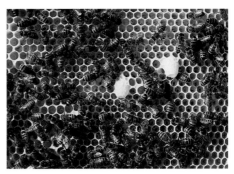

● 你可能在一张巢脾上找到多个急造王台，多张巢脾上也可能有多个急造王台。或者，整个蜂群中可能只有一个或两个急造王台。这取决于可利用的资源和发育为蜂王且日龄合适的幼虫数量。

任蜂王用来产卵的空间刚好是正在羽化的工蜂新近给腾出来的。蜂王喜欢让产卵区域离得很近，而不用到处寻找空巢房产卵。

正常交替

第二个能触发蜂王更替的事件是蜂王的正常衰老。随着蜂王逐渐变老，交尾时获得的精子慢慢耗尽，最终消失。当这种情况发生时，它产的雄蜂越来越多（未受精的卵变成了雄蜂），而工蜂却越来越少，造成蜂箱内不平衡的种群群势。尽管一个健康繁荣的蜂群可以负担得起养育大量的雄蜂，但是只有工蜂才能保证蜂群的生存和发展。

为了恢复平衡，需要一个能产最多工蜂的受精蜂王。这个蜂群会用和紧急交替时同样的方法来培育另一只蜂王，但以现任老蜂王的存在为保证。第一只羽化的蜂王通常会摧毁那些尚未羽化的蜂王，只留下它自己来称王。然而，它和它的母亲通常在蜂群中同时存在，两者都履行蜂王产卵的义务。如果老蜂王依然可以产下一些工蜂卵，那么蜂群的群势就会突然增长。最终，年长的蜂王去世，它的女儿成为唯一的蜂王。

产雄蜂卵的蜂王

有时候你会有一个刚刚购买的蜂王，或是之前你已经有一只了，产的卵大部分或者全部都是要发育成雄蜂的未受精的卵。如果蜂王没有交尾或者是交尾不好（由于蜂王生产者没有足够的雄蜂与蜂王交尾），或者如果在蜂王短暂的交尾期天气不允许它飞到雄蜂集结区，这是可能发生的。

它表面上是正常的，如果被蜂群接受，它将开始产卵。它会将卵产在规则的工蜂房里，但是没有一粒是受精的。因此，这些卵将全部成为雄蜂。起初，这对蜂群是很有迷惑性的，当然对你也是。

蜂群要花 7~10 天来分辨卵的受精与否，这是极其浪费时间的，因此这只蜂王需要立刻被换掉。当蜂王耗尽精子储存并且不能产受精的工蜂卵时，这种失调的情况也会发生。这通常会最先在子区被注意到。通常封盖巢房的整体模式会在某些地方有一些未封盖的巢房，一些偏大的豆子状的雄蜂房分布在巢脾中央，而不是沿着巢脾边缘，与雄蜂房的正常位置一样。这种现象是逐步发生的，持续两三周以上，所以你应该注意这种情形的增长（雄蜂房数量的飙升），再订购一个替代蜂王。蜂群通常也能分辨出这种出现了一只失败的蜂王的情形，因为群势发展不平衡，发出一系列导致交替行为的信号。为了预防在新出房蜂王之间的一个产卵失误或一场战斗，在引入一只你已经订购的新蜂王之前，需要找到替代王台并且除去它们。

由于各种各样的原因，未交尾的或交尾不佳的蜂王变得更加普遍，尤其是在早春培育的蜂王。没有足够的雄蜂来交尾，雄蜂受到瓦螨及其所携带病毒的危害，或者暴露在蜂箱里治螨的化学药物中，蜂王受到恶劣天气的影响不能飞出，所有这些都是造成这一现象的原因。这已成为流行性的地方病，在过去的十年里，蜂王的接受度或寿命呈直线下降。你要敏锐地意识到这种可能性，知道该去寻找什么，并准备好在你的蜂群发生这种情况时采取行动。这意味着一周左右不干涉一个新蜂群的长期规则必须要修改了。如果你等了那么久，原来的蜂王根本就没有上位，那么这个蜂群将会无望地失王了。在你找到任何蜂子并且确认那个蜂子是什么之前，给它不超过 3 天的时间。

工蜂产卵应急措施

各种各样的灾难（衰老、受伤、生病、螨害、接触杀虫剂）会降临到蜂王身上并使它停止产卵。正常情况下，一个蜂群会注意到这种变化，并开始准备培育一只新蜂王，也就是应急交替王。这时的关键是蜂群中要有卵或者有 3 日龄及以内的小幼虫存在。但有时通信会中断，现存蜂王是无功能的，信息无法传递给工蜂。在这个问题被发现之前，就算真的有幼虫和卵，可能也没有符合条件的幼虫或卵，蜂群无法培育一只新蜂王。

没有蜂王调控的存在，一些工蜂的卵巢开始发育，继而获得了产卵的能力。因为工蜂没有能力进行交尾，所以它们产的所有卵都是未受精的，将发育为小的但有功能的雄蜂。卵被产在规则的工蜂房中。因为一只产卵工蜂的体形比一只蜂王要小，所以它产的很多卵无法抵达巢房底部，只能黏附于巢房壁上。而且因为可能有很多只产卵工蜂，你会发现一个工蜂巢房中有多个卵存在。其他工蜂会将多个卵移走，在每个巢房里只留一个雄蜂幼虫。一开始，巢脾上的总体蜂子模式就是一个混乱状态。这个蜂群注定要灭亡，所以如果这是你的蜂群，干预是必需的。

蜂群发生这种糟糕的情况通常需要几周的时间。有经验的养蜂人不会花费时间和精力来拯救这个蜂群，而是直接让它灭亡。在流蜜后期这个选择很明显是对的，那时即使再怎么努力也是徒劳的。

然而，如果你的产卵工蜂群被早点发现，它就会有机会通过与其他蜂群合并被拯救。将产卵工蜂群缩减为1~2个有子脾的箱体。在群势弱下来后，把来自2~3个巢箱里的巢脾合并进1~2个箱体里。将大部分的蜂子连带尽可能多的蜜蜂移入一个空箱。步骤是：首先，从目标箱中将任何空的巢脾移出。然后，从剩余的有蜂子的箱体里移除巢脾，连同上面附着的蜜蜂，装满底部箱体的空的空间。提出剩下的巢脾，将蜜蜂抖入新蜂箱中。

● 如果你的蜂群有多只产卵工蜂，你可能会看到这些：一个巢房中有多个卵，往往贴在巢房壁上而不是巢房底部中心。

然后，移动大盖、内盖和任何的储蜜继箱，放在附近强壮的健康蜂群（有一个蜂王的）之上。在巢脾的顶部覆盖一张报纸，用你的起刮刀，每隔2个或3个巢脾在报纸上划一个裂缝。将有产卵工蜂的箱体直接放在报纸上，替代它上面的任何储蜜继箱，盖好大盖。这种方法被称为报纸法合并蜂群。

几天后，两边的蜜蜂就会将报纸咬开并移出箱外，蜂王信息素得以传播到两个蜂群，从而将它们合并。同时，那些产卵工蜂受到蜂王信息素的影响，减缓或者停止产卵。大约1周后，合并就这样完成了。

如果你有多个蜂群可以利用，一个相似的技术是添加子脾和一只新蜂王，但不是同时进行。首先，从其他几个蜂群里提出几张未封盖的子脾，放入产卵工蜂的蜂群中，替换只有雄

● 把一个有产卵工蜂的核群放在上面，把一个强壮的健康核群放在下面，将它们合并在一起。从外面移走多余的纸，等上几天。这些蜜蜂将（几乎总是）咬烂纸，成为一个只有一只蜂王而没有产卵工蜂的蜂群。

蜂卵虫的子脾。产卵工蜂蜂群中的工蜂卵虫的压倒性存在，与上面说的将整个蜂群引入一个有王群里去有同样的效应。在两三天的时间里，这个蜂群将会开始照顾它们所有的新成员，然后引入一个新的蜂王。在一个废弃的巢脾上打开几个雄蜂房，检查是否有瓦螨，然后丢弃。如果用的是塑料巢础，简单地刮掉蜂蜡，再重新使用那个巢脾。如果是蜡制巢础，把它放在冰柜里冷藏一天，然后再放到一个强群里，工蜂会清理掉所有的死雄蜂（或者拿来喂鸡，它们很爱吃）。因为雄蜂房中会有瓦螨的存在，所以简单地交换巢脾有时可能不是个好主意。

禁止采用这种极端措施及预防由此导致的蜂群损失，当然是较少的工作和较少的费用。无王的蜂群几乎总是有某些能对这种情形提供线索的独特的和可以察觉的行为。

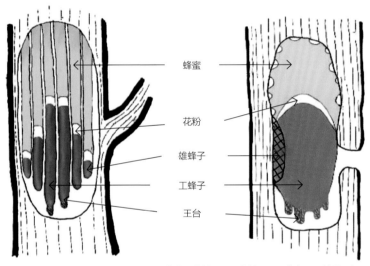

● 这张典型的树洞图的两个视图表明蜂蜜、花粉、子区的位置。王台在子区的最下部，这里的蜂蜡是最新的。

蜂蜜

花粉

雄蜂子

工蜂子

王台

子区

一个典型蜂群中的子区是椭圆形的，在三维空间中，它的形状实际上像美式橄榄球，其顶部和底部都有尖尖的末端。根据蜂群的年龄、一年中的时间、可利用的空间，在由两个深箱体组合的一个蜂箱里，子区范围几乎从上部直到底部。一个年轻的蜂群，或者一个流蜜末期或流蜜初期的蜂群，将有大致相同的子区形状，但只在一个箱体里。最常见的是它在两个蜂箱中都有一部分。这是蜂王产卵的地方、幼虫被饲喂的地方及封盖子被保护的地方。你需要在三维空间中想象这个区域。它不只是一个单独的巢脾，而更像是一个奇形怪状的球悬浮在你把蜜蜂放进去的那个正方体蜂箱的边界内。尽管这个美式橄榄球形状的球体的体积和位置在季节交替过程中会发生变化（蜜蜂在春季和夏季扩大它，然后在临近秋季时缩小它，直至初冬变得非常小），但是这个形状是相对恒定的。

在子区顶端 1/3 左右处的巢房中有归巢的采粉蜂放置的花粉，以便这些花粉靠近需要这种食物的幼蜂。在其日常饮食中需要花粉来完成发育的哺育蜂，会在蜂巢里这个温暖安全的中心区域度过它们刚羽化出来的前几天，既靠近食物，也靠近蜂王。它们也需要花粉来产生腺体分泌物饲喂给正在发育着的幼虫。保证花粉靠近子区是一个效率和必要性的问题。

◉ 一张典型的子脾，上部有蜂蜜，中部有蜂子。蜂子和蜂蜜之间是一条窄窄的花粉带。

在子区的上方和四周是花粉圈，蜜蜂在花粉圈的四周储存成熟的蜂蜜。储存在最靠近蜂子位置的蜂蜜会不断地被补充，因为它经常被用作食物。在子区的上方，通常会由一层用作食物的蜂蜜分隔开，蜜蜂储存大量的需要在一年中植物不能分泌花蜜的月份饲喂蜂群的蜂蜜。当有蜂子时，子区中心部位的温度保持在接近恒定的 35°C。子区的这种

◉ 蜂王在子区产卵，你可以在这些巢房底部看到这些卵。

设计有几个目的。当蜂群年轻、群势较小时，子区开始靠近蜂巢的上部。随着蜂巢的扩展，子区向下迁移到底部有空余的空间处。

在生长季的末期，当育子减缓或者停止，并且花蜜和花粉不再可得时，工蜂的生活安排发生了变化。工蜂不用对大面积子区进行保护和保暖，而是待在靠近上方有大量储蜜并靠近子区边上的位置。它们继续在蜂巢中移动，直至耗尽食物或者蜜粉源再一次到来。

这期间，蜂王可能继续产卵，但它倾向于跟随蜂团在蜂巢中往上移动。如果蜂王停止产卵，它将和蜂团待在一起。如果非生产性季节不是很苛刻，子区会依然位于它原来的位置，因为蜜蜂不需要形成蜂团来保暖，或者足够温暖的时期，无论食物储存在蜂箱任何地方都容易被获得。

工蜂

在蜂群活动季节，一个典型的蜂群里含有一只雌性的蜂王、数百只雄蜂及数千只雌性的工蜂。

工蜂哺育幼虫、建造巢房、照顾蜂王、保护居民、清理死蜂、寒冷时提供代谢热、

炎热时扇风调节、采集食物和水及积累度过不活跃季节所需的储备。当一切都顺利时，工蜂也会提供多余的蜂蜜。

蜂王和雄蜂在它们的整个生活中都有各自相当独特的任务。让工蜂如此有趣而又如此复杂的是它们的任务随着它们变老而改变，并且在需要的时候能在多种任务间转换角色。

工蜂从受精卵开始，它的遗传性状一半来自于母亲——蜂王，一半来自于与蜂王交尾的众多雄蜂中的一个——父亲。从卵孵化出来成为幼虫后，在接下来的 3 天里被饲喂一种与蜂王幼虫相同的食物。之后，它的口粮被削减，它的性器官和一些腺体不会完全发育。它的体形没有蜂王大，不能产生蜂王物质，不能交尾。最终，经过 21 天后，它羽化成一只完全成形的雌性成年工蜂。当然，这也会受季节、营养、外部温度和蜂群健康状况的影响。

像任何新生儿一样，这只新工蜂的第一个活动就是吃。最初，它向子区里的其他蜜蜂讨食，但是很快它就开始自己寻找和发现储存的花粉。这种高蛋白的饮食可以让它的腺体成熟，以便于将来工作。它待在靠近子区中心的位置——蜂群中最温暖、最安全的区域，也是大部分花粉被储存的地方。经过一天左右的时间，它加入了劳动大军，学习越来越复杂的任务。它开始在子区从腾空的蛹房中移走残骸，拖出应该被清理的茧衣和粪便（排泄物）。其他蜂跟着它，用蜂胶抛光巢房的侧面和底部，为下一个卵做好准备。

几天之后，工蜂头部的咽下腺和上颚腺几乎发育成熟，它就开始用一种花粉、蜂蜜、唾液和酶的混合物饲喂大幼虫。它也能将这种腺体食物饲喂给现存的蜂王。同时，它要梳理蜂王，帮助蜂王清洁自身，并且紧随其后捡拾蜂王物质。当它工作时，它会获得并分发少量的蜂王物质到整个蜂群，让所有居民都确信蜂群世界一切正常——或者通知它们蜂群世界存在异常。这种活动对于维持蜂群现状或者做出重新给蜂群带来平衡的改变是很重要的。

经过几天的清洁、饲喂以及进食后，这只工蜂开始探索蜂巢里剩余的地方，行进得离中心越来越远。不久，它就探险到巢门口附近，开始从归巢的采集蜂那里接过花蜜滴——这是将花蜜酿成蜂蜜的第一步。

蜜蜂有攻击性吗？

有必要指出的是，蜜蜂不生气、不发怒，或者不是好斗的。然而，它们是有防御性的。小小的区别似乎是：除非你或者你的邻居靠近蜂巢被蜇时，否则守卫蜂们是寻找不到攻击目标的。相反，以它们有限的方式，它们会觉察到对它们巢穴的威胁，并设法保护该巢穴。行刺是防御性的，而不是攻击性的。

● 这张图片上部的中间有一只蜜蜂，它将头探进巢房，正在饲喂里面的幼虫。注意图片下部的中间有两只蜜蜂，它们正在将花蜜从采集蜂转给专职储存食物的蜜蜂。这是蜂蜜成熟过程的一部分，发生在通常被称为舞池的子区。

● 工蜂比蜂王和雄蜂都小一些。它们是目前蜂群中数量最多的蜜蜂。图中显示的蜂王（被圈起来的）可供和工蜂比较。

泌蜡

　　一只工蜂到了大约 12 日龄的时候，它的蜡腺成熟，这 4 对腺体在它的腹部下方。蜂蜡作为一种透明液体被挤出腺体，它迅速冷却并变成白色固体片状。工蜂用足移走蜡片，然后用上颚操作它去建造蜂箱的结构。如果蜡变硬，不再容易被塑形，工蜂会往蜂蜡里加进一种酶一样的化合物。纯蜂蜡用于覆盖充满蜂蜜的巢房或建造用于储存的新巢脾。当封盖蜂子巢房和用于建造桥梁连接脾的时候，为了增加强度，新蜂蜡被与旧蜂蜡和一点蜂胶相混合。

　　蜂蜡开始时是一种液体，它是由工蜂腹部底侧体节下面的腺体形成的。工蜂通过腹部体节将液态蜂蜡挤出，一经接触更冷的蜂箱环境，液态蜂蜡就会变凉并硬化成蜡片。蜜蜂会用它中足上的爪子抓住蜡片，送至上颚，在那里操作蜂蜡用于形成巢脾、封盖或王台。偶尔，你会看到一个蜡片掉落到箱底板上。

● 蜜蜂在一片巢础或有蜂蜡覆盖的塑料巢础上建造新的巢脾，被称为造好的巢脾。这是因为它们用少量可利用的蜂蜡开始建造六边形巢房，然后把产自它们自己蜡腺的新蜂蜡加入巢础中。结果是一张像这样带有全白蜂蜡巢房的巢脾。

　　如果蜂箱中有足够的空间用来储存花蜜，工蜂就会不断地从归巢的采集蜂口里接收花蜜。然而，如果空间紧张，工蜂们开始变得不愿意接收花蜜了。随着访问高质量花朵的蜜蜂数量增加，那些携带有一般质量的或低于平均质量的花蜜的采集蜂就会被拒绝。花粉的采集情况也是如此，这直接受到蜂群中需要被饲喂的小幼虫数量的影响。未封盖的蜂子实际上会产生一种信息素，被叫作蜂子信息素，它向内勤蜂发出的信号是有蜂子并且需要被饲喂。蜂子越多，蜂子信息素就会越多，工蜂采集花粉的驱动力就越大，并且如果需要时，收集花蜜酿制蜂蜜的动力也就越大。

　　因此，如果有大量的储存空间和足够多的内勤蜂拿走这些战利品，采集活动就会增加。实际上，越来越多的适龄采集蜂转而采集，越来越多的接管者被招募，只留下很少的内勤蜂清洁和饲喂幼虫，以及很少的守卫蜂看管蜂箱。所有这些因素都鞭策这个蜂群以一个惊人的速率去采集花蜜和花粉。

　　那些较老的内勤蜂也会根据需要承担其他任务，如蜂巢清洁工作——搬除死蜂、死虫和垃圾，如草和树叶。

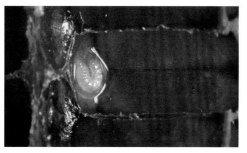

● 3天后，卵膜或卵壳渐渐翻转溶解，一个小幼虫孵化出来。这个幼虫一天被内勤蜂饲喂上千次。像蜂王幼虫一样，它漂浮在蜂王浆里面。然而，3天以后或更久，它的饮食就变为蜂粮了。

● 一只尝试进入其他蜂群而不是自己蜂群的工蜂将会被守卫蜂检查，如果被发现来错了地方，将会被移开。必要时，多只守卫蜂会参与进来。然而，这个制度是不完美的，如果交通拥挤，一只载满花蜜或花粉的外来采集蜂通常被允许进入。同样的事情发生在下午晚些时候雄蜂交尾飞行返回时。

● 在蜂子巢房里的工蜂卵。为了找到工蜂卵，从子区中部的巢脾上开始看起。小心地移走巢脾，因为蜂王可能在里面，而你不想伤害它。把巢脾提到你面前，太阳照着你的肩膀，直射进巢房底部。卵小且白，直立于巢房中心。它们比一粒白米小不了多少。一种可以看到卵的方法是把巢脾提到太阳可以直射封盖的地方。然后，稍微把巢脾向左右或前后倾斜，卵的阴影就会出现在巢房壁上。寻找移动的阴影，卵就出现了。

守卫蜂

大约 3 周后，工蜂的飞行肌肉发育完全了，它开始围绕蜂群进行定向飞行。即使在此之前，它的毒刺机制的腺体和肌肉已经成熟，完全可以守卫蜂巢。因此，它成为守卫蜂。在流蜜中期，一个群势较大的蜂群中专职守卫蜂的数量在任何时候都相对较少——可能有 100 只左右。可是，如果蜂群面临严重威胁，几千只的工蜂几乎瞬间就能被招募来。这些新的守卫蜂是暂时失业的采集蜂、日龄较大的内勤蜂和正在休息的守卫蜂。

守卫蜂的工作纷繁复杂。它们待在蜂群的入口，根据每个蜂群独有的、可识别的气味，检查任何进入的蜜蜂。如果一只采集蜂返回到一个不是它自己的蜂巢，它将会在巢门口被阻拦。

蜂蜜成熟

从花朵上采集的花蜜大约含有 80% 的水分和 20% 的糖类。尽管有其他种类的糖存在，但蔗糖是最主要的糖，它是一种含十二个碳的糖分子，称为二糖。花蜜中的糖含量取决于环境、花朵开放的时长、花的类型及其他因素。在归家途中，采集蜂会往花蜜中添加一种叫作转化酶的物质，由此开始花蜜的成熟过程。添加的这种酶将十二碳糖转化为六碳糖，即葡萄糖和果糖，它们是单糖。

采集蜂归巢后，会将花蜜转给等待接收的内勤蜂。这只内勤蜂会先向花蜜中添加额外的转化酶，之后在蜂箱中找个合适的地方，在那里进一步将接收的花蜜酿成蜜滴。如果蜂群中涌进的花蜜很多，比如在大流蜜期一天中最忙的时候，工蜂会将花蜜滴悬挂在空巢房或小幼虫巢房的顶部。这个小蜜滴将会悬挂在巢房顶部，暴露在温暖的箱内空气中，直到之后被移走。

最终，经过酶的作用和蒸发过程，花蜜成为含水量降为 18%~19%、含糖量为 80% 以上的一个混合物，我们称之为蜂蜜。那些单个的蜜滴成熟后，被分别收集进巢房中。当一个巢房填满后，就会被覆盖一层保护性的新蜂蜡在上面。

● 当花蜜已成熟并变成蜂蜜后，被储存在子区的巢房中或者子区上部的储蜜继箱中。当一个巢房储满蜜后，为了保护蜂蜜，内勤蜂会用新蜂蜡将巢房封盖。

其他昆虫如果试图进入也会受到挑战。例如：大黄蜂或许尝试自己猎取一些蜂蜜或寻找幼虫当成美味的一餐。当这一切发生的时候，这个小偷遇到了几只守卫蜜蜂，它们与这只入侵者进行了殊死搏斗。它们会撕咬并行刺入侵者，试图杀死或赶走它。

试图从蜂群偷窃的动物们也会受到阻止。臭鼬、熊、浣熊、老鼠、负鼠，甚至养蜂人都会受到阻止、威胁，最终受到攻击。当遇到大的入侵者（如养蜂人）时，一些守卫蜂在行刺前会从事恐吓行为。

它们会飞到入侵者的面部（它们被吸引到脸部是因为眼睛尤其是排出的含有二氧化碳的气息），但不进行蜇刺。这个动作很烦人，但是如果养蜂人戴上安全的防蜂面网，就无关紧要了。如果这样的警告不足以驱逐入侵者，就会有更多的守卫蜂被这个入侵者吸引过来。如果入侵者继续攻击巢箱，守卫蜂将行刺了。

通过躲入一个高大的灌木下或一个灌木丛中，或是走出蜂群视线片刻——在某个建筑物后面或者进了小屋或车库，你就会迷惑这些追逐者，它们很快就会对你失去兴趣。

若仍未摆脱蜜蜂，在它们返巢前，不要摘掉你的蜂帽。向这些蜜蜂喷烟的效果甚微，也不能阻止它们的行为，因为它们不仅通过视觉，也通过嗅觉追踪你。如果这种行为在你的蜂箱中经常发生，一种有效的方法就是用后代较为温顺的蜂王替换现有的后代自卫性较强的蜂王。

当蜜蜂行刺时，它的蜇针刺破入侵者的皮肤（或者养蜂人的外套或皮革手套）。蜇针由三部分组成：两个带有倒钩的可移动的柳叶刀和一个有槽的轴柄。柳叶刀是由无意识的肌肉控制的，一旦被放开，继续向下刺入伤口。轴柄连接到一些能产生可注入皮肤的蜂毒和酸性物质的器官。

● 在巢门前起落板上，你会看到守卫蜂在这个防守位置，质疑任何敢于进去的蜜蜂或养蜂人。前足上举，头部低下，上颚伸出，翅膀展开，使自己看起来尽可能地凶猛和庞大。

往被蜇部位喷烟

当操作蜂群时，你可能会无意地杀死一只蜜蜂，通过在蜂箱部件之间压碎它或者用手指或起刮刀挤压它。即使死了，它也可能会报复，因为它的垂死行为会导致它释放一些报警信息素。其他蜜蜂会注意到并且做出反应。对蜂群喷烟可以掩盖这种报警信息素，进而减少对这种报警做出反应的守卫蜂数量。如果你在操作蜂群时被蜇，你就被蜜蜂标记了，但是，你可以通过快速地从你的皮肤或蜂衣上移除蜇针来减少其他守卫蜂的反应。刮去或拔出蜇针，然后在被蜇部位喷一些烟即可。这种方法有助于减少蜜蜂的攻击，但不是一个完美的解决方案。并且，所有养蜂人的一个特点就是总是闻起来有烟味。

螯针刺入皮肤后，这些肌肉交替收缩和放松，持续将柳叶刀更深地刺入受害者的皮肤中。倒钩控制住柳叶刀，阻止它向后拔出，蜂毒就一直从带有沟槽的轴柄流入新划开的伤口内。每一次肌肉收缩都推动带有倒钩的柳叶刀更深地刺入皮肤内，蜂毒也随之涌出进入皮肤深处。

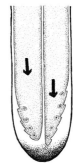

● 螯针的构造：蜜蜂螯针的两个柳叶刀上是装有倒钩的，相互独立工作，当插入入侵者的皮肤越来越深时，它们又协调工作。柳叶刀后面的轴柄（螯针鞘）将蜂毒和酸性物质注入它产生的伤口里。

因为柳叶刀有倒钩，蜜蜂不能将它从入侵者皮肤中拔出。当蜜蜂准备逃跑并飞走时，螯针甚至一些内部器官都会被撕裂，留在受害者的皮肤里。这很少是一个缓慢、有条不紊的过程。守卫蜂接近一个入侵者，完成降落、行刺、逃跑这一系列的过程通常只需不到几秒钟的时间，有时甚至更少。你很少看到留下印记的蜜蜂。最终的结果是，尽管它留下了大部分它的内部器官，但它也受了致命伤。然而，它可能继续去袭击入侵者。当你操作蜂群时，你可能会看见这些蜜蜂中的一只或者更多只，在腹部末端挂有内脏。它们最终牺牲于这场保卫家园的鏖战中。

在蜜蜂行刺过程中，在肌肉推动柳叶刀深入皮肤的同时，行刺机制释放出报警信息素。报警信息素极易挥发，快速散播到你周围的空气及蜂群中，作为对救援的召唤，通知整个蜂群，一个危险的足以行刺的入侵者正在威胁着家族。报警信息素会标记这个入侵者，使其他的守卫蜂赶回家，达到行刺现场并开展进一步的攻击。如果入侵继续，被招募的守卫蜂数量就持续增加，直到非常多的增援力量都在空中。这种守卫蜂的增加通常能赶走入侵者。

通过持续地追踪至你离开蜂群甚至蜂场时，守卫蜂们才会确信它们成功地阻挠了你的此次入侵。然而，这种行为是可变的。如果处于流蜜期，有很多蜜蜂来来往往，而且天气很给力，守卫蜂就很少追踪你至 3.7 米以外。然而，如果花蜜短缺，或者天气转凉并且多云，同样的守卫蜂会追踪你很远。

采集蜂

当一只工蜂成熟并在日常活动的基础上冒险飞出蜂群时，它就变成了一只采集蜂。它生命的这一阶段始于它 3~4 周龄。它可能变成一只侦察蜂，寻找新的蜜源、粉源、水源或胶源；然后采集一些，并返回蜂群去分享它新发现的信息。或者，它被其他侦察蜂或采集蜂招募去拜访一片高产的鲜花。

如果食物分布均匀，采集蜂就会在附近地区觅食，并向蜂群四周展开。然而，这是很少见的情况，因为开花的树木随处生长，而不是蜜蜂喜欢它们长于何处。并且，随着

作盗行为

采集蜂有一个基本的目标——寻找食物。更多情况下，它要找的食物是花上的花蜜或花粉，但其他食物也包括花卉食品、饲喂器里的糖浆或其他蜂箱里的蜂蜜。小而弱的蜂群守卫蜂很少，难以抵挡其他蜂群采集蜂的掠夺，但是它们会拼尽全力，血战到底，阻止其他蜂群盗走它们来之不易的食物。但是如果它们被击败，蜂群所有的蜂蜜将会被盗走。在这个过程中，很多蜜蜂会被杀死。蜂群生存是一场生死攸关、长达一季的战斗。

在断蜜期或者当其他蜂群的采集蜂寻找食物未果时，养蜂人的开箱行为会在不经意间把一个弱群暴露给打劫者，因为打开蜂箱送出了香味的信息——食物！

一个蜂群正在被盗有几种迹象，需要事先识别它们。有很多蜜蜂在巢门口打架，工蜂互相抱成团，个别蜜蜂在起落板上滚动掉落，越来越多的蜜蜂到达蜂群。

由于骚乱、行刺和打架，空气中充满了报警信息素，你甚至可以闻到类似香蕉的气味。守卫蜂冲出蜂群，寻找报警信息素的来源，但却无法找到一个典型的入侵者。此时，它们立刻变得防御性极强，行刺方圆几米内的所有移动物。在严重情况下，报警信息素会飘出你的蜂场，甚至你的庭院，穿过街区，在街区那边，飘进你邻居的蜂场。这将使这个区域内的其他蜜蜂亢奋。顿时，距被盗蜂场不远处将会发生蜇刺事故。

盗窃情形会对被盗蜂群产生致命的影响，也会危害到这个区域内的人和宠物。如果你怀疑某个蜂群正在被盗，你有责任保护它免于崩溃。立即关闭所有蜂群的所有巢门，用破布、木棍甚至一把草进行加固。向每个蜂群喷烟，扰乱它们的方向，终止它们跑去抢劫。关闭正在被盗的蜂群的巢门，确保偏上的巢门是关闭的。用草或破布密封住前面的巢门，这可以阻止外面的蜜蜂进入，允许被盗群重新组织力量。

正在偷盗的蜜蜂会继续勘察先前的巢门，尝试获得入口。如果你把以上工作全部做好，它们将难以进入，从而停止行动。当一切似乎恢复到正常时，轻轻打开这些蜂群的一个巢门将是安全的。如果被盗群依然弱小，可以让巢门缩小几天甚至几周。在断蜜期，不要操作任何蜂群，了解并观察盗蜂的迹象。对你的蜂群和你作为养蜂人的好声誉来说，发生盗蜂可是最糟糕的事情。

养蜂人检查蜂群过程中，蜂蜜被暴露在外，外界蜂群会过来盗取蜂蜜。如果作盗行为开始，要尽可能快地关闭所有蜂群。弱小的蜂群在混战过程中会被盗蜂杀死。

季节的更替，花蜜和花粉的来源来了又去。因此，采集区域日日都在发生变化。为了增加复杂性，一些植物只在一天中的某个时段开花、流蜜和散粉。如黄瓜，早晨很早开花，到中午时分闭花。

一些采集蜂只采集花蜜，只要花蜜被采集回巢，它们会继续工作。一些采集蜂只采集花粉。然而，在相同的旅程中，其他采集蜂既采集花蜜也采集花粉。我们随后会介绍采水和采胶行为，但是，蜜蜂和花朵之间的这种关系不仅令人着迷，而且也是蜂群成功的关键。

发现食物是侦察蜂的工作。有经验的侦察蜂通过花朵的颜色、形状、斑纹、香味来寻找食物。它们了解到，特定的花朵形状、颜色或芳香经常预示着回报，于是经常回来或者寻找其他地方类似的标志。初学者在蜂箱内接收先前采集蜂分发的花蜜时，可能学会了分辨相似的香味，并且可以去侦察了。

当一只侦察蜂定位到一种有希望的蜜源时，它会研究此蜜源的价值。如果花朵足够大，它会降落到一朵花上，或者就近的茎干或叶片上，以便能到达花朵。它伸出它的吻，又称作喙，将喙的 3 个部分折叠在一起组成一个管状物，吮吸花蜜。在追寻花蜜时，它可能在花朵的中央乱扒或者轻触花药，将花粉收集到体毛上。

收集满后，它会离开花朵，绕蜜源区域飞几次——通过留意地标和太阳的位置来了解它的方位——然后朝家飞去。

因为这只侦察蜂已经找到了新的蜜源地，它通常会尝试招募其他采集蜂去拜访那里。它会在子区偏下区域的子脾上发起跳舞行为，那里聚集有其他采集蜂，它们不是在等着被招募，就是在从最近的出行中卸下粉蜜。

同时，那些碰见跳舞池上那只侦察蜂的内勤蜂们有自己的一套信息。如果蜂群中花蜜短缺并且储蜜空间充足，内勤蜂几乎会立即卸下食物。然而，如果储蜜空间不足，内勤蜂会拒绝采进来的花蜜，有效地阻止采集活动。在这一点上，蜂群面临着严峻的形势：如果蜂箱空间受限，外界又有强大的蜜源在流蜜，蜜蜂可能会决定将花蜜储存在正在供蜂王产卵的子区位置。这样做的后果是，减少了蜂王能够产卵的空间，如果在早春，可能会引发分蜂行为，或者导致蜜蜂只采集当日够吃的食物。有时，在极端情况下，这可能会导致蜂群弃巢。

舞蹈

当一只侦察蜂采集花蜜回来后，其他的蜜蜂会在蜂箱周围跟随、触碰并嗅闻它。如果说它去拜访的那片花只有一般回报，这只侦察蜂将会不太热心地动员其他采集蜂去拜访那里，但如果回报很诱人，它会卖力地跳舞，以鼓励其他采集蜂前去拜访。

当采粉蜂归巢，来到子区一个空的巢房或者仅部分装有食物的巢房时，开始缓慢地卸下所采集的花粉团。一旦卸完，它们就转过身去，用头部作为填压工具，将花粉压实。它们在要被装进蜂蜜的巢房上部留下一个浅浅的空间，这个空间用来防止蜂蜜变质以期达到长期储存的目的。

守卫蜂的工作看起来很危险，但是与采集蜂的工作相比却不值一提。在野外，单个蜜蜂会成为鸟类、蜘蛛、螳螂及其他捕食者的猎物。天气对它也不利，如突如其来的暴雨、快速变化的温度、疾驰而过的大风等都使得飞行困难或者不能返家。其他危险还包括穿越马路时的快速的汽车交通，甚至是灭蝇器具。

● 黄香草木樨和同属的白香草木樨最初被作为家畜饲料而引进。在美国北部大部分地区，它们已经成为常见的野生蜜粉源。然而，自然主义者非常不喜欢这种蔓延性的植物，根除行动已被提上了议事日程。此外，它们对家畜的价值远不及其他干草作物。

一种可以同时威胁到采集蜂及其同伴的重大危险是与农用或家用农药接触。采集蜂可以任何方式接触到这些有毒化学物质。在开花植物上进行采集作业时，它可能被直接喷洒到农药。它可能拜访了不久前刚被喷洒过农药的植物进而接触到农药残留。或者它可能采集了很久以前被喷洒过内吸性农药的植物的花粉和花蜜，但农药的活性和致命性仍然存在于植物的茎、叶、花、蜜和粉中。农药的性质及使用的时间可能决定这只采集蜂马上死去并且不会抵达蜂巢。可是，遭遇直接喷药的蜜蜂，经常采集花蜜、花粉或者以上两者，在归巢后才慢慢死去，而它携带回来的花粉和花蜜也杀死了蜂群中的其他蜜蜂。结果往往是，一天或两天之内，在巢内外发现大量的死蜂。整个蜂群是否会灭亡，取决于接触了多大剂量的农药。虽然蜜蜂中毒曾经是最常见的形式，但现在比过去几十年发生的次数要少得多。

然而，最近在农药投用方面的变化改变了蜜蜂将死亡带回家的方式。如今，许多被应用到农作物上的农药是内吸性的，这意味着农药可以被直接喷洒，但更多情况下是在农作物被种植时拌种使用。随着植物的生长，农药被植株完全吸收，在植物的一生中都保有活性，会杀死任何胆敢吃它的生物。当然，其中的花蜜和花粉中也有这些农药，也会被蜜蜂带回蜂箱食用或者储存起来供蜜蜂以后食用。花蜜和花粉中农药的量不足以立刻杀死蜜蜂，但是会反复输送一个亚致死的量。最终，降低了蜂群抵抗其他困境、虫害、疾病的能力，增加了由某些其他问题造成的损失。农用农药已经成为蜂群最常接触的化学物质，后期会对蜂群造成最大的破坏。不是直接死亡，而是群势缓慢、持续下降，通常会降低蜜蜂免疫系统的功能，使蜂群易遭受正常情况下可以抵抗的任何问题的困扰。

当蜜蜂接触杀真菌剂时会发生什么事呢？几十年来，科学家认为这类化学物质对蜜蜂无害，因为直接应用于成年采集蜂时不会引起死亡。然而，研究已经表明，当这类化学物质随着受污染的花粉被带回蜂群饲喂给大龄幼虫时，会影响取食幼虫的消化器官，造成危害，甚至死亡。最终的结果是，在杀真菌剂被使用后的未来某个时候，蜂子被杀死了。后来，其他类型的控制害虫的化学药剂（如生长调节剂）也被发现可引起相似的问题。

即使你住在城市或者城郊，也很难完全避免农用或者家用农药，但是要知道它们的危害，以及如果你的蜜蜂遭遇到它们时会出现什么样的症状。

随着新型的、外来的疾病被蚊虫携带并传播，蚊子喷雾剂也变得越来越常见。市政当局要负责为其居民提供一个安全的环境，这是他们为履职而采取的一种行动。你可以保护你的蜂群免遭药害，但是你必须知道人家用什么和何时用。这些信息通常可以从负责这些行动的虫害防治机构获得，那就去看看。当地的养蜂人也可以提供帮助。请不要忽视这些行动。

如果采集蜂避开了这些危险，那么老年蜂就是这种 5~6 周龄的蜜蜂。就个体而言，采集行为是蜜蜂代价最高的行为（不包括行刺）。肌肉退化、体毛脱落、翅膀磨损，终有一天，由于太劳累或飞行速度太慢而难以返巢或者难以逃脱捕食者的攻击，它的短暂而有意义的一生就此结束。这就是它的宿命。

交流

我们经常考虑不到的某些事情是，除了前门附近一块很小的区域，蜂箱内部是漆黑一片的。所有小的缝隙都被蜂胶密封住了。蜂箱内部的一切活动都依靠触觉、感觉和味觉来完成。然而，当采集蜂在外面时，它们的飞行依靠光、景象、颜色和位置。

因此，返回的采集蜂必须用一种非视觉的方法把它们在外界的视觉经历传递给同伴。当采集蜂发现新的开花地并且测试过花蜜的数量（在某种程度上）和采收后的质量后，它就返回蜂群，向同伴传递花朵的位置和潜力。

这只采集蜂返回蜂巢后，来到子区靠近主要巢门的位置，这里聚集了大量的采集蜂。这里聚集的还有从返回的采集蜂那里接收花蜜的蜜蜂，它们的附近则是那些正在清理巢

● 苹果花几乎存在于所有地方，在春季，当它们开花的时候，可提供急需的花蜜和花粉。

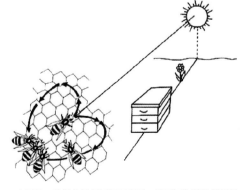

● 上图是一张简化的摆尾舞示意图，摆尾舞传递出相对于蜂箱和太阳的食物源的位置信息。实际的舞蹈要复杂得多。

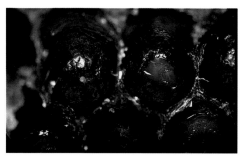

○（1）图中 1 粒卵直立于巢房底部，由胶黏物支持着。这粒卵右边的巢房中是 1 个 1 日龄的幼虫，它已经漂浮在被内勤蜂投喂的蜂王浆中。

○（2）幼虫发育很快，6 天内发育到 5 日龄。这是 3 个不同龄期的幼虫（蜕皮之间的发育阶段）。

○（3）幼虫准备化蛹时，直立于巢房中，停止进食，将消化系统中的食物排泄到巢房底部，准备纺织茧衣。注意这个变化，内勤蜂开始用蜂蜡和蜂胶的混合物将这些巢房封盖。这个时候雌性瓦螨进入巢房，寄生在幼虫上（下一章讨论瓦螨）。

○（4）图示化蛹工蜂的几个阶段。蜡盖已经被移去，以展示发育阶段。左上的工蜂将要发育成熟，它的眼睛已经发育得有颜色了。底部正中的工蜂几乎发育成熟，足以羽化为成年蜜蜂。

变态

　　蜜蜂经历昆虫学家所称的完全变态。昆虫生长有几种方式。完全变态描述了昆虫从卵发育为成虫的整个成熟过程。你可能熟悉蝴蝶所经历的卵 - 毛毛虫 - 蛹 - 成虫的变化，蜜蜂也是如此。因为昆虫有坚硬的不能生长的外骨骼，它们不能随意增大体形或者增加内部器官的数量，所以它们产生一层表皮，身体长到表皮装不下了，蜕去这层表皮，再产生更大的一层表皮。它们会多次重复这个过程，直到发育得足够大。每一个阶段被称为 1 个龄期。蜜蜂有 5 个龄期。在最后 1 个龄期的结尾，它们清空体内积聚的垃圾，这些垃圾是从卵发育为能完全填充巢房的幼虫的过程中所积累的。当这个工作完成后，它们停止进食，产生一层薄的类似丝绸的茧衣，裹住体表。当幼虫停止进食后，收到这种改变提示的内勤蜂会用新旧蜂蜡的混合物将这些巢房封盖。12 天后，转型完成，一只新的成年蜂推挤并撕咬蜡盖，摆脱了它青春的束缚，留下的大量垃圾和茧衣将被内勤蜂清除。它的变态就完成了。

房、照顾幼虫的更为年轻的工蜂。

为了告知有蜜源，这只返回的采集蜂开始跳著名的摆尾舞，来指明它发现的蜜源的位置（尽管不准确）。它所指明的信息包括距离（根据回巢途中消耗的能量测定）和方向（太阳与蜂群和蜜源相对的位置）。采集蜂通过舞蹈的剧烈程度和持续时间将找到的蜜源的价值告知同伴。没有出去采集的蜜蜂则靠近它，嗅闻并品尝它带回来的花蜜，有些被招募者会通过跟随采集蜂的几轮舞蹈表演得到指示，最终离开蜂箱去寻找蜜源。通常会有很多采集蜂同时在这个舞池被招募，但是未被聘用的采集蜂不会对每个舞蹈蜂都取样。相反，它们会选择一只进行跟随，而不会跟随多只来评估并比较这些舞蹈的差异。

然而，找到蜜源的那些采集蜂如果发现此蜜源有价值，则会返回蜂群，去动员更多的采集蜂。这种交流允许一个蜂群同时探索多个蜜源。回报多的蜜源会被动员更多的采集蜂，而回报少的蜜源则会被放弃。这是一种有价值的行为。这个蜂群能够采集多种花粉，每种花粉都有它自己的营养价值，因此这个蜂群一直都能得到有充足营养的饮食。如果今日所有的采集蜂正在紫苜蓿田间享受美食，那么万一明日紫苜蓿就被切成干草，这个蜂群将不得不花费时间和精力去寻找新的食物源。为避免此类问题发生，这些蜜蜂会有明确分工，他们是聪明的"女孩"。

同时，蜂群必须调整容纳这种花蜜大批涌入的能力。返回的采集蜂通过一种被称为颤抖舞的行为来动员未外出采集的蜜蜂变为花蜜储存者。

花粉：纯的花朵能源

花粉作为植物繁殖过程中的一部分，产生于花朵的花药中。成熟时，花药开裂，花粉脱落。个体花粉粒被以某种方式转移到受体花的柱头上，这取决于花的种类。受体花可以是产生花粉的同一朵花，也可以是同株植物上的不同的花，还可以是不同植株上的花。花粉粒被蜜蜂、蝴蝶、飞蛾、蜂鸟、风甚至蝙蝠携带到受体花的柱头上，经过柱头潮湿表面的滋润，萌发花粉管，向下生长进入柱头，携带着花粉粒的雄性部分一道抵达子房，并在此发生结合，产生种子及其包围着种子的胚乳（想一下苹果种子及苹果的其他所有包裹着种子的部分就是胚乳）。

在寻找花蜜的过程中，蜜蜂按照惯例接触

● 每种植物的花粉在形状、标志物、颜色和营养价值方面是不同的。这张图是被放大后的甜三叶草的花粉。

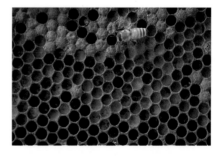

● 采集蜂把花粉团带进蜂箱，先把后足放进靠近子区的一个空巢房中或者没怎么装满花粉的巢房中，再把花粉团（通常称为花粉小丸）卸载进去。这个巢房还有部分的空间，之后，会在上面涂一层蜂蜜用来防止变质。

花粉，因为花朵在花粉成熟前不会产生花蜜。有些植物，例如，黄瓜有雄性花，可以产生花粉和花蜜，但是没有子房供种子生产；黄瓜也有雌性花，只分泌花蜜，可以产生种子。为了完成授粉，蜜蜂只采一棵黄瓜植株上的花（花朵忠贞度），从雌性花和雄性花上采蜜，从雄性花上采粉。然后，在采集过程中将花粉与雌性花共享。

花粉粒带有微小的负电荷，而蜜蜂有微小的正电荷，成千上万的多分叉绒毛能够吸引、捕获和承载花粉粒。采集蜂用足将大多数花粉粒从绒毛上清理下来，被打包进一组绒毛（称为粉筐或花粉篮）而携带归巢，这个花粉篮位于后足外侧。蜜蜂在访问其他花的同时，一些花粉因此被转移。通过产生花蜜和花粉作为引诱剂获得授粉者的这些植物，正好达成了它的所需，产生种子，所以下一个世代可以开始了。

花粉是蜂群饮食中蛋白质、淀粉、脂肪、维生素和矿物质的唯一来源。按重量计算，花粉中的蛋白质含量高于牛肉，是发育着的幼虫和幼稚蜂的最好食物，也是生产蜂粮的最好食材。

被采集的花粉由采集蜂带回巢，迅速装进已经含有一些花粉的巢房中。内勤蜂将这些花粉压实，以便空间可以被有效利用。花粉储存在子区附近，在这里它以惊人的速度被使用。

●当花粉丰富时，蜂群往往会把它储满整个巢脾。在春季粉源植物开花之前，一个越冬的蜂群需要在育子开始时用2~3个满脾的花粉来喂养幼虫。据说，养育一只蜜蜂到成年需要用一个满巢房的蜂蜜、一个满巢房的花粉和一个满巢房的水。因此，你可以看出，要有多少这些东西才能够产出一个满箱的蜂群。

● 一个蜂群中的采粉蜂在一天之内会采集很多花粉团。注意花粉的多种颜色。每个花粉团都来自于蜜蜂足上的一个花粉篮。采粉蜂必须拜访过成百或许上千朵花才能采集到这么多花粉，但是它只采一种植物，如所有的紫苜蓿花、苹果花、大豆花。这确保了当它去紫苜蓿花上仅能将紫苜蓿花粉从一朵紫苜蓿花传到另一朵紫苜蓿花，使授粉成为可能。这种特点被称为花朵忠贞度（采集专一性），这也是蜜蜂授粉最重要的方面。

有时，大量的花粉被采集回来，所有巢脾装满这种五颜六色的食物。一个巢房里仅储存部分花粉，剩余的空间被填满蜂蜜，用来防止变质和供后续利用。

有的蜂王生产者正在筛选极擅长侦察粉源、采集花粉和储存花粉的蜜蜂，目的是培育擅长为农作物授粉的蜂群，尤其是为加利福尼亚的杏树授粉。他们的筛选工作很成功，然而，大部分养蜂人不用他们的蜜蜂为杏树授粉。如果你的蜂群有这种特点，你会发现巢脾都储存了花粉。这是好的，但不是那么好。蜜蜂肯定会需要足够多的花粉，用来饲养幼蜂和作为自己的食物，但是它们能够使用的花粉数量是有限的，剩余的花粉依旧储存在蜂箱里，不但占据空间，其营养价值也慢慢降低。如果你的蜂箱中出现这种情况，你可以放心地取走一些花粉，留出多余的空间用来育子或储蜜。尽管它们可能在某种程度上会吸引蜡螟或蜂箱小甲虫，但对蜂群是无害的。最终，它们将失去营养价值，但即使那样蜜蜂也不会把它们移走。你可以通过将巢脾花粉面向下，在坚硬的表面上磕碰或撞击几下来移走这些花粉，于是，一些花粉会被抖出来，但大部分被卡在巢房里。放弃这张巢脾，将其熔化，过滤出花粉后，用于制作蜡烛或护肤品。

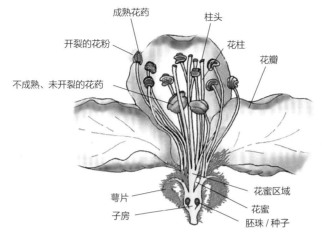

🔘 如图是一朵花的器官，显示正在开裂并释放花粉的花药及繁殖所必需的其余部分。

水

水对蜜蜂的生存是至关重要的。花蜜中大部分是水，为蜂群提供一些必需的水分，但不是全部的，当然也不够。

采集蜂在蜂群有需要时会出去采水。水用来溶解结晶的蜂蜜，当制作幼虫食物时用于稀释蜂蜜，热天里蒸发降温及作为冷饮。一个满箱的蜂群在流蜜高峰期的某个温暖的日子里，平均日用水量为2~4升，超出所采集到的花蜜的含水量。

水不能像花粉和花蜜那样被储存，但是可以添加到蜂蜜中，或者被放在巢房里或上框梁上，使其蒸发，并在蒸发过程中为蜂群降温。

采集蜂寻找到的水源似乎都是有气味的，城市或郊区最大的有气味的水源之一是经过氯水消毒的游泳池。上升的气味像霓虹灯的标语，上面写着"免费饮用"。恶臭的水池和沼泽地也很吸引蜜蜂，同样的还有路边雨水径流的沟渠、用于在暴雨时排水的雨水道和家畜场。后者尤其吸引蜜蜂，因为有矿物质和营养物质溶解在水中。

🔘 当它们需要水的时候，采集蜂在它们能找到水的地方采水。像这个池塘一样的地方是理想的场所，因为它们有气味，很容易被其他采集蜂找到。

采集蜂也会用纳沙诺夫信息素来标记没有气味的水源，以便其他蜜蜂可以知道这个地方。蜂群一旦找到离家近的、易获取的且可靠的水源，它们便会专一于此来采水。如果那个水源干涸了，它们将会寻找另一个水源并采水，直至该水源也干涸。把它们的日常饮用水放在你的后院对你是最有利的。

尝试以下方法：

- 在屋外安装一个水龙头，使其缓慢地往一块倾斜的木板上连续滴水。
- 安装一个水景园或者鸟浴池，当水位下降到低于预先设置的水平时，可以自动装满水。
- 买一台自动的宠物或牲畜饮水装置，当水位下降至某个水平时，可以重新装满。
- 屋顶是一个取水困难的地方，因为自来水通常是不可用的。你可以一次灌满几桶水，以确保不会耗尽。可以买些雨水收集器利用降雨，为这些容器装上浮标或者边缘以使蜜蜂站立。
- 如果你装备了一个不流动的水池，可用香精油制成的糖浆添加剂为其增味，以便它很容易被蜜蜂发现。
- 安置你自己的游泳池（无可否认，这是一项巨大的投资）。
- 如果以上方法都不可行，你可以在蜂箱前门放置一种鲍德曼饲喂器，定期为蜂群供水。

蜂胶

采集蜂采集花蜜、花粉、水及蜂胶——一种极其神奇的物质。多数植物都有免遭掠食的某种自保方式，如荆棘、毛刺或毒素。某些物种特别是杨树和桦树用的一种方法是：分泌一种黏稠的、有微生物活性的树胶物质，覆盖在叶片或发育着的花芽上面。其他植物，如松树，则在树皮伤口周围分泌树胶物质，同样用于自我保护。

蜂胶在颜色、气味、风味和微生物活性方面都有很大差异，这取决于它被采集于哪种植物，颜色从近乎黑色到褐色、红色或者金黄色。蜂胶的保护作用不应被低估，它对蜂箱中潜在的致病菌和真菌有活性。

蜜蜂用蜂胶填补蜂箱中小的缝隙或缺口，使其他有害生物不能进入这些空间。蜂胶这个名字是从原创词"城前"衍生出来的，

○ 蜜蜂用蜂胶把物体粘到一起，用来保湿和防风。例如这一层覆盖物，当外界天气热的时候，因为蜂胶有黏性而很难被移去。当外界天气冷的时候，蜂胶会变得易碎。当你打开大盖时，它会振动并断裂，这是在里面的蜜蜂所看不惯的一种活动。

意为城门或者城墙。

如果在你的区域存在蜂箱小甲虫，蜜蜂会用蜂胶建造监狱，限制并阻止成年小甲虫在巢脾上产卵。

这些缝隙或缺口包括下面这些空间：两个箱体被连接在一起的地方、内盖和顶部箱体接触的地方及每个箱体边缘搁置巢脾的地方。如果这个边缘上有蜂胶堆积，巢脾将不再保持方形的状态，某个方向的或所有方向的蜂路也会被占据。有时你不得不移动所有的巢脾来清理掉这些蜂胶。当挪移这些巢脾时，还要将框耳处的蜂胶清理干净，以预防堆积。

天气温暖时，蜂胶是有黏性的；天气寒冷时，蜂胶变得有脆性。当它存在时，分离箱体或者拿起内盖会引起蜂胶密封处噼啪作响，给蜜蜂报警说有入侵者出现。因此，保持这些边缘干净是值得的。

在野外，蜜蜂会制造一个蜂胶外壳，将整个蜂巢包裹在一个保护性的茧中。

○ 当你例行操作蜂群时，一定要花点时间清理巢框架上的附着物及框架两端的黏滞蜂胶。如果任其滞留时间过长，则这种堆积会导致框架顶部侵犯到蜂路。

收取蜂胶

这种黏性物质益处很多。它是一种纯天然材料，用于自行处理刮伤、喉咙痛和其他轻微的疾患。一些来自于南美洲的蜂胶品种据说是非常好的抗生素，并因此得以推销。

如果收集蜂胶是你的一种选择，那么就会有一些公司来收购你的蜂胶。蜂机具公司出售采胶器，因此你可以以工业规模采集蜂胶。像安装隔王板一样，这个席子样的采胶器是蜜蜂将要用蜂胶密封的带有孔的织网物。当网孔被填满后，移走这个采胶器，冷冻几天，然后在固体的东西上磕碰几下，于是很多非常干净的蜂胶就会掉落出来，就可以准备采收了。之后，重复利用采胶器再次进行收集。

你还可以收集巢框、箱壁、巢门及蜂箱中其他任何地方可以找到的蜂胶，但这些地方的蜂胶往往掺有蜂蜡、木屑和其他外来物质。在制作蜡烛或药膏时，不要将蜂胶混进蜂蜡中，因为它会使蜂蜡变黑，并使蜂蜡蜡烛燃烧不良。

清除不想要的蜂胶

蜂胶会成为你养蜂生活的一部分。在你的工具箱中总是放有一瓶（作为清洁和稀释等一般用途的）工业酒精，随时清除手、起刮刀和喷烟器上面的蜂胶。拿一块擦拭设备的抹布，往手上倒些酒精，把蜂胶擦掉。当你的衣服上有蜂胶时，在清洗之前，先用强力除斑剂浸泡一夜。否则，蜂胶污点便会永久地留下。

● 蜂胶受热后，和口香糖一样具有黏滞性，会粘在任何它所接触的东西上。

● 蜜蜂会用蜂胶覆盖住体积太大而难以移出蜂箱的东西，如这两只老鼠。蜂胶减缓细菌和真菌的生长，阻止肉体腐烂。用蜂胶覆盖后，这两只老鼠仅仅是变干了。

● 这是蜜蜂在某处使用蜂胶的一个很好例子。这块板的一面光滑，另一面粗糙不平。蜜蜂用蜂胶填充板面上所有粗糙不平的地方，阻止微生物和体形小的入侵者藏身。

● 解决巢脾被粘在巢脾搁置处和巢脾间相互粘连的一个较好的方法是，将起刮刀弯曲的一面嵌进两个巢脾之间，扭动即可。

雄蜂

雄蜂是蜂群中的雄性。因此，它们在身体构造、行为活动和对蜂群的贡献上都不同于工蜂和蜂王。

一个正常的蜂群在生长季节会培育和维持少量的雄蜂。在繁殖季节中期，一个满箱的蜂群中可能会出现多达1000只处于不同发育阶段的雄蜂。如果有足够的空间，还会有更多雄蜂，但如果完全没有空间来建造雄蜂巢脾，雄蜂就会少得多。雄蜂会产生它们自己的信息素，这些信息素被认为是蜂群群味的一部分。

雄蜂是由蜂王产下的未受精的卵发育而成的，这意味着雄蜂携带的基因只来自于蜂王，所以雄蜂没有父亲。培育雄蜂的巢房比工蜂的巢房略大一点，像工蜂巢房一样，雄蜂巢房也是一个巢框上巢脾的一部分，而不是像王台那样悬挂在巢脾下或者对接在巢脾间。

雄蜂巢房几乎总是位于子区区域的边缘，通常位于巢脾的角落及子区外围的地方。这种布局有助于雄蜂的发育。雄蜂幼虫和蛹在比工蜂子区中心温度35°C低1~2°C的温度下发育得最好。雄蜂从一个卵发育到一个羽化的成虫需要24天左右。它们以幼虫的形式生活6.5天左右，它们的饮食比工蜂略有营养，但远不及蜂王的饮食营养丰富。相比之下，工蜂的幼虫期约为6天，蛹期约为12天。蜂王的幼虫期有5.5天，蛹期只有7.5天。蜂群在饲养雄蜂上投入了大量的食物和精力。

雄蜂幼虫在成长过程中会蜕皮（工蜂幼虫和蜂王幼虫也是如此）。当这个过程完成时，工蜂会用一个由新旧蜂蜡、蜂胶和其他材料组成的混合物来封住巢房。由于雄蜂的体积很大，这些封盖并不像工蜂的封盖那样几乎是平的，而是呈圆顶状的，以提供额外的空间，通常被称为子弹形的封盖。

在 24 天后（取决于育子区的温度，这个时间长度可能会有 1 天左右的变化），成年雄蜂羽化出房。它们的形态和职责与它们的半胞姐妹工蜂大不相同。雄蜂没有螯针（螯针是工蜂不发达生殖系统的一部分）。它们的体形比工蜂大，有能伸到头顶的比较大的眼睛，有粗壮而钝圆的腹部。它们没有采集食物的身体构造——蜜胃或花粉篮。

● 一个成年的雄蜂可以通过其大而模糊、钝圆、粗壮的腹部来识别。注意它的大眼睛一直延伸到头顶。翅膀大约和腹部一样长，而蜂王的翅膀只有腹部的一半长。

在头两天左右，它们由工蜂饲喂；然后，当它们学会自己进食的时候，它们会向工蜂乞求丰富的食物，并可能开始吃储存的蜂蜜。大约一周后，它们开始在蜂群附近进行认巢（定向）飞行，熟悉地标及舒展飞行肌。当天气允许时，它们开始交尾飞行。雄蜂不与自己蜂巢中的蜂王交尾。它们飞到雄蜂聚集区（DCAs），通常在开阔地的上方、林区的开阔地带或在大片林区的边缘。雄蜂聚集区往往有一些特殊的地理或景观属性，雄蜂和蜂王每年都很容易找到。不受干扰的地区被作为雄蜂聚集区，年复一年地可用好几代。雄蜂在聚集区里寻找蜂王时往往是冲动的，它们几乎会追逐交尾区上空的任何东西，比如扔到空中的石头。一般来说，在聚集区中飞行的雄蜂和蜂王将在 7.6~30.5 米的空中相遇和交尾，以接近全速飞行。

因为雄蜂不能生产蜂蜡，不能觅食，也不能清理家园或守卫巢门，因而对于一个蜂群来说，要维持它们实在太昂贵了。这一投资继续由一个蜂群承担，以确保雄蜂母亲的基因——蜂王在蜜蜂的一般种群中得以延续。然而，总会有一段时间，这种代价太高以至于蜂群无法负担。如果在某一季节里，蜜源短缺，食物所得有限或者没有，那么蜂群将在某种意义上缩小群势规模。工蜂们保存工蜂幼虫的时间最长，并首先从巢穴中移除最老的雄蜂幼虫。工蜂们只是把雄蜂幼虫拔出来，然后直接吃掉，保存蛋白质，或者把它们带到外面。如果蜜源短缺持续下去，工蜂们会清除越来越小的雄蜂幼虫。同时，蜂王停止生产雄蜂，以进一步缩小群势，最终，如果短缺致使蜜蜂们不顾一切，工蜂们将消除任何剩余的成年雄蜂，迫使它们离开蜂巢，并拒绝它们再次进入。

● 雄蜂脾的横截面显示为圆顶状的封盖，而不是工蜂脾上的扁平封盖。这些雄蜂巢房出现在靠近子区外部的巢脾底部和边缘，在子区最冷的区域。

在这个季节结束时，由于繁殖季节结束，蜂群将不再投资雄蜂。蜂王停止产雄蜂卵，工蜂会强制驱逐所有或大部分成年雄蜂。雄蜂在巢外挨饿或因暴露而死亡。它们的退休计划不是很好。然而，有趣的是，许多蜂群将一些雄蜂保持到来年春季，即使蜂王在冬季丢失了，仍能确保这条血脉的延续。

季节性变化

首先，想象 3 个广义性的温区：寒带、温带、热带。最温暖的地区是亚热带到近热带地区；温暖的地区是温带，冬季温度徘徊在 10°C 左右，夜晚略冷；寒冷的地区冬季温度降至 -29°C 或更冷。

在冬末，当白天开始变长时，蜂王开始逐渐提高产卵率。在冬季温暖的地区，起源于意大利中部的意大利蜜蜂蜂王放慢了速度，但可能不会停止产卵来越冬。卡尼鄂拉蜜蜂、高加索蜜蜂和俄罗斯蜜蜂都是在更加寒冷的地区进化而来的，需要收集和保存冬季食物，可能确实停止了产卵。

即使在没有食物供应的情况下，工蜂也会在温暖的冬季消耗储存的花粉和蜂蜜，用于生产几乎全年都要饲喂给蜂子的蜂王浆和工蜂浆。随着群势的增加，对食物的需求也在增加。但在这些地区，没有食物补给的季节很短，对大量储存食物的需求也很小。在近热带和热带地区，通常全年都有食物供应，不需要储存食物。当然，除非有雨季和旱季切断了食物供应。

在温带地区，冬末仍然很冷，但并不会冷得让养蜂人无法在偶尔暖和的日子里检查要管理的蜂群。在好的飞行天气到来之前还需要一段时间，但是育子活动正在迅速增长，对储藏食物的需求是至关重要的。

到了早春，在温暖甚至温和的地区，随着早期食物来源的愈加丰富和天气对采集活动越来越有利，蜂群的群势迅速扩增。在北半球，蒲公英在 2 月开始出现在温暖的地区，并且种群群势接近临界阶段。用于扩充育子和食物的额外空间成为一个限制因素并且可以观察到分蜂行为。在白天开始变长的 2~3 月后，最热的地区出现了分蜂团。在北半球，这种情况发生在 4 月中旬至 5 月下旬，在寒冷地区是 5 月下旬至 6 月，然而这些时间因位置、管理过程和天气会有所变化。不要根据日历来设定你的管理实践，而是要根据蜂群正在做什么。天气决定了这一阶段养蜂人必须为分蜂、食物储存、换王及病

● 图中是蜂王、工蜂和雄蜂。请注意，上方显示的蜂王，其腹部呈锥形，长而尖。蜂王周围的是典型的工蜂，体形较小，腹部有条纹。中间是一只雄蜂，它比工蜂大，注意它那独特的大眼睛。

虫害防治做好准备。

在大多数的温带地区，春季的食物是丰富的，但随着晚春和初夏的到来，资源往往会减少，到7月中旬，大部分都消失了。从那时起到初秋，通常很少有饲料植物可供利用，蜂群以储存的食物继续生存（前提是在开花季节生产了足够多的食物，且养蜂人在收获时并未那么贪婪）。

在温带和寒带地区，蜜源和粉源在春季分蜂季节之前就开始大量生长（这是分蜂管理的关键驱动因素之一），如果有足够的储存量，蜂群将从6月中旬到下旬采

在一个典型的子区幼虫脾中，你可以找到工蜂和雄蜂的幼虫。工蜂的幼虫在巢脾的中心，这是巢中最温暖的地方。雄蜂幼虫通常是沿着较冷的巢脾边缘，特别是沿着底部的下框梁和左右角。雄蜂幼虫是由巨大的、圆顶状的蜡盖封闭的，这使它们很容易在巢脾上被发现。有时，当子区拥挤时，它们会出现在子区的上框梁上。

集该季节的大部分剩余作物。在温带和寒带地区的许多地方，仲夏的花蜜和花粉生产期可能较慢，通常可以被称为断蜜期，这种情况可持续数周甚至多达数月。长期干旱完全是另一回事，需要作为紧急情况而不是季节性变化加以解决。如果储存的食物全部用光了，饲喂可能是必要的。根据地理位置的不同，这一时期通常被称为6月断蜜期或7月断蜜期——花粉和花蜜很少的一段时间。这也是瓦螨治疗的最佳时间。

在温带和寒带地区，到了夏末，秋季开花的植物开始开花，而且往往还有另一个短暂但密集的采集时间。这段采集时间的持续期被称为秋季流蜜期，可能会持续一个月或更长一点，这取决于雨水天气和早霜到来的时间，这是一个不可预知的时刻。在温暖和热带地区很少有这种夏末秋初的流蜜期，但如果雨水充足，可能会有，需要引起注意。

到了11月下旬，在赤道以北的所有地方，大多数（但不是全部）植物已经完成了开花，蜂群开始其缓慢的时光。在冬季极端的情况下，蜜蜂会在蜂群中结团，通过振动翅肌产

哪里有冬季，哪里就有越冬蜂团

在冬季，蜜蜂需要免受寒冷和寒风的侵扰。夏季的时候，它们会把蜂巢里所有的裂缝都封起来，而养蜂人提供的防风林（常青树或篱笆）也会提供帮助。在蜂巢里面，蜜蜂负责剩下的工作。

大约在一个4箱体的中等的8框蜂箱的偏下中心处是蜂群的子区部分（底箱的上半部，紧接其上的2个箱体，以及顶箱的底部1/4）。顶箱的其余部分装满了蜂蜜。对于最严寒的冬季场所，第四个箱体也就是顶箱里应该都是蜂蜜，甚至可能第五个箱体里也

要有。在顶箱里应该有等同于3个满脾的蜂蜜和等同于6框或更多的蜂蜜。所以，底箱里有6框，第二个和第三个箱体里各有2框，顶箱里有8框蜂蜜，总共有18框蜂蜜。大约在北半球的11月1日左右，要共储存40.8千克蜂蜜。

根据蜜蜂的位置和类型，蜂子会有所不同。当室外温度降至14℃以下时，蜜蜂聚集在子区。它们爬进一些空巢房，填满巢脾之间的空隙。由薄薄的蜡墙隔开，这个相当紧凑的聚集物，几乎像一个蜜蜂球，被称为冬季蜂团。

在外层，蜜蜂叠加在一起，起到保温的作用。它们振动翅肌来产生热量，这会使中央的蜜蜂感到温暖，因为它们没有那么集中，因此，它们可以移动一点来获取食物或照顾任何存在的蜂子。这是蜂王过冬的地方。

沿着蜂团边缘，温度低至7℃。显然，外部的蜜蜂在那样的温度下不能维持太久，所以它们逐渐向中心移动，从内部出来的温暖的、营养充足的蜜蜂来代替它们。

当外部温度进一步降低到7℃以下时，蜂团开始减小其大小，从而减小球形蜂团的表面积。隔热保温层中的蜜蜂靠得更近，减少了热量损失，并利用它们的体毛来捕捉热空气。这种布局可以维持很短的时间，但最终蜂团中心的蜜蜂会消耗掉它们能得到的所有蜂蜜。

如果温度长期保持很低（低于−7℃），蜜蜂可能会挨饿。这种情况发生的原因只有两个：没有足够的食物或者没有足够的蜜蜂来获取可用的食物。这两种情况都是可以预防的。有足够的蜜蜂盖住足够的巢脾是很重要的。

地理位置也需要考虑：在美国最南端的蜂群能够全年飞行；北方地区将在接下来的一个季度里有几个飞行受限制的时期，因此在感恩节（11月底）储存大约23千克的蜂蜜是一个很好的做法。这大约相当于在上面3个箱体里放了8个或9个巢脾的蜂蜜（计算一下，一个两面都装满蜂蜜的巢脾大约有2千克的蜂蜜）。在北方，冬季可能很严酷。对于该区域，建议储存约34千克蜂蜜。在更远的北方，储存蜂蜜达45千克，第四个满箱是一个规则。通常情况下，有一些巢脾只有部分的蜂蜜，所以要确保有45千克的蜂蜜，而不仅仅是20个巢脾上有蜂蜜。重要的是蜂蜜重量，而不是巢脾数量。

有多少只蜜蜂算足够呢？在美国的南半部，冬季的天气很少严酷到每隔几天才能让蜂团移动以获得更多的食物。不过，在北半部，却是这样的。蜂团中足够多的蜜蜂可以到达它们所在巢脾的顶部和侧面。一旦一些蜜蜂获得了新的蜂蜜，即使育子区在巢脾的中心，而且大多数蜜蜂需要待在那里给它们保暖，食物也可以被传递过去。

当室外温度升高时，蜂团的体积会扩大，会向着子区两侧或上方有储蜜的地方移动。

生的代谢热来维持温暖，并依靠刚过去的季节储存的蜂蜜和花粉生存。由于极度的寒冷，蜜蜂在蜂群中可能无法冲出蜂团并四处走动，这可能会延续一段时间。偶尔的温暖天气使它们能够在蜂巢内走动，去接近储藏的食物，并进行排泄飞行。

在温暖的地区，极端温度并不存在，即使有也不会持续很长时间，尽管因为天气干燥、多雨，冬季可能很少或根本没有饲料供应，但蜜蜂在大多数时间可以移动和飞行，或者只是在外面正常的休息。

在一些地区，如美国西南部，春季的恩惠在很大程度上取决于冬季的降雨。一段时间的中等到充沛的冬季雨水意味着早春植物将以异常的开花及大量的花蜜和花粉来回馈。之后，夏季的炎热使大部分花蜜资源干涸。夏末的雨水可能会导致秋季的流蜜，使蜂群得以延续到春季流蜜重新开始之前。当然，在所有地区，农作物都可能违反自然规律。灌溉可以让植物在通常不会开花的时间和地点开花，在通常不会有花蜜和花粉的时间提供花蜜和花粉资源。但同样这些农作物也经常使蜜蜂接触到通常情况下不会接触到的杀虫剂。农业可以是一把双刃剑。

在和蜜蜂打交道的时候，蜂蜜和蜂蜡应该是它们唯一的回报，这是非常令人惊奇的。

如果你能在你的后院管理一个花园，让蜜蜂遵循一个类似的惯例。你需要一个及时的承诺，而不是一段相当长的时间。

你要意识到你将要做的大部分事情，都将要你独自完成，至少在管理方面。收获和装瓶，甚至是蜡烛和肥皂的制作，经常会得到家里有兴趣的人的帮助，但是操作蜜蜂可能是你一个人的任务。

● 当蜜蜂造访花朵时，它们会收集花粉，并将一些花粉带到下一次造访的花朵上，以确保授粉，而有些花粉则会被放在花粉篮里，携带回家，为蜂群提供将来的食物。

外面在做什么

如果你从事园艺已经有一段时间了，你就会知道你的种植季节是如何发展的。当你开始养蜜蜂时，这是一个明显的优势，因为你已经熟悉了通常的基准。在北半球，春季开始于3月底，夏季开始于6月中旬。相反，在南半球，春季将在9月底开始，而夏季不会在12月底完全开始。

同样重要的是要对植物世界在每个季节里都在做什么有一个大致的了解。了解和管理蜂群在正常的季节、雨季或旱季、花蜜或花粉缺乏期及常规季节的一些活动，让你在蜜蜂管理方面比别人领先一步。就像打理你的花园一样，你应该学会何时播种、何时浇水，以及期待何时收获。

接下来就是你生活的大环境。但是离你家比较近的你的蜜蜂能去到的地方，是一个同样重要的微环境。具体地说，正在生长的什么植物近得足以让你的蜜蜂可以去拜访它

纳沙诺夫信息素

在操作一个蜂群时，你经常会看到工蜂在巢门前起落板上，面对着巢门。仔细观察，你会发现它们的腹部举向空中，尖端稍微向下弯曲。这种姿势把最后两个腹节给分开了，进而露出下面有点带白色的节间膜。位于这一点上的是纳沙诺夫腺，它产生非常易挥发的纳沙诺夫信息素。暴露这个腺体会让一些信息素飘散。为了帮助分发这种有香味的化学物质，蜜蜂会迅速拍打翅膀。这种有趣的行为被称为扇风或散发气味，只有工蜂才能做到。从广义上讲，这是一种定向信号，用于引导迷失方向或迷路的工蜂返回蜂巢。

有趣的是，当一只蜜蜂开始扇风时，它会刺激附近的蜜蜂也这样做。很快你就会看到在起落板上或一个敞开的继箱顶部边缘有许多扇动着翅膀的蜜蜂，引导它们迷路的同伴回家。

这种信息素也是胶水的一部分，它能让分蜂群聚集在一起，并在离开老巢前往新家时朝着相同的方向移动。

工蜂们在蜂巢内外以各种方式使用这种信息素。你可能会看到蜜蜂在一个淡水源旁边散发气味。不过，你更会注意到的是，当你打开一个蜂群，自然向上的通风，部分是由数千只蜜蜂的体热驱动的，会释放出带有蜂蜜、储存的花粉和一点纳沙诺夫信息素的混合的芳香。这种混合物产生了一个蜂巢的独特气味。要学着闻那种气味。

◎ 这个分蜂团已经离开了它的蜂群，但还没有找到新的家园。你可以看到蜜蜂的纳沙诺夫腺暴露在外，正在散发气味。其他蜜蜂在跳舞，试图让这个分蜂群相信它们已经找到了一个好的家园。

◎ 当蜂箱大盖被拿开时，一些蜜蜂会飞走或掉到地上。不熟练的起飞者可能会丢失，但经验丰富的蜜蜂会立即返回，并通过暴露它们的纳沙诺夫腺及扇动翅膀开始散发气味行为，将信息素从蜂群散发出去，无经验的蜜蜂接收到信息素的芳香并追随着它安全回巢，在起落板上的蜜蜂也将帮助引导迷路的蜜蜂。

们？它们什么时候开花？气候和天气会在一定程度上影响这些植物何时开花，让我们回想一下苹果花期那几天，在某些年份里总是要么早一周要么迟一周。所有植物的生长都取决于日长、温度、可利用的水和营养素等变量。

审查和筹备

下面是对所介绍的内容的简要回顾。我们再来一遍，开始吧、你需要的设备、蜜蜂及如何在整个季节操作它们。

在你开始之前

- 第一件事情，找出你住的地方或你打算养蜜蜂的地方的关于蜜蜂和养蜂的规则和规定。

- 与家人一起检查以下所有内容。即使园艺和种植果树已经成为一种生活方式，不要以为每个人都会像你一样对后院的蜜蜂感到兴奋。如果你决定做蜡烛、面霜或乳液，那么对你需要的院子空间、蜜蜂飞行路径、设备储存、成本、收获甚至蜂蜡活性要现实一点。

- 确保你和你的家庭成员不属于对蜜蜂过敏的少数群体。如果你不确定，请让医生为每个人检查一下。注意安全。

- 接下来，了解你的邻居对你的新爱好的看法。即使在你的院子里没有或者只有有限的对蜜蜂的限制规定，如果一个邻居对蜜蜂有一种非理性的恐惧（并且的确如果他们有某种健康问题的话），你的计划可能会泡汤。和强烈反对的邻居住在一起，生活会很困难。

- 在决定管理多少蜂群时，要现实地考虑你的可用时间。

- 尽可能多地学习。阅读书籍和杂志。加入当地养蜂俱乐部。访问其他养蜂人，参加一个课程，并正确地使用互联网，看看其他养蜂人如何做你需要做的事情，而不仅仅是阅读。

准备就绪

设定你的日历，让你的蜜蜂刚好在你居住地的蒲公英和果树开花的时候到达。此时必须完成以下准备工作：

- 准备蜂群的位置。提供屏风以便邻居或路人看不到蜂群。确保飞行路径是向上的，并且远离人们休闲的地方，尤其是邻居的院子。

- 确保你的蜂箱架足够高，高到蜜蜂敌害够不到，还要足够坚固，能够承载一个或多个 70 千克的蜂群，并且周围区域已清理干净，没有杂草。

- 如果没有自然水源，提供一个不会干涸的永久的水源。

- 提前4个或5个月从会议或课堂上的联系人或供应商处订购你的蜜蜂，以确保供应和及时交付。问问当地的养蜂人，在你住的地方哪种蜜蜂最好营生，以及它们为什么喜欢这儿。

设备守则

- 如果你正在考虑初学者工具包，请仔细查看其中包含的物品和物品的质量。比较每一件物品的价格，看哪一套最合算。特别注意保护装置和饲喂器，按照你的操作进行选择以便它适合于你，而不是让其他人随便给你选。

- 尽早订购设备，以便你有足够的时间准备好一切。找一个你满意的供应商，一个拥有你所需要的所有设备并且愿意回答你问题的供应商。当购买额外的零件时，请记住并非所有制造商的设备都匹配，因此要坚持单一的供应商。

- 为了方便、安全和易于使用，我建议从8个巢脾开始，预组装设备，使用托盘插入式的带铁纱网箱底板，以及装有蜂蜡涂覆的黑色塑料巢础的木框巢脾。无论是平顶盖还是装饰盖都是有效的，但是人字形屋顶盖子很重，在检查蜂群时不能作为放置额外继箱的表面。倾斜的着陆板蜂箱架是完全不必要的。隔王板是可选的，但尝试一种即可。4升的塑料桶或蜂箱顶部饲喂器是每个蜂群都需要的。

- 用中性色或自然色对设备的外部进行喷涂或染色。

- 买一套蜂衣（最好）或带面网的拉链式夹克服。确保肩膀（不要太紧）和大腿（这样你可以跪下或蹲下）合适。开始的时候，要准备两个起刮刀，一个带隔热罩的大尺寸不锈钢喷烟器，一副你能找到的体积最小、敏感度最高的手套。

- 为了你要生产的液体蜂蜜、格子巢蜜或切块巢蜜，想一想你要寻找什么样的作物。

养蜂准备

- 在检查你的蜜蜂之前，要做好记录，并且每次都要参考它们。

- 在打开蜂群之前制订一个计划，知道你想做什么，你将会发现什么，以及可能存在什么样的疾病（如果有）。

- 熟悉蜂群的运作方式。在学习的过程中，经常检查你的蜂群，检查巢箱是否有一个健康而多产的蜂王、健康的蜂子及其合适的数量、花粉和蜂蜜的储备量、一年中某段时间里工蜂和雄蜂的合适比例，以及可能存在的任何疾病。

- 管理好蜂群的分蜂预防和控制。如果可能，在你的院子里一个诱饵蜂箱。小心并谨慎地答复分蜂呼叫。

- 根据需要，用从生产商那里买来的蜂王，对每一个蜂群进行换王，积极寻求对病虫害的遗传抗性。这是减少蜂箱中杀虫剂使用的唯一长期解决方案。问些尖锐的问题，要求好的答案，并希望能付最高的价钱。回想一下，差的蜂王永远不会变好，而便宜的蜂王就是这样。

- 在引入蜂王时要有耐心。在移除塞子或盖子之前，将王笼留在蜂群中至少 5 天，然后再给 3 天时间让蜜蜂来移除炼糖塞。

- 监测整个季节的害虫种群，并准备在它们突然增加时采取行动。如果需要，就治疗，但不要没有特别的理由或者根据日历来治疗。不幸的是，控制瓦螨的最佳方法往往是制造蜂蜜的最差方法。如果你使用的是化学药物，不要在储蜜继箱里用（我们后面将会讨论这个例外），即使是在流蜜的中期。

- 积极遵循害虫综合治理（IPM）的技术和方法，以避免或减少对害虫种群进行要么过于强烈要么过于软弱的化学控制。

- 要始终记住蜂蜜是一种食物，你的家人会吃它。好好对待它。

在继续下一章之前，请记住以下几个指导原则。它们不是无法改变的，但也许应该是这样。

- 养蜂工作不多，但你必须做的事情，就必须按时完成。

- 要始终穿好蜂服来操作蜜蜂，这样你会感到安全，你的蜜蜂不会威胁附近的任何人。

- 你的家人、邻居和朋友不应该因为你所做的而改变他们的生活。

- 你应该尽可能地照顾你的蜜蜂，就像照顾你的其他宠物一样。这些是你的责任。

- 养蜂不应该压垮你的生活。它是你生活的一部分，不是全部。

- 有时候，你在和蜜蜂一起工作的时候会热到需要赤膊。

- 当它不再有趣时，是时候收起起刮刀了，可以通过出售或以其他方式处置你的蜂群和蜜蜂。来计划一个退出策略，但不要直接遗弃它们。

- 整个季节都有足够的好食物是最便宜的保险，也是蜜蜂能得到的最好的药物。

第三章

关于养蜂

这一章将从头开始，我们将带领你的一个新笼蜂度过它的第一年，并进入下一个季节，所以第二年你将拥有你需要继续下去的所有信息。

首先从阅读关于安置一个笼蜂的内容开始。在开始之前，先熟悉一下事件的顺序。安置笼蜂是一个简单的过程，很难搞砸，然而，第一次也可能会有点伤脑筋。

点燃你的喷烟器

作为必需的养蜂工具，你的喷烟器、起刮刀和保护装置处于并列第一的位置。当你打开蜂笼时，你必须点燃你的喷烟器并让它一直燃着。如果它熄灭了，你就需要住手，重新点燃它。如果此时你的蜂笼仍是敞开的，则是不安全的。

点燃喷烟器就像点燃篝火或壁炉里的火一样，需要用能快速点燃的、易燃烧的引火物引燃。报纸很好用而且很容易得到，一旦它点燃了，就把它扔到喷烟器底部，添加不易燃的但更耐用的材料，建立炉火，慢慢抽拉风箱，让火焰卷到新添加的燃料上去，同时铺上一层木炭，这样可以维持火势而不熄灭。然后，如果需要，用燃烧时间更长的燃料来维持火势。以下图示流程每次都要做。

喷烟器必须要通过两项测试。第一项测试是你的技能需要发展到这样的程度：你的喷烟器在不送风10分钟后仍不会熄灭。如果它灭了，说明你没有正确地准备燃料。反复多练习能让你的喷烟器不送风半个小时也不灭。第二项测试是烟的温度。在任何时候，你应该能够把手放在出口上，送气，而不会有热烟出现。它应该总能让皮肤感到舒适。如果太热，会把蜜蜂烤焦，这对所有关心蜜蜂的人来说都是不幸的事情。如果它很热，停下来，关上蜂箱，加些燃料。如果没有燃料，可以加入大把的青草或者绿叶子来保持烟雾的凉爽。

当你用完喷烟器后，将它里面所有的东西倒在防火的表面上，确保燃料已经熄灭。要格外小心：有时候，当你把喷烟器里的燃料倾倒出来的时候，它会因为突然供氧而爆裂成火焰。这会使你或其他易燃物很快接触到火。一些养蜂人使用有盖子的专用小垃圾桶来倾倒残渣。他们把残渣倒进去，迅速盖上盖子，这样任何冒烟的燃料都会很快熄灭。即使不是这样，这个容器也会将火保持在原位，并安全隔绝。你也可以把喷烟器放在一边，没有从下到上的系统内小股气流，它会很快熄灭。如果太靠近易燃物放置，仍然燃烧着的或仍然炙热的喷烟器可能会引起火灾。在把它收起来之前，要确保它是空的、凉的。

● 第一步：收齐你的工具，包括纸、松针（我喜欢的燃料）、废木料、火柴和喷烟器。喷烟器的燃料在一定程度上取决于你住在哪里。如果针叶树很多，你的燃料问题就解决了。但人们通常使用刨木花、蜜蜂供应公司出售的棉花废料、木屑、未经处理的粗麻布或麻绳、锯末，或者几乎所有可燃的、不含杀虫剂也不含石油产品的东西。

● 第二步：把报纸揉成一个不大好放进喷烟器里的松散纸团，点燃底部，点燃后放在喷烟器的边缘，让它继续燃烧。

● 第三步：让纸引燃，并让火焰开始蹿升但不要烫烧到你的手。用你的起刮刀把纸推到烟筒底部，轻轻地挤压2~3次风箱，让新鲜空气通过燃烧的纸。它会燃烧到或者刚好越过燃烧室顶部的边缘。

● 第四步：送气2~3次或更多次，直到大部分纸燃烧，但还没有完全消耗完，并在顶部加一撮松针或其他燃料。不要把它们塞进去，而是要让它们掉进去。

● 第五步：再送几次气，直到纸上的火焰升起来，把松针点着。一旦它们燃烧良好，用起刮刀把燃烧的松针向下推到燃烧室中，慢慢地送气，使空气通过系统。

● 第六步：当第一小撮松针被点着时，松散地加入一大撮松针。送几次气，这样就不会闷住火。保持空气在系统中流动。多数引燃尝试失败是由于添加了太多的燃料进去，因此顶部没有空气可用，底部的空气又上不来，导致正在冒烟的松针缺氧，于是火就熄灭了。

● 第七步：当第四或第五小撮松针加入时，送气，把风箱推到底，松针从底部开始冒烟，不要送气，让它冒烟并燃着，再加更大一撮松针。先用起刮刀把这些燃料往下推，然后再抓一大把松针放入，这样圆筒里大约有一半的压缩燃料。保持送气。木炭应该放在顶部以下足够远的地方，这样你的手就不会感到不舒服。用力推，直到燃料不再坍塌。然后，如果需要，在松针上加入更耐用的燃料。保持缓慢送气，使空气留在系统中。

● 第八步：当你送气时会冒出很多烟，如果你1分钟左右不送气时火还没灭，就把喷烟器关闭，偶尔送一下气。

● 第九步：喷烟器被点燃后，要任其冒烟达半小时或更久。如果它停下来一段时间不冒烟了，就迅速地送几次气，这样冒烟的燃料就会燃烧起来一点，产生大量凉爽的白烟，吹送到蜜蜂身上。

偶尔检查一下喷烟器底部的进气管，确保它是干净的、畅通的，并刮净烟囱内壁。积累的炭灰和杂酚油会慢慢地堵塞烟道出口。

如果有火星从喷口冒出来，要检查一下你的燃料，因为它可能快没有了。如果燃料仍然充足，抓一把草或树叶，把它放在燃料的顶部，以阻止火花。

千万不要把喷烟器对准别人喷烟。飞溅的火花除了导致吸入烟雾和限制视力以外，还会点燃衣物或者熔化塑料面网材料。此外，对蜜蜂少用烟，一点点就足够了。

笼蜂管理

几乎所有的养蜂人获得的第一批蜜蜂都是从出售笼蜂的商人那里买来的。蜜蜂是按磅出售的，最常见的容器有3磅（1.4千克）蜜蜂。每磅大约有3500只蜜蜂，3磅（1.4千克）重的笼蜂（最常见和最推荐的）大约含有10000只蜜蜂。几乎都是从某个单独的蜂群中被移出的工蜂，被安置到这个蜂笼中。然后，将不是来自那个蜂群的一只蜂王放在它的王笼里，添加到这个蜂笼中，再将一个饲喂器放入它的插槽中，然后将顶部盖好。

可以从当地的供应商那里或通过邮件获得笼蜂。要提前很久订购（感恩节已经够远了），以确保当你需要它们的时候有可以交付的笼蜂。一个好的经验是让你的蜜蜂在落叶果树或蒲公英即将开花的时候抵达你身边——4月或5月刚好。你的设备应该在蜜蜂到达之前准备好。

如果你必须通过邮件订购蜜蜂，那么

● 你可能遇到的另一个装笼蜂的容器是塑料的。这种设计仍在开发中，但与旧型号相比有一些优点。与木框铁纱笼一样，它有一个开口可以放置饲喂器，但是饲喂器的底部封住开口，所以就不需要盖子。根据你得到的模型，蜂王将被悬挂在饲喂器旁边，就像旧的模型那样，或者在蜂笼的顶端可能有一个地方容纳王笼，所以里面的蜜蜂通过网格从里面可以接触到蜂王。但是，你必须确保不需要先把饲喂器拿开才能接触蜂王。否则，你需要一种方法将王笼放进蜂巢，因为没有铁线或其他东西包围着王笼。这就是让你带橡皮筋来的原因。饲喂器可以是一个简单的装糖浆的锡罐，也可以是一个塑料容器，里面装满软糖样的材料。同样，还是要根据模型的不同，一端可能会打开来释放蜜蜂，或者你可能不得不从顶部的开口把它们倒出来。如果你有这样的东西，你还需要另一件东西：一块正方形的硬纸板或胶合板，足够大，可以盖住里面的饲喂器被移除时留下的洞。在你释放蜜蜂之前，你需要先把蜂王弄出来，并确保在饲喂器被拿出时蜜蜂仍留在笼子里。

● 你可以拿一个塑料容器当饲喂器。它里面有蜂王浆或软糖，在蜜蜂从旧的家到新家的旅途中喂养它们。我建议在把蜜蜂安置在新家后不要再使用这个，坚持使用糖浆。

安置笼蜂的设备清单

做好准备：你总会需要这里面的一些东西，但几乎永远不会全部需要。除非你的工具储存间距离你的蜜蜂不到 3 米，否则，落下一些你需要的东西，可能会造成从轻微不便到使你非常头痛的麻烦。拥有一个暂时还不需要的工具总比需要时到处找但找不到要好。

- 钳子（普通的和尖嘴的）。
- 起刮刀（两个）。
- 喷烟器及其燃料（火柴或打火机）。
- 装满糖浆（糖水比例 1:1）的雾化瓶。
- 防蜂服和面网。
- 强力胶带。
- 手套。
- 额外的箱体，用于盖住饲喂器。
- 喂料器：桶或蜂房顶（如果是蜂房顶，请带一桶糖浆灌满它；如果是给料桶，确保它们是满的），或软糖板。
- 铁线（将大号回形针拉直制得）和橡皮筋（长度小于 25.4 厘米）（悬挂／托住新蜂群的王笼）。
- 砖块或石头（用来压住新蜂群的大盖）。
- 巢门档（必须将巢门尺寸缩小到 2.5 厘米）。
- 一种固定巢门档的物品（图钉、小钉子或强力胶带）。
- 锤子和一些钉子。
- 牙签。
- 橡皮筋。
- 记录本。
- 花粉替代饼。
- 相机（这是一个千载难逢的事件！）。
- 蜜蜂（请不要忘记它们）。

你需要与供应商协商一下，让蜜蜂在一周的中间时段到达（他们可能会坚持这样做，这样他们不用在周末坐在邮局里）。在大的邮局，周末寄件有时会被忽视。确保笼蜂生产者在邮包顶部显著位置显示你的电话号码，并明示当邮包到达你的当地邮局时立即给你打电话。记得通知邮局，你必须立即取回包裹。有些邮局会把它存放在一个偏僻的地方，如货运码头或储藏室。不幸的是，这些地方可能太热、太冷、有风、阳光直射，如果在这样的地方停留太久，对蜜蜂可能是致命的。

如果你从当地的供应商那里购买了蜜蜂，你要在指定的一天——通常是周末——在蜜蜂一到达就把它们给取回来。无论哪种情况，这些蜜蜂都会因为运输而感到压力，所以要尽快把它们带回家。

当然，你应该尽快让蜜蜂搬进新家。那可能只是一两个小时，或者一两天，这取决于你的时间表和天气。凉爽多雨的天气是可以忍受的，但是非常低的温度，如低于5℃，可能比你预想的更冷，所以等一天吧。在等待的时候，把笼蜂放在凉爽、黑暗的地方，如地下室或车库。放上几张报纸，保持地板干净。

你还需要饲喂蜜蜂。买一个新的、没用过的喷雾瓶(比如那些用来给植物喷水的喷雾瓶)，将1/3的糖和2/3的水按体积比混合，也就是，一杯（235毫升）白糖和两杯（475毫升）温水混合。尽快，甚至在回家的路上，将一些这种溶液透过纱网或塑料网眼直接喷到蜜蜂身上。不要湿透它们，但要尽可能多地从蜂笼各个敞开的侧面打湿蜜蜂。只要它们还在储存室中，每天就要这么做几次。如果在安置它们之前的一段时间里，你不得不管理它们，请检查一下饲喂器，看看是饲料流出孔被堵塞了还是饲料

● 传统的蜂笼是由木头和纱网做成的，里面有一个锡罐和悬挂的蜂王在一起。里面通常有1.4千克的蜜蜂，还有一只蜂王。蜜蜂围着蜂王转悠，蜂王被悬挂在装糖浆的罐子旁边的笼子里。蜂笼顶部有一个纸板或胶合板的盖子，用来保证罐子、蜂王和蜜蜂在原位。几只死蜜蜂会落在笼子的底部，如果有1.3厘米或者更厚的一层死蜜蜂，联系供应商。为了使这些蜂笼在一起，寄件人必须用连接木条钉在蜂笼上。尽管移走它们并不难，但如果你有多个蜂笼，则需要合适的工具来完成这项工作。

● 用一个喷壶把糖水喷在纱网上，以便蜜蜂可以获得食物。要用新的喷壶，并且在向蜜蜂喷洒时不要让蜜蜂全身湿透。

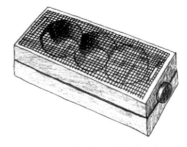

● 这里展示了一个蜂王笼，还有炼糖和软木塞。这通常被称为三孔笼，在笼蜂中很常见，但不一定是你会看到的唯一类型。

被吃光了。要做到这一点，如果有盖子，就把盖子拿下来，用起刮刀或者手指把饲喂器提起来一点点，看看是否还有重量。如果是，但是蜜蜂不在底部觅食，那么饲料流出孔可能被堵住了，你就必须进行饲喂。如果是空的，也这样做。永远不要以为它们有可吃的食物。

你也需要饲喂蛋白质。新的笼蜂需要糖水和花粉，尽管你很少听到养蜂人讨论这一点。蜜蜂并非只靠糖生活。你可以在蜂群内外用几种不同的方式给你的新蜜蜂饲喂蛋白质。刚开始的时候，推荐里面放花粉饼，因为它既靠近蜜蜂又容易被蜜蜂取食。然而，

当地供应商直接开车到笼蜂生产商处取货，减少了交货时间和对蜜蜂的压力。你可以获得包含蜂王或不包含蜂王的笼蜂，并在随后放入你想要的蜂王。蜜蜂是一种商品，但蜂王是蜂群的未来。不要勉强接受一只随便的蜂王。

蜂箱小甲虫甚至比蜜蜂更喜欢这些花粉饼，所以在检查蜂群时要注意它们。如果你注意到有蜂箱小甲虫的幼虫出现在花粉饼里，就把这块花粉饼拿走并毁掉。

你也可以从外面饲喂蛋白补充粉，放在饲喂器的侧边槽里，这样可以保护它不受天气影响。蜜蜂会发现它，并像喜欢花粉一样采集它。

蜜蜂通常不储存食物。笼子里的蜜蜂在饥饿的时候会尽可能地多吃。蜜蜂就这么一直吃，直到全吃光了，然后就都饿死了。如果发生这种情况，在睡觉前你会看到你的笼蜂看起来很好，可是第二天早上起床时，你会发现底部有10厘米厚的死蜜蜂。这是戏剧性的、毁灭性的，也是完全可以预防的。

它们进去了！

如果时间对你有利，可以安排在下午晚些时候或傍晚早些时候安置笼蜂。这个时间有助于你的蜜蜂保持安静，并帮助它们在夜晚安顿下来。

首先，使用喷雾瓶给笼蜂饲喂一次。然后，把你所有的设备都拿到蜂场去安装。把箱底板放在蜂箱支架上，把一个带有巢脾的继箱完好地放在那个箱底板的上面。接下来，把两个相邻的继箱不带巢脾地叠放在一起，再叠放上另一个带有完整巢脾的继箱。你需要4个继箱，底部一个有蜜蜂，第二个只有巢脾或许还有蜂王，如果使用中等继箱，还需要两个没有巢脾的继箱来盖住饲喂器。不要忘记内盖和外盖。将水糖比为2:1的糖浆、灌入给料桶中，装满到桶顶，确保盖子是安全的。同时把喷雾瓶也加满。

如果你的所有设备都是新的，你的巢脾将只有巢础，要么是蜡质的，要么是塑料上涂蜡的。如果你其他蜂群里有巢脾，把它们放在8框箱体里的中间（不过，要确定这些巢脾来自的群体是没有疾病的）。

穿上你的防护装备，点燃喷烟器（你可能不需要这个，但是要准备好），确保你手

上有起刮刀和钳子，把笼蜂搬到蜂箱处。如果你
想，可以带一块足够大的板安全地放在蜂箱支架
上，作为一个坚实的、干燥的工作平台，但前提
是蜂箱支架足够长，可以同时容纳蜂群和这块板，
还有一点富余的空间。不然，把木板放在靠近蜂
群入口后面的地面上。

　　从已经坐落在箱底板上的那个 8 框（或 10 框）
箱体中移除大盖、内盖和中间的 6 个（或 8 个）
巢脾。把大盖、内盖和巢脾放在箱体后面或者侧
面。如果你正在安置多个笼蜂，请同时准备好所
有的箱体。

　　你要站在你打算把蜜蜂安置进去的那个蜂群
的后面。确保你有所有的工具——喷烟器、起刮
刀和饲喂器。将笼蜂放在板上，如果有大盖，用
起刮刀移动盖子。为此，你可能还需要钳子。移
走任何突起的钉子或订书钉，把盖子放在手边，
因为一会儿你就会需要它了（这适用于木条和铁
线的蜂笼）。

　　看看盖子下面的开口，或者只是看看蜂笼的
顶部。你会看到饲喂器的顶部与蜂笼顶部的表面
齐平。顶部可能有一个开槽，里面有一个金属条。
这个金属条固定到王笼，王笼被悬挂在大量的蜜
蜂下面。然而，可以用金属条把王笼固定到饲喂
器上，也可以用圆形盘从上方固定住王笼。如何
在蜂箱中悬挂王笼取决于笼蜂生产者使用的是哪
一种装置。

　　再次用糖浆对蜜蜂轻轻喷洒。用起刮刀的角
或你的手指抬起饲喂器大约一半高。有些饲喂器
很容易抓住和提起，但有些会略低于表面，有点
难以抓住。如果就是抓不住它，试着抬起一点，
再用钳子夹住它。用钳子夹住，再用你的另一只
手托住。

　　接下来，仍然用一只手握住饲喂器，抬起蜂
笼，砰的一声撞到板子上、蜂箱架上或者直接放

（1）在连续拍打笼子之前请确保你已经抓牢
了那个饲喂器。如果抓不牢，它可能会从支架上
脱落下来，如果那里有一个支架的话。

（2）小心地拿出王笼，尽你所能别把它摔了。
别让蜜蜂吓到你，轻轻地抖掉或者吹掉笼子上的
蜜蜂。

（3）当王笼里没有工蜂时，把它放进你的口
袋里，让蜂王保持温暖和安全。

● （4）快速、仔细地将蜜蜂倒进因缺失巢脾所产生的空间。稍微摇一下蜜蜂，让它们爬出来，但不要担心跑丢一只蜜蜂。你随后会得到它们全部的。

● （6）如果你很幸运，在你倾倒蜜蜂的箱体上面的巢框里有造好的巢脾，那么就把蜂王放在两个箱体的上部。王笼应该放在上部箱体的巢脾之间，让纱网面朝下，王笼实际上架在两个下框梁的边沿上。轻轻地推挤这两个巢脾让其夹紧王笼，这样在每个脾面上王笼都稍微嵌进蜡质巢脾一点点。这样可以把王笼牢牢地固定住，直到它被释放出来。如果这是你的第一个蜂群，并且你还没有造好的巢脾，这就是不可能的了，但如果你以后这样做，它是非常有用的。

● （5）如果你的王笼上配有挂钩或铁丝，把它绕在上框梁上，偏离中心挂着王笼，这样纱网就可以面对巢框之间的开口。认真考虑一下，用强力胶带或订书钉把它固定在上框梁上。你不必要像对待一只昂贵的蜂王那样小心地来对待这只，强力胶带会确保你的蜂王待在它应该待的地方。如果没有铁丝或挂钩，而且在王笼里也没有一个可以用来安装的东西，那就用橡皮筋把王笼固定在基本相同的位置。使用此方法进行正确安装，请参见上图。

● （7）将内盖放在有蜜蜂的底部箱体的顶部，将两个无巢框的箱体放在内盖的顶部，将饲喂器放在内盖的孔上。你需要两个中等的继箱把桶围起来。用大盖盖住这些箱体。不能把蜂王放在从底部算起的第二个箱体里。使用一个额外的箱体来容纳蜂王，加上饲喂器。

● 笼蜂的安装：用1:1的糖浆轻轻喷洒蜜蜂，这样蜜蜂就会分心，忙着清理自身。以与旧蜂笼相同的方式移除蜂王，并把它放在你的口袋里。然后，关闭饲喂器的滑动门（如果有），或者简单地放一块硬纸板或胶合板，用几根短钉子、强力胶带或橡皮筋固定住。然后，将蜂笼侧向放置，这样当一端的开口打开时，侧板就会向下打开。用起刮刀旋松两个螺栓，保证一端可以打开但目前还不用打开。在内部，有一个饲喂器的支撑物连到蜂笼的底部。把蜂笼推翻，让它侧面倒着，使开口开在一端，这样合页就处在底部，如图所示。一旦这样了，就把与新开口端反向的一端抬起，

离地面5~7.5厘米，然后砰的一声放下。这样就把所有的蜜蜂从笼子的顶部和侧面震落到底部了（可能需要这样做两三次）。把蜂笼搬到敞开的蜂箱那里，打开蜂笼一端，把蜜蜂直接倒进蜂箱的等候通道里。如果没有其他事情要做，就把蜂王放进这个蜂群，盖好蜂箱并给蜜蜂送上食物，笼蜂的安置工作就算做完了。

在地上的大盖上，于是所有附着在饲喂器和王笼上的蜜蜂都掉落到底部。别担心，它们上面有糖浆，一点也不在乎被震到了。试着抬起和移走蜂笼，确保抓牢了。当觉得舒适的时候，提起蜂笼30.5厘米左右并再次重撞。把饲喂器拿出来，放在木板上，然后滑出王笼（不要把它掉回到底部的蜂群里），并且迅速用原包装盖子或者用你带来的那个盖子盖住蜂笼上的那个孔。检查一下要确认蜂王还活着，还在动，然后把它关在王笼里放进你的口袋，确保它暖和。一旦把它拿开了，你就可以想一想如何用一根金属条或者用一根橡皮筋把王笼系牢在一个巢框上，卡在现有巢脾里面。如果需要，在手边准备好橡皮筋。

检查确认巢脾已被移走，并且你已经将木制巢门档放置在要倾倒蜜蜂的入口。确保那个即将放到底部箱体上的顶部箱体及马上要盖在新蜂群上的内盖就在旁边。

根据你所拥有的蜂笼类型（塑料的或木材的），你可以从两种方式中选择一种。如果是塑料的，用起刮刀或螺丝刀撬开末端，保持它关闭。准备好后，再次撞击蜂笼，然后移除饲喂器，打开末端，将蜜蜂倒入箱体中你移除巢脾所产生的空间。尽你所能多倒一些（摇一摇，但不会摇出多少），然后把还有一些蜜蜂的蜂笼放在蜂群前面。如果你有标准的木框铁纱网笼子，再砰的一声重击一下，把饲喂器的盖打开，把饲喂器拿走，把蜜蜂从这个开口倒到蜂箱。这个动作会让一些蜜蜂飞到空中，但是不要担心。它们无家可归，非常困惑，不太可能对你造成伤害。

小心放低你移到底部箱体里的巢脾，让它们慢慢下沉，随着底部的蜜蜂被轻轻地移到一边，就为巢脾腾出了空间。在这里，将蜂王引入到这个笼蜂里可以从两方面入手。可以把王笼放进底部的箱体里，放在两框之间，纱网面对着两框之间的空隙，这样蜜蜂就可以很容易地接近蜂王。蜂王也可以被直接放在底部箱体之上的箱体里，再次固定到位。确保你没有把它放在中间（左右和前后），以防你的饲喂器渗漏，不然，大量渗漏的液体会把蜂王淹死的。

插入一个王笼的3个标准是：王笼容易被箱内蜜蜂所接近，王笼被安全固定，王笼远离饲喂器（如果它渗漏）。然而，即使是最好的蜂王，在最好的笼子里，由最好的养蜂人用最好的引入方法，被接受的机会也是均等的。如果你使用当地的或者幸存者蜂王（如果可以得到），或你自己培育的蜂王，或者蜂群自己养育的蜂王，或者你买了一个小核群，里面的蜂王已经被接受了，接受率就会上升。不幸的是，有了新笼蜂，就要做好蜂王丢失和替换的准备。

多数与蜂王有关的问题都与蜂王生产者用杀螨剂来控制瓦螨有关。瓦螨死在蜂王和雄蜂身上，而你得

● 把纸放在花粉饼上，防止它变干，但是要用起刮刀把纸刮下来，这样蜜蜂就容易接近了。几天后注意观察蜂箱里是否有小甲虫的幼虫，如果发现，就把它清除掉。

到的是不能交尾的雄蜂和不能大量产卵的、很快就被蜂群所放弃的蜂王。

在这里，短期的回报就是在引入新蜂王时，要更小心，给予更多的食物，并让陌生蜜蜂间互动更少，这样它们被接受的可能性才能更大。

如果你把蜂王放在第二个箱体里的巢脾之间，把巢脾固定好，把这个箱体放在只有工蜂的那个箱体上。无论蜂王在哪里，在更换内盖或放上箱顶饲喂器之前，都要在第二个箱体的上框梁上直接放一个花粉替代饼，朝向内盖孔的一侧。把纸放在上边，这样花粉替代饼就不会干掉，但是要在纸的两边都剪四五下，这样让蜜蜂更容易接近。更换内盖，

关于饲喂器

有几种可用的箱内饲喂器，它们都能工作，但工作方式不同。最常见的是4升塑料桶。它的盖子中心有一个纱网开口。使用这些桶时，用糖浆把桶装满，拧紧盖子。准备好后，把桶倒过来，让糖浆沥出到其他容器中而不是蜂箱内。几秒钟后，糖浆就会停止沥出。现在可以安全地把它直接应用在蜂群的上框梁上，但是通常要放在内盖上，把桶放在让纱网正对内盖孔的位置。有些人用比蜜蜂稍大一点的小木块或棍子，这样他们就可以把桶放在内盖上的任何地方，蜜蜂就可以到达纱网下面了。

另一种常见的饲喂器是1升的罐子，盖子上有许多小孔。一些供应公司销售已经打孔的罐盖。为了制作这些孔，要用一个小平头钉来打孔，平头钉是那种用于固定相框的。打10个或12个孔，但在你打完孔之前要先试一试。从3～4个孔开始，装满糖浆，倒过来。如果孔太大，所有的糖浆就会流光；如果孔太小，糖浆根本流不出来。应该是大约一汤匙的糖浆会流下来，这样就可以了。真正的考验是蜜蜂能否通过它吸到糖浆。应用于蜂箱后，大部分糖浆在两天内应该被蜜蜂吸光，而不是流出前门。你可以把这些饲喂器直接放在上框梁上，一个放在内盖孔的上方，用小棍支撑在内盖上，这样蜜蜂可以钻到下面去。或者干脆买3~4个前门饲喂器，通常称为鲍德曼饲喂器（Boardman feeders）。把饲喂器放进去，放在内盖上。饲喂时可使用几个。

另一种饲喂器称为顶部饲喂器或米勒式饲喂器（Miller feeder）。它放在蜜蜂所在的箱体的顶部，有继箱那么大。蜜蜂从蜂箱内部向上爬，通过中央的狭缝到达装有糖浆的饲喂器的隔层。这种饲喂器的优点是，你可以在不打扰蜜蜂的情况下随时把它装满，而且它可以装下很多糖浆。它比其他的饲喂器都贵，但时间就是金钱，并且简单总是好的。

一旦你使用了饲喂器，你的工作就完成了。确保那个巢门关小了但却是开着的，以便让不在笼子里的剩余蜜蜂在空闲时进入（一般晚上都可以）。把你带到现场的东西和工具都捡起来，拍拍自己的背，今天就到此为止吧。

如果你仍然不确定，重读这一节，这样你对这些顺序就会很清楚了。这是相当简单的，但熟悉它总是有帮助的。

放好饲喂器，如果你正在使用放在内盖孔上的一个桶或者放在内盖上的饲喂器，用额外的继箱盖上这些饲喂器。或者放上箱顶饲喂器、内盖，并关好蜂群。

第一次检查

有很多关于多久检查一次蜂群的建议，特别是一个新的笼蜂（查看可用的糖浆和花粉替代饼的数量不算检查）。

过去，在蜂王的麻烦普遍存在之前，人们认为在安装王笼的过程中，应该直接取下王笼炼糖端的覆盖物，再把王笼放进蜂群中，让蜜蜂立即开始着手释放蜂王。这通常需要 2~3 天的时间——充足的时间来相互认识和建立关系，特别是蜜蜂和蜂王在从供应商到你那里的转运途中已经在笼子里待过一段时间了。

● 当工蜂仍然对蜂王有敌意的时候，上图是你可能见到的情形。它们紧紧地抓着笼子，咬着铁纱网，很难被推开或吹走，因为它们试图接近新蜂王。

情况已不再如此，因为商业性蜂王生产的科学和技术已经发生了变化。现在，可提供雄蜂的野生蜂群越来越少，因此，如今的蜂王有时交尾不佳，有时干脆没有交尾［这通常不会影响它的引种，但如果它的交尾非常差（1~5 只雄蜂）或者根本没有交尾，它将基本上还是个处女王，会被蜜蜂当作处女王对待］。在蜂王交尾箱中的一些用于对抗瓦螨的化学药物已经被证明是对蜂王和雄蜂健康的一场灾难，导致它们产生了许多不尽如人意的结果。暴露在某些化学药物下的蜂王会英年早逝、难以产卵及身体畸形。再加上蜂王的品种在不断变化（俄罗斯种、杂种等），新蜂王和工蜂适应新环境所需的时间也变得越来越长。

● 这是一种舒适的行为——蜜蜂没有依附在笼子上或咬住铁纱网。现在释放蜂王是安全的。

所以，在至少 5 天内，不要取下王笼上炼糖端的覆盖物。

在笼蜂被安置好后，必须耐心等待。注意巢门前蜜蜂的活动，做好记录，拍照，多观察并要有耐心。检查顶部的食物情况，但不要担心花粉替代饼。

5 天后，小心地打开蜂群，尽量少用烟。在前门喷一点烟。然后，掀开大盖，再喷一点烟，等几分钟。移走大盖，从饲喂器或顶部饲喂器往箱子里看。喷几下烟，把蜜蜂赶走。取下箱体，拿出饲喂器，

● 当时机成熟时，用起刮刀的一角取下王笼炼糖端的软木塞。不要拔去另一端的软木塞，否则蜂王会提前出来。如果是塑料笼子，附带有满满一管的炼糖，就打开盖子，将炼糖端暴露出来。

往内盖孔里喷烟，等一会儿。将内盖从一端提起几厘米，喷几下烟，重新放好，等一会儿。取下内盖，再喷几下烟，将蜜蜂从上框梁的顶部赶走。现在，在巢脾之间窥视，看看蜜蜂在王笼周围做什么。有很多紧紧地挂在一起吗？或者在笼子周围转来转去吗？然后，通过提起绑（粘）有王笼的巢脾移动王笼，或者简单地用衣架把王笼挑出来，看蜂王是否还活着，是否还在动，然后轻轻地把王笼放在上框梁上，让纱网面朝上，观察一下。蜜蜂会冲向王笼并紧紧抓住王笼吗？蜜蜂会在王笼周围走来走去，然后走开吗？会有些蜜蜂留下来，用触角触碰并饲喂蜂王吗？或者它们会遮住纱网和孔洞，看起来像是在试图让蜂王窒息吗？让这种行为持续几分钟。一定要有耐心，不要喷烟。

如果这种行为看起来是随机的、不紧急的、很悠闲的，那么你就可以相对确定，蜂王和蜜蜂已经彼此接受了，事情就会顺其自然地进行。我知道，因为你没这么做过，你怎么区分紧急的和随意的呢？这是我的标准：我拿起王笼，轻轻地吹走任何附着在上面的蜜蜂，把它放回去，如果王笼马上被蜜蜂盖住，那就是有紧急情况了；如果蜜蜂不去管它，那就是很随意的。你可以这样尝试两三次，过几天再来观察一下。这是一次难得的体验，慢慢来，一定要知其所以然。

然而，如果蜜蜂被移走后立即返回，仍然紧紧地抓着笼子和铁纱网，你就可以肯定它们还没有相互接受，它们需要更多的时间。再给它们几天时间。再检查一遍，如果它们已经安定下来了（它们几乎总是这样），那么蜂王和蜂群的关系就建立起来了。下一步就是释放蜂王。

如果行为看起来很友好，那就继续下一步。在王笼的区域轻轻地用烟熏一下蜂群，这样蜜蜂就会撤退。移走王笼，用起刮刀的角或牙签，从软糖末端移走软木塞；或者如果是用塑料王笼，移走炼糖管的盖子。用牙签测试炼糖是否坚硬。如果炼糖是软的，工作就完成了，如果炼糖是硬的，轻轻地把牙签戳进炼糖，打通一个小洞。打通小洞时，

养 蜂 提 示

哎呀！你把王笼弄掉了吗？

"我把王笼掉进了笼蜂里！求助！"这种情况经常发生，尤其是当你戴着手套的时候。你必须得把它捡回来。方法是这样的：迅速把大盖放回蜂笼上，在蜜蜂堆中寻找王笼。如果你没有看到它，就轻轻地滚动蜂笼，直到你看到王笼。如果你没有戴着手套，这也许是个捡起来的好时机。轻轻拍打王笼，迷惑蜜蜂，然后用糖浆喷洒它们。打开大盖，把手伸进去，抓住王笼，把它从蜂团中拿出来。迅速盖好大盖。就是这么简单。如果可以，不要戴手套，因为那些没有威胁的蜜蜂在你的手上爬会使你有一种与众不同的感觉。

要非常小心，不要刺到蜂王（如果你担心这个，就把王笼从蜂群中移开，也让你自己从原地移到你感觉很舒服的地方，小心地把牙签戳进炼糖里）。

完成后，将王笼放回原处，确保纱网或炼糖管没有被已经建在王笼周围或巢框部件上的任何新蜡赘脾所覆盖。事实上，你会经常发现有赘脾存在，所以要小心地用手指或者起刮刀将其先取出。要小心地移动顶部箱体，检查饲喂器，如有需要，把它重新加满，把所有东西都放回去。

在接下来的3天里，蜂王应该被蜜蜂释放出来，所以要计划再检查一次。如果蜂王没有被释放，如果工蜂的行为仍然是保护性的而不是进攻性的，撕开纱网或取下塑料王笼的整个盖子，让蜂王出来，朝着两个巢脾之间向下走。别让它飞走，并关好蜂群。

蜂王被释放后，应该会在几天内开始产卵，至少会在一周内产卵。之后，检查一下卵。你会发现卵都在中间的2~3个巢脾里，可能在底部箱体中接近巢脾的顶部。如果你在中间区域找不到卵，看看那些上面建有巢脾的巢框。因为卵很小，以末端直立地站着，颜色几乎和新蜂蜡一样，所以要仔细地看。

一旦蜂王产卵，你就越过了第一个障碍，不用再花10~12天的时间检查子区了。不过，要确保饲喂器仍然是满的。蜜蜂将继续使用这种糖浆一段时间，特别是当天气不配合的时候——这在春季及在晚上是肯定的事。在第一季的大部分时间里，这群蜜蜂都只能勉强糊口，几乎没有机会去储存食物。你能帮助得越多，它们就会过得越好。在任何时候为群体中的每一只蜜蜂提供足够的好食物是你能得到最好结果的必要条件。不要吝啬，要提供足够多的食物。如果它们取食了，说明它们需要它。如果它们没有取食，说明你提供早了。

那么，如果找不到卵呢？这是常有的事。也许蜂王只是在被送出之前没有在蜂王生产者那里交尾，或者是微孢子虫病影响了它，或者是在运输或安置

⬤ 如果让饲喂器开着，蜜蜂就会过来取食，它们可能会在饲喂器周围建造巢脾，并将其固定在箱体的两侧。这个必须要清理干净。取下大盖和内盖，用烟熏蜜蜂，使其远离巢脾，移走饲喂器，进而移走蜂蜡巢脾，保存蜂蜡（它可以用来制作很好的蜡烛、乳液，或涂在塑料巢础上）。把所有的东西都清理干净，取出并填满饲喂器，然后放好箱体和盖子。

⬤ 如果你仅用巢础，而王笼没有铁丝、金属条或金属盘，此时可用橡皮筋把它固定在巢脾上。王笼的炼糖端必须朝上，王笼的铁纱网尽可能多地暴露在巢脾之间，以便蜂群中的蜜蜂能够接触、饲喂和触碰王笼里的蜂王。

蜂王更换

坦率地说，蜂王有时会输得很惨。它们被暴露在太多的治疗瓦螨的化学药物中，没有很好地交尾，在运输中或被引入蜂群时受伤了，等等，这些情况时有发生。如果你生活的地方气候温暖，那么流蜜往往很早、很密集、很短暂，所以你需要尽快找个蜂王。继箱可能很快被填满，没有空间储存花粉或蜂蜜了，采集的速度会逐渐减缓甚至停止。或者，子区可能开始被填上，减少了蜂王的活动。如果你想知道你该拥有多少继箱，请阅读 125 页的内容。

当新蜂王到来时，需要对它进行监控，看它是否正在产卵和有卵孵化。用和以前一样的技巧来引入它，要考虑到它在蜂笼里已经有了 2~3 天的熟识时间，再在笼子里待一周到 10 天才可以被释放。过了 5 天左右，再开箱进去检查，只要在那之后它们的行为是友好的，就拔掉软木塞，让蜜蜂自然地释放它，5 天后，看看它是否被释放。找一找卵，如果找不到，一周后再检查子区。你应该看到，如果不是封盖子，就会有非常大的幼虫在巢脾中心附近的巢房里，准备被封盖，还应该有卵，小的、中等的和大的幼虫，最可能有的是一些封盖子。如果只有卵和小幼虫，再给它一周的时间。如果自那之后什么都没有，那么这只蜂王也有问题，应该被更换。

看看封盖子，几周后应该还会有一些，注意一下巢脾中心被幼虫和卵包围着的坚实的模式。雄蜂子不应该出现在这个中心的任何一处。一个产雄蜂的蜂王，就像在子区有很多空巢房的蜂王一样，都需要立即被更换。

尽管这看起来很困难，也可能令人沮丧，但永远不要就更换一只表现不佳的蜂王进行争论。差蜂王永远不会变好，而差蜂王最多只能领导一个平庸的蜂群，导致蜂群被废除和灭亡。一有问题的迹象就要换王，在整个生产季这是一个小小的投资。当蜂王出现问题时不要舍不得花钱，否则你会永远遗憾的。

因为即使是最好的蜂王也需要有段时间才能被释放并开始产卵，再加上这些卵发育成成虫还需要一定的时间，并且蜂王产卵的速度有快有慢，所以一个月之内不会有新的成年蜜蜂。在那段时间里，蜜蜂每天都会死亡，第一周只有 50 只，接下来的两周每周有 100 只，最后一周有 200 多只。到了最初的那几只蜜蜂开始羽化的时候，你的笼蜂里有超过 20% 的蜜蜂已经死了。而且，根据蜂王的质量、天气、可利用的食物和偶然情况，这个数字可能会翻倍。所以，越来越少的蜜蜂在努力做着越来越多的工作，如制作蜂蜡巢脾、照料蜂王、喂养幼蜂、外出采集和守卫蜂巢。

这个 3~4 周的时间的压力几乎是一个蜂群所能承受的极限。它们对食物，尤其是对花粉的需求非常大，内勤蜂可将这些花粉变成工蜂浆。糖浆是一种极好的碳水化合物来源，但是蛋白质也是需要的。采集蜂争先恐后地采集花粉，主要是因为你在提供糖分。在新的蜜蜂开始羽化之前，蜂群要经历一段艰难的时期。食物中蛋白质和碳水化合物的多少，可能影响着它们在头几周里发育的成功与失败。但是如果你需要更换蜂王，你就没有可浪费的时间了。

过程中受伤了，或者尽管你尽了最大努力和判断但它还是没有被蜂群接受而被杀死了。看看它在不在，在这么小的一个蜂群中，如果它独自四处走动，就很容易找到它。听听无王蜂群报警的嗡嗡声。

如果你找到了新蜂王，即使它还没有产卵，盖好蜂群，再给它两天时间让其开始产卵。如果在这一切之后什么都没有发生，一定是出了什么问题，需要更换蜂王。如果你找不到蜂王，尽快在当天就订购一个替代品——如果可能。

流蜜时间

一只新引进的蜂王开始慢慢产卵。在蜂王生产者把它送给你之前，它已经产了一些卵，但之后被关在笼子里待了许多天。一旦被释放出来，这只年轻蜂王的产卵速度会慢下来，开始时很慢，但在所有条件都有利的情况下，会逐渐增加到每天产卵1500粒。这个速度取决于蜂王的健康状况、蜂群的健康状况、可用的花粉、适宜的采集天气及足够的产卵空间。

● 花粉替代饼（可从蜜蜂供应商处获得）提供蜜蜂所需的矿物质、蛋白质和其他营养物质，这样蜜蜂就不会牺牲身体中的蛋白质来喂养幼蜂，并拥有为蜂群提供食物所需的资源。

蜜蜂一般在中间巢脾的中心开始建造巢房，利用底部箱体从上到下的大部分空间，以及从底部算起的第二个箱体里从上到下的所有巢脾的任何地方。通常情况下两者都有，但顶部箱体的巢脾底部和底部箱体的巢脾顶部一般都会被最先建造。巢脾的端部通常都是最后被建好的。

当底部箱体里有5个或6个巢脾、顶部箱体里有4~5个巢脾都被建好时，就该添加第三个箱体了。同时，把空的巢脾与有巢房但没有蜂子的巢脾交换位置，把有巢房的巢脾放在箱体边缘，与空的巢脾交换位置，鼓励蜜蜂去填满处于现在这个中心的巢脾。这种重排鼓励蜜蜂去填满所有的巢脾，而不是只用箱体里的中心巢脾。如果你不交换巢脾，蜜蜂可能会在住的地方搭"烟囱"，一直到顶端但只在中心巢脾上，而忽略箱体边缘的那些巢脾。在这段搭建时间里，可能会有早春和盛春的花朵在流蜜。尽管如此，保持饲喂器在任何时候都要有料，以确保蜂巢里始终有糖和水。因为它们已经没什么食物储存了，3天的恶劣天气实

● 你在花粉收集器中收集的花粉是比花粉替代饼更好的食物。你可以购买经过消毒后的花粉。你收集的花粉也可以打包出售，以补充蜂蜜销售收入。

● 我认为拥有两把起刮刀的最好理由是：你可以很容易地清理另一把肮脏的、带有蜂胶和蜡块的起刮刀。首先把大块东西刮下来，然后用钢丝球蘸肥皂水把它刮干净。

际上就会给蜂群带来厄运。无论是来自你的饲喂器还是来自外界流蜜，它们都会把采集来的每克碳水化合物和蛋白质转变成食物和蜂蜡。

这里有一个小技巧：当你为你的蜂子添加第三个箱体时，要添加隔王板，并检查和确保你已经准备好了 2~3 个要添加的储蜜继箱。如果没有，要马上准备好。当你添加一个隔王板时，在隔王板上方移动几框没有蜂子的巢脾，这样蜜蜂们就知道去那里是可以的。另一个提示：将储蜜继箱涂成与巢箱不同的颜色，这样你就不会无意中使用储蜜继箱作为巢箱了，反之亦然。饲喂技术与换王技术一样，已经发展了好多年，应该被更仔细地操作。基本上，如果你在添加碳水化合物，也就是糖的时候，你就必须同时添加蛋白质。

一个笼蜂群，尤其是在巢础上起步的笼蜂群，简直就是从一无所有开始的。你要为它们提供所需的碳水化合物，但是它们吃的每一样东西都会变成蜂蜡，它们开始安家，为自己提供食物，或者一旦蜂王开始产卵，为幼儿蜜蜂提供食物。喂养幼儿蜜蜂需要大量的蛋白质——千万不要忘记这一点。

一种解决办法是：只要它们愿意吃，就一直饲喂作为碳水化合物来源的糖浆（不是高果糖玉米糖浆）。饲喂花粉替代饼作为一个蛋白质来源。随着时间的推移，放在蜂群上的糖浆会发酵，蜜蜂就不会去吃它，所以要监控饲料来源。另一个需要监控的问题是，花粉替代饼对蜂箱小甲虫也很有吸引力，需要密切关注。如果它们被大量的蜂箱小甲虫的幼虫给侵染了，就应该抛弃并消除寄主蜂群中存在的一系列问题。另一个经验法则是喂糖浆，直到它们 3 次不吃。提供一桶食物，如果它们不吃，食物就会发酵，提供另一桶，然后再提供另一桶。第三次之后，你可以想象它们已经足够了。花粉替代饼也是如此：如果它变干了，再提供一个，然后再提供另一个。

当你检查完蜂群后，一定要清洁工具。当你完成一天的工作或者往来于不同的蜂场进行检查之时，一定要把它们清理干净。指定一个小桶作为你的洗涤桶，把它灌满半桶水，拿两个用来洗碗的钢丝球，清扫并擦洗你的起刮刀，除去所有的蜂蜡、蜂胶和蜂蜜污渍。如果你的手套黏糊糊的，也要对其进行清洗，以去除同样的物质，更重要的是除去你受到的来自任何螫针的蜂毒残留。当把喷烟器也刮干净后，要用清水把喷烟器冲洗干净。清洁你的工具几乎可以消除疾病从一个蜂群传播到另一个蜂群，或从一个蜂场传播到另一个蜂场的机会。没有什么比起刮刀有黏黏的、你无法放手的蜂蜜和蜂胶更让人分心的了。

和以前一样，购买预组装的箱体和有塑料巢础的木制巢框，马上把它们涂上油漆（或上色），准备好。弄好两三个继箱只要花上 1 小时或更少的时间。如果你必须把它们组装起来，那就计划更多的时间。

3~4 周后，视天气而定，第三个箱体里的子区应该有 3~4 个带巢房的巢脾，其中 2 个或 3 个有一些蜂子。顶部的箱体里的子区应该环绕有 1 个或 2 个巢脾，大部分巢脾在中间的和下面的箱体里，花粉和蜂蜜储存在巢脾的边缘，大部分或全部蜂蜜在巢脾的非常靠边的位置。在生产季节的早期，在边缘的巢脾外侧可能没被建造，没多少蜂蜜。再一次交换巢脾位置，以鼓励蜜蜂填充所有箱体中的巢脾。

耐心点，建立你的蜂群可能需要两倍的时间。关键是观察事件的顺序和整个蜂群的建立。天气、可利用的蛋白质、新蜂巢的建立，还有你这个养蜂人，都给这个新的蜂群增加了压力。

添加一个储蜜继箱可为蜂群扩张提供一个必要的空间，千万不要让蜂群陷入继箱短缺的情况。晚春的流蜜可能是强烈的，如果你的蜂群群势很强，合适的植物在开花，并且天气突然变得温暖潮湿，一个继箱就可以在一周或 10 天内被装满。下面是可能发生的情况。如果采集蜂带着花蜜回到蜂巢，而负责接收花蜜的内勤蜂又无处安放花蜜，它们就会告诉采集蜂停止采集。这些内勤蜂需要空的巢房，在那里花蜜可以被脱水变成蜂蜜。没有巢房，就没有花蜜，最终也没有蜂蜜。它们不需要很长时间的花蜜空间，但它们仍然需要它。

令人惊讶的是，当一切顺利时，这种情况发生得如此之快。如果你不能及时提供足够的空间，那么在这个季节结束的时候，你的蜂蜜产量就会减少，但如果你不确定要用几百千克的蜂蜜做什么，那这不是一个坏的结果。

然而，更有可能的是，流蜜的速度较慢，蜜蜂将需要非常长的时间来填满这些继箱，主要是不稳定的天气造成的。另一个限制因素是可利用的饲料。如果你的蜂群靠近未开发的土地，那里有各种各样的开花植物，流蜜将会随着生产花蜜植物的繁荣和凋谢而加速和减慢。在一个比较发达的地区，花蜜植物主要是家养的，品种几乎是无限的，但数量是有限的。你需要核实你所在地方的植物覆盖率，并添加更多空间——根据需要或你想要种植的作物面积。

当第一个储蜜继箱里有3~4个巢脾被造好，并且有4个或5个巢脾被储进了蜂蜜时，即使蜜房还没有被封盖，也应该添加第二个继箱了，以提供额外的空间来储存花蜜，并最终储存蜂蜜。

保存记录

记录下你的蜂群活动和发展不仅仅是一个好主意，也是绝对必要的。特别是在前几个生产季，做好记录会迫使你专注于基本的东西，而这些笔记仍然保存着在什么时候发生什么事情的记录。如果你有几个蜂群，一些记录将适用于所有的蜂群，但你将了解到，每个蜂群都有它自己独特的个性，需要类似的但却不同的管理行为。甚至在你得到你的蜜蜂之前，就要决定你将如何识别你的蜂群。"从右边数第三个"这种方法在大约一周后就不管用了。一种好的方法是简单地在大盖顶上用喷漆的方式给蜂群编号。这样，无

你应该有多少个继箱？

如果你处于温暖的气候中，外界流蜜往往是比较早的、强烈的和短暂的，也许只有3~4周。对于短时间内强烈的流蜜，要马上放两个继箱上去。这会确保蜂王不会减慢速度，而且还有增长的空间，尤其是如果你错过了一周的检查。如果流蜜停止，蜜蜂就不会用这个箱体了，你就可以把它拿走，放置不用。

关于处理这种情况的最佳方法，有各种各样的评论，但如果你限制储藏空间，并且有大量的花蜜进入，蜜蜂将（几乎总是）开始用花蜜填满子区，然后用蜂蜜填充，限制了产卵的空间。回忆一下与分蜂行为有关的条件——受限的空间、蜂箱里有大量的蜜蜂、产卵速度变慢的蜂王及有待探索的全部领域。

这就是你选择中等深度的、8框设备的好处所在。当需要添加额外的继箱时，首先要移走部分填满的箱体，然后直接将新箱体放在隔王板之上，这个隔王板是在添加第三个继箱的时候放上去的。你的蜜蜂已经习惯了隔王板，很容易向上移动，去储存花蜜和蜂蜜，并会继续这样做，填满顶部的继箱。在向上移动的过程中，它们穿过了新的空间，并开始利用它，只要花蜜继续进入蜂巢，这种情况就会继续。

在持续的恶劣天气里，在这个季节的早期，当蜜蜂的食物来源达不到标准时，要继续饲喂糖浆，直到第三个饲喂器发酵且不再有任何食物被取食为止。饲喂花粉替代饼，直到它们不再吃并保持一个月，此时就不用再喂糖，也不用再喂蛋白质了。这意味着它们有足够的储备，并对自然资源的流入感到满意。

论蜂群搬到哪里，你都能了解它的历史。在生产季开始时，为每个（现在编号的）蜂群做好如下记录：

- 蜂王来源和/或笼蜂来源。
- 位置、蜂群的朝向（朝北、朝南、朝东或朝西），注册文件和检验报告（如果你有它们）。
- 设备的状况。

然后，包括以下关于每次访问的说明：

- 天气和时间。
- 日期。
- 什么植物在开花：主要蜜源植物如蒲公英、野花和开花的灌木都会在每年的同一时间里相继开花，但你需要知道具体时间，这样你就可以为流蜜期做准备了。
- 蜂群的脾气(安逸的、忙碌的、浮躁的、挑剔的、吵闹的)根据一年中的时间做记录。
- 台基存在。
- 王台存在。
- 斑点状蜂子模式。
- 卵、开放的和封盖的幼虫的数量（这些数量的估算见下文）。
- 雄蜂存在（很多、一些、没有）。
- 蜂蜜和花粉存在。
- 害虫和疾病的迹象。
- 巢脾和其他设备的物理条件。

然后记录你从事了什么活动，例如：

- 完成换王了（备注一下来源和品种），也进行颜色标记了，总能找到带有标记的蜂王。
- 被饲喂过，喂了多少，或者由上次饲喂后剩余多少。
- 被交换的巢脾位置。

● 移除旧的、黑色的巢脾并添加新的巢脾（你从哪儿弄到这些的？花了多少钱？写下关于这个新设备本身的信息不是一个坏主意。那样，你就会特别记得好的或差的供应商）。

● 添加蜂子或蜂蜜继箱。

● 不能找到蜂王，或者发现一个不应该在那里的蜂王（你的有标记的蜂王不见了）。

● 所应用的药物（及下一次治疗的时间）。

● 收获过蜂蜜，收获了多少。

○ 保持良好记录是不可替代的。找一本好笔记本或一本三环活页夹，每一个蜂群指定一个页面（在每个蜂群的大盖上喷涂一个数字）。或者，为每一次去蜂场的访问创建一个页面，并在每一页上记录每个访问过的蜂群的日期。

在下次打开你的蜂群之前回顾一下你的记录，将会提醒你需要采取的行动、需要购买的设备、需要检查的问题及应该发现的东西。

把记录保存在一个很难被放错地方的大笔记本上。过了几个季节，你的记录就会变得很少，因为你已经掌握了日常的管理技巧，只会记录分蜂的日期、新添加的蜂王、药物应用程序（如果使用过）及收获的蜂蜜量。

检查一个蜂群

最初几次检查，蜂群可能会很兴奋、很害怕、很困惑，并且你很容易分心和忘了做你计划好的任务。所以，在你开始之前，在脑海中记下你为什么要开箱往里看。这是一个很好的建议，当你要去检查你的蜂群时，总是先检查一下你的记录簿。当你知道你为什么要开箱时，你就知道你需要做什么工作，并把所有东西都收拾好带上。

在你开始之前，要反复确认你的喷烟器燃得很好，每隔几分钟就要喷烟一次，以确定它没有熄灭。如果你正在饲喂，把你的额外的饲喂器装满并准备好。带上几个继箱或其他你可能要添加的设备，并拿好你的起刮刀。让蜂箱敞开着而你却跑回屋子里可不好。

快速地扫视地面，寻找岩石、树枝或玩具，当你双手搬着一箱蜜蜂踩在这些东西上时，你可能会感到不安。检查一下，以确保你打算放置箱体的蜂箱支架上没有任何东西，或者，也没有把你带来的东西放在一个会阻碍你使用它们的地方。只要有可能，尽量减少不必要的移动——这样可以减少弯腰次数和克制乱发脾气。

当一切都准备好时，你就要准备把最少的烟喷入前门。这将让前面的警卫蜂立即发生位移，减少任何飞行。然后，退后一步再看看场地，确保没有东西挡在路上，你拥有你所需要的一切。这一分钟左右的延迟允许那一点点的烟雾飘进底部的箱体里，并接触舞池区域，也暂缓那里的跳舞行为及其被招募的蜜蜂。

● 要开始检查一个蜂群，把大盖的一端提起几厘米，然后吹入两三股烟。

● 首先松开最近或下一个最近的巢脾，用起刮刀的弯曲端撬动和松开框架。

● 用起刮刀撬起内盖，喷少量烟，再把它放下来一会儿，然后完全取下，再喷一次烟，如果上框梁上和巢脾之间有很多蜜蜂，可能要喷两次烟。在你开始操作之前让它们下去。

● 慢慢地将巢脾垂直向上提起，这样就不会在巢脾表面之间困住、滚落和挤死蜜蜂。如果你觉得自己已经够慢了，还得想法再慢一点。这是检查蜂群最困难的部分：小心和速度。太快，蜜蜂就会被挤死，从而释放出报警信息素。

　　尽可能小心、轻轻地取下大盖，但要把它放近点。如果你有一个可伸缩的大盖，把它翻过来放，靠近蜂箱支架上的蜂群，距离蜂群15.2~20.3厘米,让它的长边平行于箱底板。当你取下内盖时，把它放在大盖上，旋转约30度。把你搬下来的任何箱体以相同方向放在内盖上。这种布局可以防止蜜蜂从底部离开箱体，而从顶部喷入的一点烟雾会让它们待在蜂箱内。如果有箱体保护着你的饲喂器，就把它们和饲喂器都拿掉，放在一边。从内盖的中心孔往里喷一半左右的烟，然后等一分钟再把内盖拿走，好让那个区域的蜜蜂有时间撤退。

用你的起刮刀撬开内盖，掀开几厘米，喷一点儿烟。如果蜜蜂往外飞，再喷几下烟。慢慢地移走内盖，把它放在大盖上。现在，在你进一步工作之前，先自己玩个把戏：用一支神奇的标记笔，向架在箱体一侧上的所有上框梁的框耳末端画一条线。这样，当你移动巢脾时，你就总是知道如何把它们放回去了。从巢脾之间往下看，你看到了什么？在中间3~4个巢脾之间可能会有许多蜜蜂和一些被建造巢脾。如果这个笼蜂群还很年轻，也许在这个箱体里什么也不用做。如果什么也没有，提起箱体的一角，喷烟2~3次，然后慢慢地把箱体拿起，放在内盖上。

底部箱体里的中心巢脾上应该有很多蜜蜂和建造好的巢房。如果你要寻找卵或进行任何其他的子区检查，请遵循以下几点：

- 站在蜂群的后面或一侧。

- 使用起刮刀，撬松最接近箱体边缘的巢脾或第二个巢脾。如果它们有不同，选择一侧没有巢房或建有很少巢房的巢脾。

- 如果蜜蜂正从框间向上移动，在上框梁和你的手上爬行，就喷一些烟，你会看到有许多蜜蜂在上框梁之间排列着，注视着你。当那个空间几乎全是注视你的蜜蜂时，就应该喷更多的烟了。

- 当巢脾的两端都没有蜜蜂的时候，用手指抬起一端，用你的起刮刀一角抬起另一端。

- 把起刮刀平握在你的手掌里，介于拇指和食指之间，用其他手指握住。当你慢慢向上提起巢脾的时候，你的这种握法会让两只手的拇指和食指都抓在巢框上。

迷巢

当你有一个以上的蜂群时，一些蜜蜂会从自家一个蜂群错跑到另一个蜂群。如果你可以选择蜂箱的位置、巢门的朝向，以及蜂箱的间距，你就可以减少蜂群之间的迷巢。当更多的蜜蜂发生单向的迷巢而不是回巢，削弱了供体蜂群时，迷巢就成为一个问题，疾病和害虫也可以乘虚而入。但同样的道理，把弱群和强群调换位置可以提高弱群的群势，增加有经验的采集蜂帮助收集食物。

为了减少迷巢事件发生，那些以不同方向靠在一起的蜂群，其正面巢门方向应互为90度或180度。给箱体喷涂不同颜色能给蜜蜂提供一个往哪里走的线索，就像一个界标，比如一簇灌木。

如果你发现一个蜂群正在从附近的蜂群中收留大量的流浪者，你可以交换这两个蜂群的位置，帮助平衡这两个蜂群的群势。如果你让连成一排的几个蜂群都面向同一个方向，那么在这个生产季结束时，末端的两个蜂群将会比中间的那些蜂群有更多的蜜蜂。而相反方向的开口会对成排的蜂群有所帮助，但是突然地你的工作空间会变得有点凌乱。

● 当组装蜂箱时，要确保巢脾是直上直下的，以便当下一个巢脾被放回时你不会挤压到蜜蜂。用你的起刮刀作为水平仪，以相邻的框架作为支点，先将底部拉直，然后再将顶部拉直。

● 为了确保你的巢脾返回到正确的方向和正确的位置，只需要在每个巢脾的顶部画一条线，这样它们的顺序就和打开时是一样的了。

● 如果这框是个空脾，就小心翼翼地把它架在巢门前，这样任何蜜蜂都可以很容易地找到它们回家的路。

● 撬松下一个巢脾，如果被卡住，把你的起刮刀的弯曲端插在两框之间，扭动一下。这个位置给你的杠杆作用是惊人的，它将松动几乎任何巢脾。在这种情况下，一端带有钩子的迈克森特（Maxant）式起刮刀也很好用。

● 当这个巢脾变松动时，缓慢地移动它，特别是如果在两侧都有巢房时。看一下巢脾之间，以确保没有赘脾绊住或挤压到蜜蜂。将巢脾竖直向上提起，直到底部可见，这样可以减少蜜蜂（或蜂王）在移动的巢脾之间滚下并遭碾碎的机会。如果一边发生堵塞，就从另一边靠近这个巢脾，这样你就可以把那个被闭塞的赘脾连接的巢脾移开了。

● 用大拇指和食指握住这个巢框的框耳或框肩。

● 如果没有巢脾，就把这个巢框靠向第一个巢框，架在前门附近。

● 如果有巢房，要看看有没有卵和蜂子存在。转过身去，让阳光从你肩膀上照射过来，把这个巢脾举到胸口高度并远离你的身体。把巢脾倾斜，使光线直接照射到巢房底部。如果可能，把这个巢脾放在打开的箱体上或是你取下的第一个箱体上，这样如果蜂王碰巧在那里，即使它从巢脾上跌落，也不会丢失。

● 如果你想看看额外的巢脾，就把这个巢脾放到被移除的两个空巢脾留下的空间，保证每只蜜蜂在里面并且是安全的。

● 如果蜜蜂在巢脾之间涌起或开始起飞了，就要喷更多的烟。

● 在像以前一样检查了下一个巢脾之后，把它推到一边，再检查下一个巢脾。

● 当检查结束时，仔细而缓慢地将巢脾放回原来的位置。不要匆忙地做，避免挤坏蜜蜂。当把巢脾放下时，往下看一看，确保巢脾不是倾斜的。如果放歪了，就用起刮刀支撑在隔壁巢脾上面向前推，使底部与上部对齐，这样留给下一个巢脾的空间才是上下相等的。

● 当蜜蜂开始从巢脾之间抬头看你时，轻轻地喷一两下烟，这样它们就会往下走，你就可以做事了。

● 让阳光从你身后照射，直接越过你的肩膀，这样阳光就会照进巢房的底部。

● 当把每样东西都放归原位时，要在箱体的边缘迅速地喷烟，以赶走那些蜜蜂。

● 以同样的方式把内盖、饲喂器（一个或多个）、盖住饲喂器用的空箱体和大盖都依次放好，今天就到此为止。为了放好覆盖饲喂器的箱体，请不要把它直接放在底部箱体的上面，而是要把它偏离中心放置，这样你就不会挤压到任何待在箱体边缘的蜜蜂了。然后轻轻地把它扭转到适当的位置，把那些固执的蜜蜂推开，减少任何伤害和警报信息素。通过这样的实践，在重组蜂群的时候，你就绝对不会挤压到蜜蜂了。

● 当你检查一个蜂群时，看着蜜蜂做它们自己的事你会感觉像你自己在做一样有趣和兴奋，但一定要保证你的"拜访"在 10 分钟以内结束。可根据天气状况来定，凉爽、多云的天气需要很短的工作时间，温暖、晴朗的天气可以多站一会儿。无论如何，过了一段时间，即使是最能容忍的蜂群，也开始对所有这些暴露失去耐心，变得不那么容易合作了。

蜜脾和子脾

在你的蜂箱里，子脾与蜜脾的用处明显不同。在一粒卵被产下 3 天后，它就完全翻倒并侧躺着，卵壳溶解，幼虫出现。立刻会有哺育蜂开始喂养它，给幼虫足够的液体食物，并让它悬浮在食物之上。在它化蛹和旋转结茧之前不久，它将消化系统清空并将排泄物排入巢房的底部。12 天后，它将以一个完全有形的成年蜂形态羽化出房，留下一堆废物（称为粪便），还有茧衣和吃剩的食物。一旦它离开，内勤蜂就尽可能地把这些废物清理出巢房，留下的被一薄层的蜂胶和蜂蜡密封并覆盖。结果，仅仅过了两三代后，这些巢房就开始变黑。几个季节过后，巢房的颜色几乎变成黑色。采集蜂将采集回来的花粉、污垢、植物树脂及其他物质添加进巢房里并分布在跳舞池区域。此外，来自于微孢子虫病、美洲幼虫腐臭病和蜜蜂白垩病的病原孢子也会出现在子区上，即使你正在治疗这些疾病。

而且任何农药，不管是农民施用的还是养蜂人施用的，可能已经被带回到蜂巢并存在于蜂蜡上，或者被吸收到蜂蜡中。

所有这些由能产生一个很黑巢脾的、你的新蜂不该被暴露在这些东西下的残渣组成，为你的蜂群确实增加了一定程度的胁迫。通常会替换掉老旧的、黑暗的巢脾，使哺育区尽可能地保持干净而且避免这种胁迫。然而，这种实践正在发展之中，因为杀虫剂——农民、房主或养蜂人都在用的——对于养蜂比过去任何时候都在变得越来越重要。记下你放进某个蜂箱里一张新巢础的日期是个好主意。

正是因为蜂蜡巢础含有杀虫剂，我们才建议先用塑料巢础而不用完全的蜂蜡巢础，其中大部分蜂蜡巢础在先前的蜜蜂生活周期中已经吸收了更多的这些化学物质，而对蜜蜂无害。生产商制造巢础所使用的蜂蜡大多来自商业养蜂人，它们的蜜蜂被用来授粉和制造蜂蜜，并在极端的农业区度过它们的大部分活动季节。另外，为了使瓦螨种群的数量在可控范围，以使他们的蜜蜂存活下来，他们通常使用合法有效的杀螨剂。但是，蜂蜡是亲脂性的，也就是说，它会吸收这些化

学物质，并且仅仅在短时间内就能吸收足够的对幼蜂造成伤害的农业和养蜂人应用的化学物质。尽管数量是微小的，但是，作用到幼蜂上就不得了了。此外，只要把蜜蜂养在靠近农业的任何地方，即使不是为了授粉，无论哪个地点或哪种作物，都会让你的蜜蜂暴露在整个季节都在用的杀死昆虫和控制作物疾病的化学药物当中。甚至住在城市，也能从草坪处理、林业部门保护街头树木或房主维护日常花园和控制花卉害虫中接触到杀虫剂。

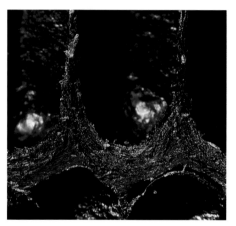

● 穿过旧巢脾的横截面。注意茧、蜂胶和垃圾的层次。这个巢脾应该是很久以前就该被取代了。

这些药物残留——城市的、农业的、养蜂人的——累加起来嵌进蜂蜡。但是，即使你不住在农业区，不用苛刻的化学药物来治疗瓦螨，也不暴露在城市毒物中，你的蜜蜂也经常会遇到极少量的长效农业杀虫剂、自然发生的植物毒素及其他经常被发现存在于环境中的非常微量的工业化合物，它们中的每一个都给蜜蜂施加了需耐受的胁迫水平。亚致死是个术语，用于没有完全被杀死但足以承受胁迫的情况。

因此，建议使用塑料巢础。制造商所使用的塑料是食品级的，不会释放出对蜜蜂有害的化学物质。但是如果有选择，蜜蜂通常更喜欢上面涂了一层很薄蜂蜡的塑料巢础。你可以购买已经由制造商涂过蜂蜡的塑料巢础。或者，你可以购买未涂蜂蜡的塑料巢础片，自己涂上一层薄薄的蜂蜡。如果你能接触到没有在商业蜂箱中使用的蜂蜡，比如从其他养蜂人那里得到的封盖蜡，它将是无化学物质的，而且使用安全。而且，在第一个

采蜜季节之后，你会有自己的蜂蜡来使用了。

避免这种情况的第三个方法是根本不用巢础，只是放入巢框，让蜜蜂建造它们的巢脾。这可能是非常好的，也可能是非常糟糕的，这取决于你的蜜蜂是否倾向于建造平直的、可移动的巢脾。当你这么做的时候，交叉巢脾、桥型巢脾，以及附在墙壁、天花板和地板上的巢脾是不可能出现的。使用没有巢础的蜂箱是可以的，但是一定要意识到，这可能比简单地使用某种巢础需要更多的工作、更多的与蜜蜂的互动。

还有一个更好的办法。在你的底部巢箱的中心，使用 3 片或 4 片涂有蜂蜡（由你或制造商提供）的塑料巢础，剩余的巢框使用未涂蜡的塑料巢础。把你的蜜蜂安置在这个箱子里，用中心巢框给它们指点方向，用剩余巢框给它们提供机会。在它们建立自己的家园并建造巢脾时，一定要确保随时都有可用的糖浆。蜂蜡来自碳水化合物，蜜蜂们将需要用它们能得到的一切来建造这个家。蜜蜂将开始在中心巢础片上建立巢脾，并逐渐填充其余部分。当有五六个巢框上面建有巢脾时，添加第二个箱体，并将已经有一点巢脾的最外层巢框中的一个或两个移动到第二个箱体的中间，以允许蜜蜂向上移动建造它们的巢。

那么，应该何时更换旧巢脾呢？这个问题有两个答案。一个用于育子的巢箱，一个用于储蜜的继箱。对于后者，答案很简单，因为在储蜜的继箱里有一些蜂蜡，但很少暴露给这些外部污染物。当储蜜继箱里的巢脾变得像一杯加了奶油的咖啡一样暗的时候，更换它们。根据使用情况，可以每隔 2~5 年更换一次，尤其是当你小心翼翼地不让蜂王和蜂子进入那些继箱时。暗色的巢脾会使蜂蜜变暗，暗色的巢脾中含有一定量的蜂胶、污垢和其他物质。保持暗色巢脾的清洁并及时予以熔化。

然而，对于子脾来说，答案并不那么简单，至少每 3 年要更换一次，只是为了最低限度地保持环境正常的毒物承载量和避免杀虫剂随机的意外暴露。但是如果你的蜜蜂生活在繁重的农业或郊区环境中，它们的暴露量就会增加。如果你正在使用除有机酸以外的杀螨剂来控制瓦螨，那么这种暴露就会进一步地增加。那么最好的情况是，至少每两年更换一次。

那么，你如何知道巢脾有多旧呢？当你用那个神奇的标记笔把巢脾排列起来时，在巢框上写下你安装它们的日期。就这么简单。需要时就更换。

把巢箱中的巢脾与储蜜继箱中的巢脾相混也会产生问题。巢房里的物质和行走在变黑的蜂蜡上的蜜蜂都会使储藏在巢脾中的蜂蜜变黑，并将碎屑和异味添加到之前储藏在那儿的蜂蜜里，从而降低了你想要收获蜂蜜的原始质量。关键点：不要把用于产蜜的巢脾与用于育子的巢脾相混淆。

如果你的蜂群正在发展，蜂王正在所有 3 个箱体里工作，工蜂正在巢脾边角储存花粉和蜂蜜，那么，是时候给蜜蜂添加额外的空间了。但是，不要在最下面的两个箱体里至少 6 个巢框的两面有巢脾之前，或者在上面的箱体里至少 4 个巢框的两面有巢脾之前添加空间。不要仅仅因为蜂群看起来发展良好就让它仓促行进。

如果春季到来得晚了，或者如果好的天气喷涌而出，你的蜂群将不会像在同一地点、同一时间段内建群那么快。只要它们正在取食任何糖浆，就要继续饲喂你的蜂群。当天气冷时，它们可能会取食几天；当天气转暖时，植物在开花，蜜蜂可以外出飞行，它们就会停止取食糖浆。

当蜜蜂有几天不吃糖浆时，糖浆会在桶里产生黑霉。或者如果天气暖和，它可能还会发酵。一个很好的经验法则是，如果糖浆的外观或气味达到你都不想喝的程度时，就不要给你的蜜蜂吃。饲喂糖浆是一种既便宜又简单的方法，可以确保你的蜜蜂不会遇到食物短缺的压力，哪怕是只有一天。这里的另一个经验法则是继续饲喂糖浆和花粉替代饼，直到三批次的糖浆变坏及两批次的花粉替代饼干掉为止。这似乎有些浪费，但它是一个很好的保证，以防遭遇一阵意外的和突然的恶劣天气。

现在有两种可用的方式。如果你正使用10框深箱作为你的巢箱，你需要2个箱体。如果你正使用3个中等8框继箱作为巢箱，你不希望蜂王徘徊向上进入一个全新的、刚刚添加的储蜜继箱里去产卵，这样就会使得蜜脾变暗。无论哪种方式，你都需要提供一个屏障。你可以尝试很多种管理方法，但目前为止，最简单的方法是在顶部的育子箱体和其上的储蜜继箱之间放置一个隔王板。当顶部的育子继箱开始填满时，把带着蜂蜜（没有蜂子）的1个（或2个、3个）巢脾移到你将用于生产蜂蜜的继箱里。你正在做的是为管理制定一些基本规则。隔王板之上只有蜂蜜，在隔王板的下面是蜂蜜、花粉和蜂子。

在隔王板之上带着一点蜂蜜的巢脾向正在储存食物的蜜蜂发出一个信息，那就是，这是一个可以接受的、用于储存花蜜和蜂蜜的地方。由于所有的这些空间及其对储存食物的公开邀请，食物储存蜂将（几乎总是）开始把蜂蜜往上搬，留下3个育子的箱体，用于存放多数的蜂子、花粉和一点点蜂蜜。

在较温暖的地区，这种活动在早春（在最寒冷地区的初夏）会很活跃，所以要提前准备好足够的设备。

一旦你确定你的蜂群正在以可以接受的速度增长，蜂王表现良好，食物以相当稳定的速度到来，天气已经平静下来，用于储存采进的花蜜的可用空间正在变得不足，你应该考虑添加用于储存花蜜和多余的蜂蜜的额外的继箱。

在这个时候，糖浆饲喂器已经达到其目的，并且可以被移除。如果你不去移除它，一些糖浆可能被蜜蜂带走并储存在蜂蜜继箱中，这不是一个严重的错误，但你收获的某些蜂蜜将是糖浆，而不是花蜜。

如果你在出售蜂蜜，你就不会让这种情况发生，但是蜜蜂一点也不在乎这个。取出饲喂器，把它清理干净，储存起来以备将来使用。流蜜期间，无论你在何处，都要注意可能发生的春衰，所以要每周或10天检查一下子脾，同时也检查储蜜的继箱。在第一个采蜜季节，对你全新蜂群的最大压力不是你最终会遇到的常见病虫害，而是建立新群的直接挑战。你第一年的目标不是蜂蜜产量，而是一个健康的、建群良好的蜂群。下一年和以后的几年里，你的目标是管理和平时的生产，但是一些养蜂人并不关注蜂蜜产量，他们更喜欢有蜜蜂就行。

害虫综合治理（IPM）

在本书的第一版中，我研究了单个蜜蜂或整个蜂群可能遇到的问题，并提出了一系列处理这些问题的技术措施。这些技术中最不具攻击性、当然对蜜蜂来说也最安全的是那些一开始就防止问题出现的技术。避免家养蜜蜂所面临的诸多问题的最好方法是使用那些能够抵抗或容忍不期而遇的害虫的蜜蜂。有些蜜蜂品系有卫生行为，有些是能清理害虫的强烈的梳理者，有些甚至在封盖时也能找到受感染的幼虫，把封盖咬开，然后拖弃幼虫。有些蜜蜂品系有较短的或较长的育子时间，这可以消灭害虫，而另一些则比它们遇到的害虫更敏捷，因此可以克服它们。然而，这些蜜蜂很罕见，正在变得越来越少，你应该把它们寻找出来，既是为了你的运营，也是为了支持蜂王生产者。

治理蜜蜂病虫害的下一个层次是使用机械方法来防止害虫进入蜂箱。这些措施包括首先将害虫从蜂箱中清除出去，它们在蜂群中繁殖建群之前就把它们诱捕起来，或者为它们提供离开而不能返回的机会。对蜜蜂、蜂蜜产量和养蜂人来说，抗性蜜蜂、诱捕和驱避是可使用的安全技术。

下一步的防御水平会更为激烈：化学替代品，而这其中又有温和的和烈性的化学品之分。

IPM 的基本原理

要成功地管理蜜蜂，你需要能够识别这些害虫并知道你有什么方法来控制它们。你需要知道什么是害虫种群，以及如果没有实施管理技术，那么在不久的将来，害虫种群可能会是什么样的。而且，你必须要知道在什么密度下这个害虫种群需要治理（治理阈值）才不会引起危害（经济危害水平）。此外，你还必须知道在可接受的时间框架内你不得不减少种群的选择。这些基本步骤与管理花园动植物所采取的先发制人的措施没有什么不同：为兔子和土拨鼠设置篱笆，为鸟类和囊地鼠设置假猫头鹰，种植抗病植物和清理枯死植物，等等。

对于业余的庭院养蜂者来说，有两种方法可以用来控制病虫害。

你可以从养蜂季节开始，以及在疾病出现的时候，从始至终都要用每种管理方法来从容应对。这很有效，也很有意义，直到你尝试并实施了每种管理方式和可以想到的技术（从温暖到寒冷、从热带到温带、从森林到田野、从沙漠到城市）。当然了，有些原计划要用的东西可以不必采用。

IPM 战术的金字塔

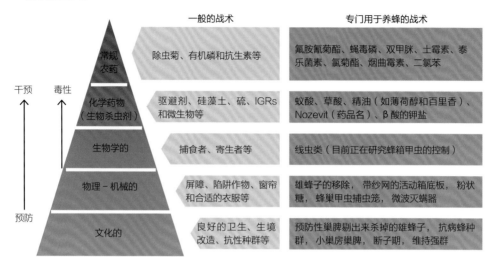

一般的战术 | 专门用于养蜂的战术

干预 毒性

常规农药：除虫菊、有机磷和抗生素等 | 氟胺氰菊酯、蝇毒磷、双甲脒、土霉素、泰乐菌素、氯菊酯、烟曲霉素、二氯苯

化学药物（生物杀虫剂）：驱避剂、硅藻土、硫、IGRs 和微生物等 | 蚁酸、草酸、精油（如薄荷醇和百里香）、Nozevit（药品名）、β 酸的钾盐

生物学的：捕食者、寄生者等 | 线虫类（目前正在研究蜂箱甲虫的控制）

物理 - 机械的：屏障、陷阱作物、窗帘和合适的衣服等 | 雄蜂子的移除，带纱网的活动箱底板，粉状糖，蜂巢甲虫捕虫笼，微波灭螨器

文化的：良好的卫生、生境改造、抗性种群等 | 预防性巢脾剔出来杀掉的雄蜂子，抗病蜂种群，小巢房巢脾，断子期，维持强群

预防

● IPM 从最安全的、危害最小的虫害防治技术开始，使用有毒农药只能作为最后手段。

了解蜜蜂家系

1 个蜂群抵抗某种疾病的特性之一是蜂群中同时存在许多不同的"家系"。回忆一下，在蜂王多次的交尾飞行中，它会跟许多不同的雄蜂交尾。有信誉的蜂王生产者会提供本地保持蜂王交尾群的雄蜂来源蜂群，这些雄蜂来源蜂群不是遗传学上一致的，而是有不同的背景。每一个雄蜂来源蜂群都有其独特的优点作为种用蜂群组成的一部分：例如，一个可能贡献出一种强烈的卫生行为背景，而另一个可能具有你感兴趣的特殊颜色，下一个可能来自特别擅长花粉采集的基因，再下一个可能来自特别擅长花蜜采集的基因、特别擅长防守的基因、特别擅长长寿的基因——各种积极的属性不胜枚举。

这些家系中的大多数也许是全部都存在（或应该存在）于一个蜂群的任何时候，所以总有某个家系的一小部分蜜蜂正在做全部或大部分对患病幼虫的卫生清洁，另一个家系正在前门迎接你，而其他家系则忙于采集花蜜，它们永远不会成为警卫蜂、内勤清洁蜂或花粉采集者。

你想要有一个强大的、多样的采集行为同时不间断地进行的蜂群，所以作为一个整体的这个蜂群是最好的了，因为它具备生存的各个方面。但也要意识到，这其中有些行为不可能总是存在于某个蜂群中。在交尾期间，蜂王可能只与一个具有花粉采集能力的雄蜂交尾，而与许多只具有很强卫生行为的雄蜂交尾，因此你的蜂群将更安全地免于疾病，但是在采集花粉方面必须更努力地工作。

疾病

在你拥有蜜蜂的第一个季节，你不太可能遇到严重的疾病问题。一些害虫可能会成为这个季节后期的问题，但是如果你买了二手设备，这些疾病可能就会很快出现。但大多数情况下，新设备上的新蜜蜂毕竟在问题出现之前，都有蜜月期。然而，到了秋季，在即将到来的冬季和第二个春季到来之前这期间，你需要弄清楚到底有多少坏事情。

微孢子虫病

微孢子虫病是一种由东方微孢子虫孢子所传播、由原生动物引起的疾病，只在成年蜜蜂吃完孢子后攻击成蜂。一旦被吞噬，孢子在蜜蜂体内萌发，并通过蜜蜂中肠的内壁送出一个长长的盘绕的极丝，并开始消耗蜜蜂的血淋巴，此处特指蜜蜂的血液。这滋养了该原生动物孢子虫，使其成熟并产生更多的孢子。有一些孢子仍然存在，并继续侵染寄主蜜蜂，而另一些则通过粪便排出，从而在蜂群内部、靠近巢门外、花朵上、喷水点，以及任何被侵染的蜜蜂去过的地方传播着该病。

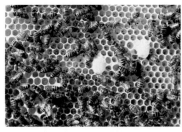

● 紧急替代巢房：当你的蜜蜂突然失去蜂王时（比如在感染微孢子虫病或一场意外的情况下），它们就会建造这些巢房。蜜蜂选择出生不到 3 天的幼虫，开始建造一个从幼虫所在巢房悬垂下来的王台，挂在巢脾之间，以容纳最终在这个王台中形成的更大的蜂王幼虫。这些情况可能出于多种原因，但它们总是一个警告标志。

因为症状不易观察到，特别是在早期阶段，这可能是一个难以确定的疾病。要知道你的蜜蜂是否患有这种疾病，最可靠的方法就是把蜜蜂样本送到位于马里兰州的贝尔茨维尔的美国农业部蜜蜂研究实验室。他们会检查你的蜜蜂并告诉你很多关于它们的事情——瓦螨的存在、微孢子虫的数量、美洲幼虫腐臭病的存在，以及这种疾病是否对常用抗生素有抗性。由于微孢子虫病的严重性，这里有一个你可能在其他地方听不到的建议：在你收到笼蜂后马上寄送蜜蜂样品。这个实验室会告诉你每只蜜蜂的平均孢子数，范围可以从零到几百万。测试是免费的，但可能需要几个星期才能出结果。无论如何都要做。

● 当你把蜜蜂标本送到贝尔茨维尔蜜蜂实验室时，那里的科学家们会把蜜蜂从含有蜜蜂和酒精的袋子里拿出来，然后用研钵和杵棒把蜜蜂标本碾磨捣碎。固体被滤掉，液体被放在显微镜下。样本被放进血球计数板的网格中，计算出在单个网格中的孢子，给出样本中每只蜜蜂上有多少个孢子的一个良好估计。一只严重感染的蜜蜂将有 700 万 ~1000 万个孢子。

最好的方法是假设你的蜜蜂有轻微的感染，并以你最好的方式与之抗争。由于该原生动物攻击蜜蜂的中肠，蜜蜂将停止进食并最终饿死。在蜜蜂死亡之前，该原生动物消耗掉蜜蜂的消化系统内部，成熟、繁殖并传播更多的孢子。

对付这种疾病最好的方法是确保你的蜜蜂继续吃健康的食物。要做到这一点，先把大量蜂蜜或糖浆，以及新鲜花粉或花粉替代饼放到一个看似无精打采、不吃东西、又不很好地采集的蜂群中。如果这些都不能激发它们，尝试饲喂一种可使其食物更有吸引力的兴奋剂吧！

市场上有几种饲用兴奋剂，都含有各种精油和草本提取物。香茅油、麝香草酚和其他精油甚至刺激感染的蜜蜂取食，而蜜蜂一取食就对抗了该疾病。在一个季节（或在笼蜂安置）的开始连续饲喂已被证明可以减少孢子数量，甚至逆转疾病。即使没有感染的蜜蜂取食了兴奋剂，也会吃得更多，依然更为健康。

养 蜂 提 示

饲喂兴奋剂

当饲喂刚刚到达的笼蜂时，在你的糖浆里使用兴奋剂是个不错的主意。微孢子虫和其他一些疾病将会大肆攻击处于压力之下的蜜蜂：天气变凉、多雨的春季气候、移动、接受一只新蜂王，以及不足或不均衡的食物来源，都会给它们带来压力和感染微孢子虫。

养蜂人已经发现，精油饲用兴奋剂有很好的效果，这是目前防治这种疾病的唯一方法。然而，市场上有新的化合物，据说可以援助蜜蜂消化系统的生物环境。初步测试似乎支持这些产品的主张，所以我建议随着更多的蜜蜂接触这些产品，对其效果进行跟踪。如果它们被证明是有效的，那肯定是一种积极的、无化学的治疗方法。

另一项最新发现是，一个感染了微孢子虫病的蜂群，正在通过被喂以优质食物和精油添加剂来处理这种疾病，可是当被暴露给即使是很少量的农用杀虫剂时，里面的孢子产量却迅速而大幅度地增加。这种杀虫剂似乎削弱了一种已经紧张的机体免疫系统，使其无法继续传递处理这种疾病的能力。

有一件事要牢记：如果你的蜂王感染了微孢子虫病，那么它死定了。这种疾病在蜂王身上尤为严重，因为它对蜂王的产卵能力造成严重破坏。

避免这种疾病是最好的选择。询问一下笼蜂供应商，问问他们在操作中是如何控制这种疾病的。问问他们是否治疗了，是否给交尾蜂群喂过这些精油产品来保护这些蜂王。

一旦你的蜜蜂到达了，一定要给它们大量的食物，并确保它们能取食，还要添加一种能恢复体力的饲用兴奋剂。

不然，一旦你的蜂王被释放出来，就不能太频繁地打开蜂群，并让蛋白质以花粉替代饼的形式投放在饮食中。要采取以下这些进一步的预防措施：减少迷巢，这样这种或其他疾病就不会在你的蜂群之间传播，确保该蜂群正在得到尽可能多的阳光，并确保该蜂群可以接近水源。

这些活动将减少或消除使用药物治疗微孢子虫的需要。

建议你把你的蜜蜂送到贝尔茨维尔蜜蜂实验室去化验是否有所感染，它会给你每份蜜蜂检测报告的一个孢子数。在这个时候，好的治疗建议是用一个"混合精油包"。商业养蜂人正在用含有这些精油产品之一的浓缩糖溶液饲喂蜜蜂。这些精油对微孢子虫本身有一定的效果，此外，它们还促使蜜蜂多吃。如前所述，一些人正在开始使用这种新的生物肠道产品，并取得了一些成功。

不用孢子计数法的诊断是很难的，因为没有明显的感染症状。当其他蜂群兴旺发达时，某个蜂群却建群缓慢可看作一个迹象，就如一个有很多蜂子的蜂群，却没有足够多的成年蜜蜂来照管这些蜂子一样。

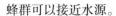

养 蜂 提 示

微孢子虫抗性

目前，没有微孢子虫抗性蜜蜂品系，或者更确切地说，没有一种是待售的。偶尔，你可能会碰到一个漠视这种疾病的蜂群。那就从上天的这个恩宠中得到乐趣吧。

这是一个关于孢子的田间测试，需要一个显微镜，学习这种技巧最终会得到回报。你的当地俱乐部可能拥有一个显微镜。但是现在，让你的蜜蜂也测试一下吧，给你的任意一只蜜蜂——春季的、夏季断蜜期的及冬季来临之前的——喂一些精油产品，以便让好的食物和精油进入到这些蜜蜂体内。

白垩病

白垩病是由一种攻击蜜蜂幼虫的真菌（叫蜜蜂球囊菌）引起的。这是一种当蜂群受到胁迫特别是在食物短缺和温度反复无常时才显现症状的疾病。潮湿、寒冷的环境对蜜蜂没有任何帮助，建议将蜂群养在一个地势较高的、干燥的位置，并提供尽可能多的通风，以减少这种疾病的发病率。春季是一年中出现这种疾病最常见的季节，但它可能会随时出现。回想一下工蜂种群的遗传多样性，它可以使得这种疾病完全被控制，或者允许它在一年中的任何时候肆虐。

白垩病，有点像微孢子虫病，是由先前感染的孢子来传播的。当你的蜂群中的蜜蜂盗了一个受感染的蜂群、带有孢子的蜜蜂错投到你的蜂群中或者你把来自受感染蜂群的设备与未受感染蜂群的进行交换时，孢子就会初次被接种进来。

那些清理过新近死于白垩病的幼虫的成年蜜蜂无意间将孢子喂给了其他幼虫。这些孢子被摄食，然后在肠道中开始生长，并与幼虫竞争食物。很快，这种真菌就会导致幼虫饥饿而死。然后它侵入幼虫的组织，消耗它，并将其菌丝散布到死亡幼虫的身体组织中，耗尽它。最终，蜜蜂幼虫身体组织变硬，成为白垩色，这被称为干尸。如果条件有利，并且存在多株真菌，成熟的真菌将交配和繁殖，弹出黑色孢子；死亡的幼虫现在变成白色，上面带有黑色斑点。当哺育蜂去移动那些白垩色的死幼虫时（现在已经变硬的虫尸可把巢房壁碰得咣当咣当响），它们会从死幼虫身体上获得一些孢子，然后与小幼虫分享，从而完成循环。当蜂群中高百分比的幼虫因此而死亡时，这就成为一个严重的问题。

最好的防御措施是让蜜蜂非常讲卫生，它们会在真菌成熟并产生孢子之前清除掉死去的幼虫。良好的管理和抗性蜜蜂都是很有用的措施。

● 首先，你会在箱底板上看到被内勤蜂移除的白垩病干尸。

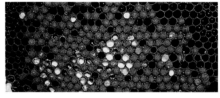

● 你也会在子区的巢房中看到白垩病干尸。它们是白色的、白垩状的和坚硬的。当你移动巢脾时，它们会发出响声。一些病尸上面可能有黑点，意味着该病已经发展到产生孢子的地步，提供了额外的侵染途径。

欧洲幼虫腐臭病

这是另一种应激性疾病，细菌是蜂房球菌，与春季胁迫有关。很像白垩病，孢子被哺育蜂喂给小幼虫。孢子在幼虫的中肠中萌发，迅速而激烈地争夺食物，幼虫在很小的时候（巢房还没封盖）就饿死了。该细菌会吞噬幼虫组织，通常只留下一团皱缩的、棕色的橡胶状干尸，仍蜷缩在巢房底部。有时，它们沿着巢房侧壁纵向伸展。当哺育蜂除去这些干尸时，它们就接触了孢子。

当你蜂群里的蜜蜂盗窃一个染病蜂群的时候，带有孢子的蜜蜂错投到你的蜂群的时

防治白垩病

- 强群在春季甚至可以保持内部的子区温度，可以采集足够的食物。
- 定期更换子脾以保持孢子数量处于最小。两年的更换计划解决了这个问题。
- 移除和毁坏具有大量感染幼虫的全部子脾。
- 饲养具有卫生行为的蜜蜂。
- 当然了，保持有大量可吃的食物、健康的虫口及必要时换王，尤其是在春季，把压力降为最小。

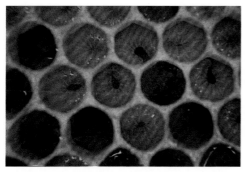

● 感染欧洲幼虫腐臭病的幼虫最先被注意到，是因为它们从茶色到微黄色，从暗褐色到最终的黑色。幼虫在巢房封盖之前就死了，这是一个泄露秘密的征兆，用于区分欧洲幼虫腐臭病和美洲幼虫腐臭病（另一种细菌病）。此外，残骸很易被蜜蜂清除，因而某种程度上减少了进一步感染的发生率。

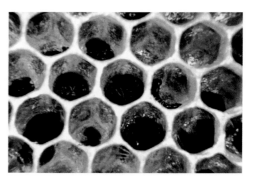

● 感染欧洲幼虫腐臭病的幼虫是从深棕色到黑色的，橡胶状沉陷到巢房底部或沿着巢房侧壁。这里最明显的症状是幼虫的颜色。它们应该是令人惊艳的有光泽的白色，一点杂色都没有。白色才是幼虫正确的颜色。

候，或者你从染病的蜂群那里交换了设备的时候，都会首先意外地遇见孢子，像白垩一样。

感染的第一个指征是多斑点的子脾模式。仔细地检查一个早期感染的子脾，可以看到：在巢房非常往里的底部已死的和垂死的幼虫不是雪白色的。重复一下：发现有问题的幼虫的最快征兆是它们不再是雪白色的了。幼虫颜色变深总是一个不好的事情，需要给予注意。幼虫死后，它们变为鳞片状——卧躺在巢房的长边一侧。你可以用一根牙签很容易地移走它们做进一步检测，但是关键是识别颜色改变和快速移走。

考虑采用与白垩病相同的处理方法。使用卫生的蜜蜂，将胁迫减少到最小，确保有合适的食物可以利用，提供良好的通风，保证蜂群得到尽可能多的阳光。一般情况下，一个好的流蜜期，温暖的天气里，一群健康的讲卫生的内勤蜂可以清除欧洲幼虫腐臭病。在你从拥有笼蜂起的第一个季节里，你很可能不会看到这个，但是，像白垩病一样，在第二年春季你就可能观察到它。如果这个问题成为一个持久的问题，最好的办法是换王。有一种适用于这种疾病的抗生素疗法，你也可以选择采取这种方案。它与美洲幼虫腐臭病使用的抗生素一样。你必须有一个兽医的处方才能得到它，那个兽医必须知道你和你的操作。比起追逐一种长效的药物，食物、抗性蜜蜂、充足的阳光和减少的压力是更容易、更安全、更快捷和自给自立的补救疗法。

美洲幼虫腐臭病

美洲幼虫腐臭病是由幼虫芽孢杆菌引起的细菌性病害，这是目前为止蜜蜂会罹患的最具破坏性的疾病（不是害虫）。美洲幼虫腐臭病是由消耗小幼虫的孢子传播的。自那之后，它们对该病变得有免疫力了。

你可能在你的蜂群里永远不会遇到这种疾病。它很罕见却被监管得很好，但是它太严重了，我们需要花点儿时间来说一说，以便一旦它确实出现，你可以最先识别它，其次你可以有效地处理它，阻止它继续传播。

孢子以多种方式进入蜂群：

- 工蜂盗窃了一个野生蜂群、另一个养蜂场或在本场的另一个蜂群，通过接触或在它们偷盗的蜂蜜中，不经意间就把孢子带回蜂巢。

- 先前被污染的设备被售出并重复使用。

- 巢框被从有美洲幼虫腐臭病的蜂群中移到没有美洲幼虫腐臭病的蜂群里。

- 操作一个带有美洲幼虫腐臭病的蜂群所使用的手套和起刮刀，在用于另一个蜂群之前没有被清洁。

孢子被喂给 50 小时龄左右的或者更小的幼虫——一个非常小的窗口期——于是感染开始了。日龄较大的幼虫有一个内在的抗性，是不受影响的。一旦被摄入，孢子就萌发并开始消耗幼虫，很像先前所提到的其他疾病。幼虫最终死亡，但仅在巢房封盖后。在它们死去之前，幼虫变成褐色或黄色，这是蜂群里出现问题的确切迹象。幼虫应该总是一个令人震惊的、纯白的颜色。并且，它们应该是有光泽的、闪耀的，而不是灰暗的。

一旦巢房被封盖，感染的幼虫就会死亡，变成一个果冻样的堆块。就在巢房封盖不久，这个幼虫，本该首先站在巢房内准备化蛹，可是现在却沿着巢房的长边伸展了。当观察巢脾中的巢房结构时，这个巢房长边实际上是这个巢房的底侧。死虫干到发硬，几乎呈现黑色的鳞片，以至于养蜂人都很难去除，更不用说让一只内勤蜂尝试清理干净这个巢房了。干的鳞片产生了数百万个孢子，这些孢子被内勤蜂捡起，并不经意地喂给另外一些幼虫。因此，疾病在一个蜂群内传播，并在一个季节内彻底杀死这个蜂群。

由于美洲幼虫腐臭病的严重性，美国大多数州的农业部门都有关于遏制、治疗和控制的规定。当一个蜂群被正式诊断为该疾病（来自由蜜蜂检查员采集的并由公认的诊断

防治美洲幼虫腐臭病

在美国，每年有 2%~5% 的蜂群感染美洲幼虫腐臭病。结合它以非常低的速率传播这一实际来考虑，可主要归因于早期检测和受感染设备的破坏。

以下是避免美洲幼虫腐臭病的一些提示：

- 千万不要买二手设备，不管你对那个养蜂人有多了解，或者他出的价格有多吸引人。

- 确保你的蜂群是在你的国家检查局（如在美国，见美国蜂群检查员网页：www.apiaryinspectors.org）注册过的，以便它们被检查，这可以帮助识别问题并找到在你所在国家的合法治疗方案。

- 寻找销售蜂王的蜂王生产商，这些蜂王可以产下具有强烈卫生行为的蜜蜂。

- 定期检查子脾（至少每 10 天到 2 周），寻找带有斑点的子脾，幼虫不是闪闪发亮的，下沉的封盖及看起来油腻腻的封盖。

- 如果你发现可疑的巢房，请联系当地的检查员。

- 如果你发现疑似感染，立即将巢脾从蜂群中移除并隔离它。冷冻是最好的选择，但是在你能肯定地确认该病存在或该巢脾是干净的之前，包裹双层塑料袋才可以。

- 如果检查局这会儿不可用，找一个当地有熟练鉴定经验的养蜂人，然后提交一份样品给美国农业部或其他政府机构。

- 如果确认是美洲幼虫腐臭病，你唯一的选择就是烧掉那些巢脾、内盖和箱底板。刮擦箱子的内部，特别是巢框支持物，清洁完全后，再用一个丙烷焊枪或在敞开燃烧的火桶上烧焦箱子内部和巢框支持物，直到所有木制品刚刚开始变成棕色。否则，少量的剩余孢子将不会被破坏。

如果你选择用某种抗生素来治疗某个感染的蜂群，你就打开了永久感染源的大门，因为这种药物不会破坏那些孢子。每一个春季和秋季，你都必须用一种抗生素来治疗，以防止该种疾病复发。这是一个持续的、失败的命题，也是我们强烈建议你不要购买二手设备的主要原因。

处理感染设备的技术在持续发展中。在过去的几年里，都是建议人们挖一个足够大的坑来容纳大部分要被摧毁的设备，杀死蜜蜂，用汽油淋浇设备，然后点燃。现在已经不再那么简单地处置了。

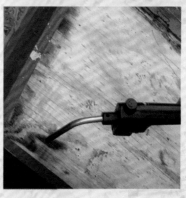

○ 使用一个燃烧桶烧烤被美洲幼虫腐臭病孢子污染的设备。用报纸在底部燃起一堆小火。添加巢框和巢脾，然后是内盖。当火势变强时，把刮擦过的箱体翻过来放在桶顶上，烤焦箱体内部。确保清洁过的巢框支持物也被烤焦。用丙烷焊枪烤黑内盖和箱底板的内部。在用酒精擦拭的时候，也要擦拭起刮刀和你坐的箱子表面。然后在操作另一个蜂群前，要洗手和洗蜂衣。

实验室所确认的样品，如美国农业部，然后由一名兽医开出处方）时，有几种有商标的抗生素（泰乐菌素产品是其中一种）可以使用。但你不能用它来预防这种疾病，就像你不能服用抗生素来预防你没有的疾病一样。对抗生素的抗药性是一个世界性的问题，这是预防这种情况在这里发生的一种方法，也是美国食品药品监督管理局通过处方而不是常规的预防性使用来规范其使用的主要原因，以防止该病的突然暴发，也防止人用抗生素的接触来污染人类食物。没有药物可以控制这种疾病，甚至有良好卫生行为的蜜蜂和减少压力也无济于事，什么才是对美洲幼虫腐臭病的正解啊！养蜂人要极其讲究卫生，通过仔细地检查和诊断，可以在早期就发现症状，以便子脾、甚至必要时所有继箱都可以被移除和销毁。带有病虫的巢脾可以被移出和烧毁，但要记住，那些幼虫在巢房封盖之前是不会死亡的。因此，检测是不容易的，特别是当感染很轻微而且很早的时候。

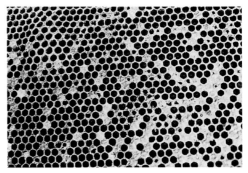

● 带斑点的蜂子模式总是一个麻烦的迹象，是美洲幼虫腐臭病的最显著特征。这是一种疾病存在的最明显线索。

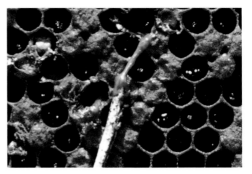

● 一种诊断美洲幼虫腐臭病的技术是通常被称作的拉线试验。在巢房被封盖后不久，幼虫死亡，其身体变成果冻状。用一根小树枝或牙签戳进封盖，并小心地搅动它。非常缓慢地抽出那根搅棍，死虫的黏性团块会粘在其上。它具有黏液的连贯性。颜色将是咖啡棕色到深灰色，在它急速缩回之前，会被从巢房中拉出 1.3~2.5 厘米的线。尽管很特别，但这并不是美洲幼虫腐臭病的决定性测试。如果这个拉线测试是阳性的，你应该在所有的蜂群中检查这种疾病的各种症状。

你可以假定，即使是在一个轻度受侵染的蜂群中，那些在子区进行饲喂和清洁的大多数蜜蜂都会带有与它们有关的美洲幼虫腐臭病孢子。此外，这些是从采集蜂中接过花蜜的内勤蜂，采集蜂也将孢子传给了它们。

农村地区的大型蜂场和养蜂人可以安全地继续这种做法。然而，在城市或郊区，生活在有火灾危险或消防控制地区的养蜂人，甚至是在农村地区与养蜂人为邻的，已经开始寻找替代方案。这是以杀死那些染病蜜蜂的哲学来开始的。

曾经，蜜蜂被从现有的、受感染的设备中移走，被抖进全新的设备里，然后被留下来，在没有蜂子的情况下用新的蜂蜡进行重建。但是抖蜂会造成很多蜜蜂飞向空中，许多蜜蜂错飞到其他蜂群中，然后引发邻居们和其他蜂群出现类似问题。美国南部的监管机构已经开发出一种技术，当蜜蜂是非洲蜜蜂并危及人类或宠物时，可以迅速控制某群蜜蜂。他们用常见的大型塑料草坪垃圾袋来覆盖蜂箱。这容纳了蜂箱中的所有蜜蜂，保护附近的人，或者消除美洲幼虫腐臭病的传播。如果炎热天气在这一地区很常见，那蜂群会很快因过热而窒息。

在蜜蜂被迅速处理后，人们用一个燃烧桶来替代地面上的一个坑，这可能是破坏性的。巢脾和蜂箱设备与易燃材料被一起放在这个桶中，于是该设备与该疾病统统被大火所焚烧。继箱不需要被毁坏，但为了摧毁任何潜藏的孢子，需要把继箱纵横交错地堆在桶顶上，让火焰从继箱中升起，烧焦内部和边缘。木头应该变成褐色的，但不要变黑。如果做得正确，就没有蜂蜜、蜂蜡，只剩下灰烬。

早期检测的价值

如果你错过了早期检测，你可以相当肯定，大多数子脾中会有几个到许多的受感染蜂子，大部分的哺育蜂已被污染，并且一定百分比的田间采集蜂也被污染了。这意味着当你摧毁某个蜂群的设备时，你必须摧毁其内的全部蜜蜂。

检测美洲幼虫腐臭病的早期征兆或关于任何蜂子疾病，首先要看蜂子模式及封盖本身。一个带有斑点状的图案可能表明有什么不对劲。也许这只是一个年轻蜂王刚刚开始产卵或者是许多工蜂非常接近地交互出房。但是，凑近了细看封盖图案是否是花样的。

它们刚好是略微圆的、凸状的及曲线向上的吗？它们都是相同的颜色和质地吗？在中心部位的一些封盖是有小孔的、塌陷是向下的、比周围低的而不是向上的吗？高度感染美洲幼虫腐臭病的封盖可以具有油腻腻的外观而不是正常的粗糙的、蜡质的外观。任何这些症状都告诉你要进一步观察。用你的起刮刀或一根牙签大小的树枝，将几个有症状的和几个没有症状的巢房开盖，看看是否有区别。患病的蜂子，无论是感染了美洲幼虫腐臭病、欧洲幼虫腐臭病、白垩病还是其他疾病，都不是白色的。颜色可能从半透明的到茶色、到棕褐色、到几乎黑色。你的第一个线索也是早期检查的关键，是在巢房中存在白色不纯净的幼虫。

这就是一个有效的 IPM 程序变

◉ 如上图所示的这些健康的幼虫和蛹呈纯净的、闪闪发光的白色。

◉ 对于美洲幼虫腐臭病的感染，要看鳞片、巢房里死幼虫的干尸。它们很硬，不容易清理。在这张图里，它们呈现闪亮的黑色，躺在巢房侧壁上（当垂直地而不是水平地拿起巢脾时的巢房底部），但有时它们是暗淡的黑色。通常，蜜蜂们不能移除它们，但是当它们尝试移除并在捡拾孢子的过程中，就向蜂群周围传播了这些孢子。

得棘手的地方。由于对美洲幼虫腐臭病的监管零容忍，任何感染都必须被治疗或被破坏。我认为抗生素路线是不可接受的，因为一旦应用，对设备、养蜂人和住在那里的蜜蜂来说，都是长期有害的，因此那些设备永远都会受到污染。同时，对抗生素使用的新规定使得这件事更加困难。然而，有强的卫生行为的蜂群通过清虫行为，可以忍受一次美洲幼虫腐臭病的轻度感染。一旦摧毁这样的蜂群，将会把这些卫生基因从种群中移除，只剩下对美洲幼虫腐臭病敏感的蜜蜂了。

瓦螨

30多年来，瓦螨及其出现时所引发的问题一直是蜜蜂和养蜂人必须要应对的、最具挑战性的健康问题。在这30多年里，关于瓦螨造成的损害及我们如何处理它们的情形变得时好时坏。

由于这个原因，此部分内容介绍得很详细，或许比这本书中其他的章节更冗长。但是，处理你蜂群里瓦螨的重要性再怎么强调也不为过。在蜜蜂饲养过程中控制瓦螨是与你在学习开车时知道停在路的哪一边一样重要的。大多数情况下，如果你不控制瓦螨，你的蜜蜂就会死亡。

这种害虫几乎是普遍存在的，就像美洲幼虫腐臭病一样，在某种程度上，没有养蜂人干预，它通常是致命的。但是，仅就这两种病害而言，灭杀一个蜂群或者采用化学处理来解决，都会撇开维持一个抗性品系这个问题，以后我们再探讨这个问题吧。幸运的是，这种害虫大到足以看得见。

事实上，雌性瓦螨的生活有两个阶段。一个被叫作"漫游期"，就是当一只交配的雌性瓦螨从它生出的并完成交配的巢房中爬出来寻找一只成年蜜蜂去寄生的这段时间。这些瓦螨的扁平形状很适合其在蜜蜂体节间的空隙下滑动，养蜂人几乎是看不见的，蜜蜂去移除它们也是几乎不可能的。它们可以在蜂群内从一只蜜蜂传到另一只蜜蜂，或者通过错投或盗蜂或从一只正在访问花朵的蜜蜂身上跳下，再跳到另一只访客身上，搭便

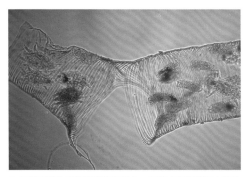

● 气管瓦螨生活在蜜蜂的气管内。气管或呼吸管与人的头发直径差不多。

● 把油脂馅饼直接放在上框梁上面，离开中心，让蜜蜂吃掉它。在这样做的同时，它们会蹭到少量的油脂，阻止瓦螨的进一步感染。

车前往其他蜂群。它们在蜂群内和蜂群间流动，可以传播它们所携带的疾病。有蜂子存在时，这个漫游期可以持续四五天直至几周，但如果没有蜂子，它们会寄生在蜜蜂身上长达半年。在此期间，它们刺穿软的节间部组织，直接取食组成卵黄蛋白原的合成物。该合成物是由储存的糖、脂肪和超过90%的蛋白质制成的。蜜蜂用这种方法为自己储存食物，喂养其他蜜蜂和蜂王。这个伤口会引起多重问题。它直接影响蜜蜂的体壁，让救命的液体逸出，它引入了一些螨类共有的病毒，不仅剥夺了单个蜜蜂所需的食物，而且使得其他蜜蜂和未来几代的蜜蜂的食物无法获得。此外，这个伤口和这种抢劫把蜜蜂的免疫系统能力降低到在蜜蜂应对刚刚释放的病毒时就较少有效或者根本没有效的防御点上。很显然，这是一种致命的攻击方式。然而，也正是在这段时间，瓦螨是最暴露的，于是，化学处理、进攻性的梳理行为及环境的控制是最有效的。正常情况下，当有蜂子存在时，一只雌性瓦螨可以活4周左右；当没有蜂子时，可以存活6个月或更长时间。

在下一个阶段，即它生命中的繁殖阶段，可育雌性瓦螨就寻找一个具有刚刚准备好要化蛹的幼虫的巢房，巢房要被哺育蜜蜂封盖。雌螨潜入巢房，钻到底部，把自己埋在剩下的食物和幼虫的粪便中，通过某种口器呼吸。

当雄蜂或工蜂的巢房封盖，瓦螨就从幼虫下面的食物泥浆里爬出来，准备开始取食。它爬上幼虫，找到合适的位置，用它非常强壮的刺吸式口器刺破表皮，这样它就可以吸吮幼虫体内的血淋巴或卵黄蛋白原了。在这样做的时候，它把其唾液化合物注入蜜蜂的伤口里面，损害和削弱了蜜蜂的免疫系统，所以蜜蜂立即变得无力抵御其他疾病、病毒和农业化学品的攻击。由于一直都在处理那些潜藏在蜂箱内的病毒，蜜蜂的免疫系统到这时已经受损严重，无法正常工作了。而这些致命的病毒中的任何一种都可能出现，包括畸翅病毒A和B（是其中最典型的）、以色列急性麻痹病毒、囊状幼虫病病毒、狄斯瓦螨病毒A和B、蜜蜂急性麻痹病毒、克什米尔蜜蜂病毒、黑王台病毒、慢性蜜蜂麻痹病毒和西奈河病毒。这只现在被蜜蜂的血液卵黄蛋白原给予能量的雌螨，3天后产下第一粒卵——一个雄螨，并继续取食。大约30小时后，它产下另一个卵——一个雌螨，如果它有时间，它会继续产下去。如果雌螨是在工蜂巢房里，那它平均产生1.3个雌性后代，但如果它是在一个雄蜂巢房里，它可以产生5个之多的雌性后代。如果蜂群里有蜂子达6个月左右，你可以看到这个螨种群平均起来是如何增加12倍的。如果不进行人为干预，以及在全年有子的地方，这个螨种群会突破800倍的增长。你也可以很容易地明白，如果有选择，为什么瓦螨会选择一个雄蜂

● 如果你从一个已经有瓦螨存在的巢房移走一只幼虫，这就是你将见到的东西。注意瓦螨的大小和颜色。它们很容易识别。一般情况下，当你从巢房里移走幼虫的时候，螨将快步走开，它们可以移动得很快。如果感染很严重，在单个巢房里会有几只成年雌螨和许多若螨。

幼虫而不是一个工蜂幼虫。

现在这只雌螨和它的后代都在这只雌螨早已选好的同一个初始位置点以正在化蛹的蜜蜂为食。有趣的是，这只雌螨在巢房口附近选择了一个场所排便，并一直以来都在同一个场所排便。它的后代也用同样的场所，于是在它们离开巢房口之前，制造了一堆白色的螨粪。当以正确的角度握持这个巢脾时，你可以看到这个粪堆，表示那是一个被感染的巢房。当你看到这样的巢房越多，虫害就越大。当成熟时，第一个出生的瓦螨后代——一个雄螨，会与它的姐妹们交配。这些瓦螨继续进食，直到目前这个受损的成年蜜蜂从它的巢房中羽化出来。一只雌螨要花不到6天的时间就能成熟，而一只雄螨要花上6天半的时间才能成熟。回忆一下，一只雌性工蜂在蛹阶段只待了大约12天时间，而一只雄蜂却呆了14天多。因此，一只雌螨能够根据气味把工蜂幼虫与雄蜂幼虫区分出来，更喜欢栖息于雄蜂巢房而不是工蜂巢房，因为在那里它们有更多的时间可以来产生更多的后代。这就是为什么瓦螨对西方蜜蜂而不是原始宿主（东方蜜蜂）有破坏性的关键原因。对于东方蜜蜂，这种瓦螨只攻击雄蜂，而留下雌性的工蜂独善其身，因此不会传播病毒或威胁到大部分的蜜蜂种群。但是当瓦螨跳到欧洲蜜蜂身上时，事情发生了改变，它会感染工蜂子。这是我们蜂群受瓦螨致命感染的关键。有这么多的工蜂，群内基本上终年都有工蜂蜂子，所以感染更大并且是连续的。我们的蜜蜂一点机会都没有，但情况正在改变。

同时，对蜜蜂造成的伤害是难以估量的。它已经遭受或无力抵抗它现在容易感染的几种病毒的攻击。这种遭到重创的蜜蜂无法做好蜂群内的正常工作——家务清洁、喂食、守卫和觅食。它的生命被缩短了，有时，尤其是如果多于一只的成年瓦螨进入它的巢房后，对它的损害是如此之大，以至于它甚至都来不及羽化就死掉了。

如果它真的能羽化出房并作为内勤蜜蜂开始生活，那么它最先该做的工作之一就是喂养幼虫。它的产生食物的腺体不能分泌，当它喂食时，它会将其所携带的任何病毒传递给下一代及它所喂食的蜂王。蜂王可以反过来把这些致命的病毒传递给它的卵。随着它变老，这只受伤的蜂王与蜂群中各种各样的蜜蜂个体共享了它的伤残，很快蜂群中的每一只蜜蜂都带有某种水平的几种病毒。此时如果没有人为干预，这个蜂群就会灭亡。

可是，这种故事还有很多。遭遇这种袭击的最直观结果是成年蜜蜂不如它们那些未受攻击的同伴活得长。在夏季，它们要比正常的早几天死亡，而不是一个刚好的6周的寿命，这几天是值得注意的。对于冬季的蜜蜂来说，它们比正常的3~5个月的寿命提早1周、2周或3周死亡，这也是值得注意的。夏季，已经到了能够觅食年龄的成年蜜蜂正在死亡，而且越来越年轻的轮换休息的蜜蜂也在死亡。在某些时候，正在垂死的蜜蜂比正在出生的蜜蜂还多，蜂群的数量开始迅速减少。对于正在越冬的蜂群，伤亡数甚至是更具毁灭性的。受损的蜜蜂无力充分照顾晚冬、早春的那些不仅被病毒感染，而且还营养不良甚至饥饿的幼虫。其结果是那个蜂群在晚冬、初春时死亡。

当年轻的、新交配的雌螨随着它们所寄居的雄蜂或工蜂一道羽化出房时，以及正处在漫游阶段的雌螨，它们都在努力寻找成年蜜蜂，直到找到新的巢房入侵，以便它们可以重复这个繁殖过程。雄蜂不离开而是死在巢房里。不管你选择什么控制策略，一旦雌螨被暴露在外，它们就会处于生命周期中最脆弱、最易受伤害

● 瓦螨与成年蜜蜂的大小比较。

的时期。目前，只有一种化学疗法可以在巢房内控制瓦螨。你必须控制瓦螨种群，否则它们会杀死蜂群。幸运的是，有几种管理技术和几种治疗方法都是可用的，监测瓦螨种群和治疗瓦螨是瓦螨管理的常规部分。

如何监测瓦螨种群

要打赢与瓦螨的战斗，你首先必须知道你的蜂群里有多少瓦螨。这个数字会告诉你是否有那么多事情需要你采取行动，或者你的逃避技巧是否有效，你是否可以放松一下。每月至少数一次瓦螨数，有时甚至在采蜜季节还要更频繁地数一数有可能增长的瓦螨。如果你全年积极育子，这个数可能是一年至少 12 倍或更多。

有一种常规的用来检测蜂群中瓦螨的存在及其数量的取样技术。你从来自你的蜂群的大约 300 只蜜蜂样本开始。为了收集蜜蜂，从有蜂子的箱体中取出一个巢脾，检查蜂王，如果它在那儿，就把它带走。快速地把巢脾上的蜜蜂抖进一个洗碟盆里。检查另一个巢脾并重复上述过程。如果你需要更多的蜜蜂，快速将另一个巢脾抖下并把它们驱赶到一个角落里。取大约半杯（118 毫升）的量，把蜜蜂舀出来，填满那个量杯，倾倒到一个 945 毫升的罐子里并盖好。把它们颠簸到底部，开始你的取样操作。

取样技术和设备在不断被完善，正在变得更容易、更快捷和更可靠。跟上这项一时流行的技术是值得的，但现在，我们将探索被大多数人认为是迄今最好的东西。这叫作醇洗。基本上你要做的是捕获大约 300 只蜜蜂，或者大约是半杯（118 毫升）的蜜蜂。把它们放进带有小网眼盖子的一个罐子里，小网眼的大小足以允许瓦螨和酒精通过但限制蜜蜂通过。然后，你要添加足够的刚好没过蜜蜂的酒精（70% 异丙基，甚至是车窗冲洗液也可以用），把它们在清洗液里旋转一会儿。不幸的是，这样做会牺牲一些蜜蜂，但也杀死了任何瓦螨，并让它们从蜜蜂身上掉下来。把酒精倒入一个用来捕捉瓦螨的过滤器中。然后计算瓦螨数并针对你的管理做出决定。下面这些图给出了你所需要的顺序和设备，以及给出了对于你已经捕捉的瓦螨数量所应考虑采取的一些步骤。

将捕获的瓦螨数量除以蜜蜂样本的数量，就获得蜂群里漫游螨的感染率。如果你想要知道它到底有多糟糕，回想一下，大部分的瓦螨（大约 80%）在你的蜂群里不是漫游的，而是正隐藏在蜂子巢房中生活着，准备伺机再次出现并感染。所以，把你刚得到的感染

◉ 酒精漂洗过程。把蜜蜂从子脾上抖落下来，让其掉进一个塑料的洗碟盆里。确保蜂王不在那个巢脾上。洗碟盆的底部最好被一层蜜蜂给覆盖住。再次检查蜂王。把蜜蜂抖到那个洗碟盆的一个角落，舀起半杯的蜜蜂（大约有300只蜜蜂）放进一个945毫升的罐子里。用拳头击打罐子的底部以便蜜蜂落到底部并固定网盖。通过网盖顶部往罐子里浇注半杯酒精（任何类型都可以用，即使是车窗冲洗液），轻轻地晃动蜜蜂和酒精的混合物达一两分钟，以移走任何附着于蜜蜂身上的瓦螨。当完成后，把罐子里的酒精倒入一个在顶部用一条纸巾过滤的容器里，在捕捉瓦螨的同时，让酒精落到下面，以便再次使用。如果不确定完全成功了，就用更多的酒精再试一次，看看是否有瓦螨给漏掉了。做完这一切以后，数一下你捕获的瓦螨。将这个数字与历年同期同样大小蜂群里的数值进行比较。

率乘以5，那就是所有被瓦螨感染的蜜蜂的百分比。

如上所述，有一些指导方针可以考虑让你的结果尽可能准确。如果你有不到5个蜂箱，你至少应该在它们之中的3箱取样，并总是在那相同的3箱里采样。每一次你取样时都要遵循以下这些步骤：

1）每次在你的蜂场采集同一（或相同几个）蜂箱的样本。

2）每天同一时间采集样品，每次天气都是一样的。这并不总是可能的，但要尝试。

3）一定要从蜂箱里的同一个地方取样。储蜜继箱可以，但是你会在整个季节都有储蜜继箱吗？而且，如果由于季节的缘故，没有流蜜，或是今天开花结束了，继箱里还会有蜜蜂吗？有子区的箱体可能更可靠，但需要做更多的工作。这是值得的工作，因为多数瓦螨会在那里，交配过的雌性瓦螨正在寻找一个准备封盖的幼虫巢房伺机侵入。

4）确保你的样本罐子的盖子打开了及你的酒精罐子也是打开的并且就在附近。准备好你的接收过滤器罐。我用一个普通的945毫升罐，顶部塞入正方形的纸巾，有几厘米深，然后把环形盖子松松地拧进去，以盖住它。这很简单、便宜，而且快速。你最好备有一卷纸巾。

5）为了采集一个样本，先喷很少的烟，然后从一个带有蜂子的继箱的近边缘拿出一个巢脾。如果是 10 框的箱体，就指定第三框或第七框；如果用的是 8 框的箱体，就指定第二框或第七框。如果两边都被蜜蜂覆盖了一半或者更多，那就从这个巢脾开始并不停地移动。如果没有蜜蜂覆盖，就要移动巢脾了。

6）检查巢脾的两侧，寻找蜂王。再看看，如果你发现了它，把它放回到蜂箱里一个外侧的巢脾上，以便你不用再次寻找它。

7）如果蜂王不存在，提起那个巢脾的一个框耳，用力拍打对面的末端倒进塑料的洗碟盆里，赶走所有的蜜蜂。要有力足以使蜜蜂相当迷失方向并且不会立即飞走。

8）如果需要，继续抖进下一个巢脾，检查蜂王并把蜜蜂抖到盆里。

9）经验会告诉你盆底部将覆盖有多少蜜蜂，取样才能达到相当于半个量杯（118 毫升）的量，大致是一个 23 厘米 ×30.5 厘米 ×10 厘米的洗碟盆，至少底部 1/3 可以被一层蜜蜂所覆盖，才可以容易地得到 1/2 杯的蜜蜂样本。

10）如果有必要，使用另一个巢脾，检查一下蜂王，把蜜蜂抖到那个洗碟盆里。

11）当你有多得多的蜜蜂时，可以轻轻地震动那个洗碟盆。这将引起那些最老的蜜蜂、也是最活泼的和最不可能有螨的蜜蜂飞走，留下年轻的内勤蜂在洗碟盆里。这也保证了你正在蜂箱间甚至蜂场间取样的蜜蜂是大致相同日龄的。

12）重重地磕击那个洗碟盆的某个底角，让所有的蜜蜂都滑向那个角落。

13）舀出半个量杯（118 毫升）的涌动蜜蜂，轻敲勺子让蜜蜂安静下来。如果有必要，用一个戴手套的手指平复蜜蜂，倾倒到你的罐子里，快速把盖子盖上。

14）倒入足够的酒精或水以覆盖蜜蜂并旋转——有趣的地方就在这里——有些人说 1 分钟左右，有些人说 5 分钟，我说这样试一下：开始用 2 分钟，然后将酒精和瓦螨的混合物倒入过滤器。然后，把你刚用过的酒精倒在蜜蜂身上并旋转 2 分钟以上，倒掉。有没有更多的瓦螨出来？这应该能告诉你一些事，前几次我犯了太多的错误。我每年春季都这样做，直到我对我在过滤器里看到的结果感到满意为止。

将你在那个样本里采集到的瓦螨数除以 300——你检测用到的蜜蜂数。这是巢房外的、有漫游螨附着其上的成年蜜蜂的一个百分比估计值。尽管它依赖于一年中的某个时段，但那个百分比应该总是低的才对。我从不想让它多于百分之一——那就是在一个样本里有 3 只瓦螨被捕获。我总是更高兴于几乎没有瓦螨。但这就是拐点出现的地方，也是有充分借口的地方。那些很想保住他们蜂群的养蜂人还把一个蜂群可能具有的病毒负荷作为因素计入了那个瓦螨 - 负载耐力等式中。如果你的数字一直都只是在刚刚过高的分数上，比如2%~4%，那么估计超过一半的蜜蜂将有一定程度的病毒负荷。这可能会导致秋末到冬季都有

● 在一只成年蜜蜂上的一只雌螨的特写。

一个无法接受的病毒负荷，使你的蜂群在冬末、早春发生崩溃。而早春到入夏的这种高数值，如果在日期、时间和数量等的确定方面，你什么都没做，将导致你的蜂群在秋末崩溃。在这两种情况下，让那个数值尽可能地低是好的建议。

带铁纱网的箱底板

早些时候，建议你购买一个带铁纱网的箱底板，而不是一个有坚实地板的箱底板。这个铁纱网能让从成年蜜蜂身上被刷掉的瓦螨落到蜂群之外并迷失。最好的评估方法是，通过在蜂箱中安置一个这样的带铁纱网的箱底板，你的蜂群就可以消减箱内高达10%左右的漫游螨。20%中的10%不是一个显著的瓦螨减少，它甚至也不会停止一个最低的感染，尚需要其他技术来保持瓦螨水平处于合理状态。然而，一个带铁纱网的箱底板具有在夏季为你的蜂群提供极好通风的优点，从而减少了作用于你蜜蜂上的压力，并且几乎消除了在炎热夏季的傍晚你可能看到的巢门口外箱壁上过度的长胡须现象。所以，如果你有一个，请让它保持开启着，直到冬季来临时，再把它关掉。

对付瓦螨的选择

还有另一种办法来解决这一问题。如果你在一个蜂群里养了一只蜂王，它预计可以产生抗瓦螨的蜜蜂，因此，你不能从事任何其他的防螨活动——雄蜂诱捕、人工分群、断子期——你可以有以下几个选择：

• 你什么都不做，让或者不让蜂群群势在灭亡前继续上升。如果它真的能抵抗，它就能容忍一个瓦螨种群而不会垮掉，在这种情况下，问题就解决了。如果它崩溃了，那么你就只能和远近的蜂群共享瓦螨，使一个本来就糟糕的问题变得更加糟糕。

• 如果时间允许，你可以在它们击垮蜂群或损伤所有即将成为越冬蜂的蜜蜂之前，开始使用其中一种防螨方法来清除蜂群中的瓦螨。

• 你可以同时使用几种治理方法来处理蜂群——断子和使用温和的药物治疗，如果你想增加你的蜂群数量，你可以进行一个人工分群，将两者作为母群和分出群来对待。另外，如果冬季之前还有足够的时间，你可以放弃治疗，就在新蜂王出台之前不久（18~19天），让每个蜂群启动换王流程，安置假设是有抗性的蜂王，给予一个无子的时期和新的蜂王。

• 使用温和的药物来治疗蜂群，并在原来的蜂群中换进一个预计可以产生抗性蜜蜂的蜂王。

这里我要说的是，如果你要换掉蜂王，不要从与你现有的蜂王的相同来源那里获得一个新蜂王。要让那个蜂群得到新的基因才好。

我该如何避开瓦螨？

首先，购买对瓦螨有抗性的蜜蜂品种。俄罗斯蜜蜂是非常耐受瓦螨种群的。不是很完美，但还不错。一些供应商正在销售被叫作"幸存者蜜蜂"、当地或本地蜜蜂、有抗性的蜜蜂，名字各不相同，但结果都是一样的。这些品系之所以被选中，是因为它们在某段时间内没有经过化学处理，对包括瓦螨在内的许多疾病具有抵抗力。当然，时间越长则选择效果越好，但却提出了一些问题，如果长达四五年或者更久的时间不进行治疗，那么想想看后果会咋样。它们也不是完美的，但它们的明星属性是它们都具有被称为瓦螨敏感卫生的遗传特性，这一特性使蜂群中的工蜂能够寻找到有瓦螨的封盖工蜂巢房，打开房盖，将那里的蜂蛹与里面的瓦螨一起清除。成年的

把有瓦螨感染的雄蜂子脾拿给小鸡去啄食，对于家禽类是一种享受，但对瓦螨和雄蜂的打击很大。

雌性瓦螨也许会逃脱并寻找到另一个巢房寄居，但是通过移除那只受寄生的蜂蛹，蜜蜂成功阻止了这只雌螨的繁殖，也等量地移走了蜜蜂的后代。有时候，蜜蜂很有攻击性，会打开未受感染的巢房。如果这种情况发生了，它们将重新密封该巢房，你可能会看到一些这样的巢房。

成年蜜蜂也会表现出进攻性的梳理行为，从其他蜜蜂身上移除成年的雌性漫游螨，导致它们落到底板上，甚至迷失，更好的情况是，在梳理过程中伤害到它们，也会导致它们死亡。当大多数工蜂表现出这两种特性时，就会导致瓦螨数量的一个基本下降，并且横跨整个季节，使成年瓦螨的数量低于治疗阈值水平。用一种不用化学药物的螨害治理方法。现在使用的是一种被称为抓咬瓦螨品系，因为它们在梳理过程中移除瓦螨并咬伤它们，导致瓦螨死亡。

如果你购买了俄罗斯蜜蜂、幸存者蜜蜂、清虫者、撕咬者，或者任何声称具有瓦螨抗性的品系，你必须决定：在由这些蜜蜂领导的蜂群里，你要采取任何措施来减少瓦螨种群吗？如果你做了，你就减少了瓦螨对蜂群的压力，你可以让这些顽强的蜜蜂继续如从前那般强壮，甚至更强壮。可是，如果你没做，你就没有帮助找到完美的抗螨蜜蜂。

但是，那是必须的吗？如果你没有在蜂场生产将来使用的蜂王，一个多产的蜂王将做它应该做的，为了让你的蜜蜂活着，你得采取相应的行动。养蜂越容易（因为它们对害虫和疾病有抵抗力），你就越有可能继续养蜂。而这就是论述开始的地方，记得吗？

如果你什么都不做，一些蜂群可能死于瓦螨感染。任由它们自己抗争的话，有些还会死亡。大自然会剥离出最弱的和最差的，但不会有那么多蜜蜂死亡。并且它们也不会像那些没有瓦螨抗性的或没有耐力的蜂群那样迅速或频繁地死去。然而，仅仅因为瓦螨而让蜂群死掉是你不应该做的选择。当一个蜂群达到足以导致其崩溃的感染水平时，这些蜜蜂会去你的其他蜂群或附近某个养蜂人的蜂群那里。你的所有作为或不作为，都协助了这种瓦螨的传播，并会促成更多蜂群的死亡。你要为邻近的养蜂人着想。你应该做

的是治疗一个严重感染的蜂群，去除瓦螨，并给蜂群换王，以便它能继续存活下去。你去除了瓦螨，拯救了蜜蜂，并一下子就全部改变了遗传学。你不会把附近的每个蜂场都感染了。

这就是频繁监测的重要之处。如果你正在采集常规样本，并且随着时间的推移得到1只、2只、1只、0只瓦螨，然后，在一个有300只蜜蜂的样本中突然有150只瓦螨，你的蜂群就变成了来自一个正在崩溃蜂群的瓦螨宿主了。它当然该被称

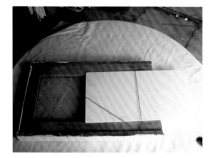

● 这里显示的是一种带铁纱网的箱底板的背面。那些线绳将这个冬季封闭插板固定就位。

为瓦螨炸弹，你的蜂群将在几个月之内死亡。立即治疗是必需的，并且还要相当有效，因为大多数瓦螨不在巢房中，而是暴露于任何你使用的化学疗法中，而且很容易受到伤害。所以，赶紧治疗吧。

最大瓦螨数的指导方针

这个图表呈现的是当用酒精漂洗法检测瓦螨时，你可以发现的最大瓦螨数。这些是保守的数字和保护性编号。

季节	最大瓦螨数		
	小的	中等的	大的
秋季	<2	<2	<2
夏季	2	2	3
春季	1	<2	<3

蜂巢大小

小的： 在一个5框的核群里，有4框蜜蜂和蜂子。

中等的： 在一个10框的深箱里，有8框蜜蜂和蜂子、完全造好的巢脾及一个部分充满的采蜜继箱。

大的： 2个深箱里装满了蜜蜂和蜂子，2个部分充满乃至完全充满的采蜜继箱。

如果你选择让大自然引领方向，让你的蜜蜂和瓦螨决斗，我的工作就在此完成了。你可能在一两年内需要更换你的蜜蜂。也许会更长，也许根本就不会。然而，如果你选择伸出援助之手，你可以做一些事情来帮助这些坚强的蜜蜂。

一些常识性的管理技巧会帮助你的蜂群一直对付瓦螨。使用带铁纱网的箱底板是一种，它将改善蜂群内的通风和空气流动，减少扇风的需要，允许更多的蜜蜂外出觅食，而且蜂蜜会成熟得更快。

仲夏分群

这是一个明智的管理实践，我已经把它留在譬如无创瓦螨治疗、分蜂控制、蜂群更换或增加及蜂王改善战术等诸多层面上来做最后的解释了。毫无疑问，这是我能想象的与蜜蜂一起工作的最好例子。使用第一季的笼蜂可能不起作用，因为有一个比预期要慢的虫口增长速度，或者是一个产卵性能较差的蜂

王要被取代。但即使是一个普通的笼蜂，尤其是一个高于蜂群平均水平的笼蜂，它也是这样运作的。

通过把蜜蜂分群，每个由此产生的蜂群最终都会有出现在原始蜂群中的一半的瓦螨，那是一个好的开端。然后，人工分开的蜂群中有一个是原来的蜂王，一个是没有蜂王的。对于有原来蜂王的这一半来说，你可以将蜂王关在笼子里3周，允许现存的每个蜂子都发育成熟并出房。这完全暴露了蜂群中的每一只瓦螨，使得它们都容易受到梳理行为或某种有机酸治螨剂的伤害。经过了3周时间和一次治疗后，你可以把蜂王从笼子里放出来，甚至更好点的做法是安置一个你选出的新的、年轻的、遗传性更强的蜂王。它至少还要再花一周的时间才开始产卵，再过一周多的时间才有封盖子，所以，你的蜜蜂和你就都有5周的时间来消灭和它们一样多的瓦螨。这将它们带到8月的第一周，它们有10周的时间来建群和准备越冬，再加上利用极好的秋季流蜜量。

没有蜂王的那一半也一样要这么做。你可以让它们饲养自己的蜂王，开始改造巢房并看守着。然后，就在它们即将出台的时候，安置你自己的蜂王，再延长一周左右的无蜂王期，暴露所有隐藏的瓦螨。在蜂王被释放之前，如果需要，就治疗吧。

你最终得到的是两个强壮的、没有瓦螨被带进冬季的蜂群，产卵旺盛的蜂王给这两个蜂群提供了极度健康的、无病毒感染的和喂养良好的越冬蜂。下一年春季你拥有的是两个有很多蜜蜂的蜂群、一个强壮的不喜欢分蜂的蜂王（因为它很年轻），还有很多健康的、活力四射的蜜蜂。

你不能进行蜂蜜的大秋收，这是蜜蜂整个冬季都赖以生存的蜂蜜，你需要仔细观察它们留有多少。要么省下一些夏季收获，要么饲喂，并且还要记住，当饲喂碳水化合物时，也要饲喂蛋白质。

雄蜂子诱捕技术

雌性的瓦螨倾向于侵染快被封盖的雄蜂子（在它们开始感染西方蜜蜂之前，它们只感染雄蜂子），因为雄蜂子比工蜂子要多花2天半的时间来成熟。那一点点的时间给予这只雌性的瓦螨更长的时间来养育5只以上的幼螨。

IPM的基本原则之一：在一个好的诱捕器（如雄蜂子）中提供一个有吸引力的诱饵，让瓦螨游荡进来，然后捕捉它们。

在活跃的季节期间，一个健康的蜂群将允许用10%~15%的子脾空间来饲养雄蜂。如果你使用3个中等的8框箱体作为蜂子空间，那么蜂王将会生产出大约3框这样的雄蜂脾，两面都是。

下面是我如何让蜂王很容易地找到雄蜂巢脾的做法：

我发现在育子区有1个或2个巢脾有工蜂巢房，但没有或有非常少的工蜂子，可以代之以没有巢础的巢框或雄蜂巢础（我将与另一个蜂群分享工蜂子）。用8个巢框的蜂箱，

● 如果你在蜂群里放进一个不带巢础的巢框，这就是你将要拥有的。蜜蜂会用这个蜂群认为它需要的雄蜂巢脾来填补这个方便的、空荡的空间。在你的有子的箱体里，你需要多达3个这样的巢框，以容纳蜜蜂在蜂群中需要的15%的雄蜂脾。让这些巢框轮流使用，以使它们不会被同时填满，蜜蜂总是有事情可以做。

● 如果你没有为蜂群提供放置雄蜂脾的地方，它们会把它放在任何它们想要的地方，比如这个被损坏的巢脾。这是瓦螨繁殖的理想场所。

● 这里有一个技巧，你可以用来了解你的蜂群是否存在瓦螨。以一定角度握住巢脾，从上向下看，所以你看到了巢房底部。你在这里看到的白点是瓦螨在吸吮巢房中的蜜蜂幼虫时留下的粪便沉积物。

● 通常与瓦螨感染有关的一种病毒是畸翅病毒，它有两种形式。当幼虫从饲喂它们的内勤蜂那里接触该病毒时，它们就被感染了。这种病毒表现为使正在羽化的成年蜜蜂的翅膀变为畸形。这些蜜蜂要么年幼夭折，要么被驱逐出蜂群。这种症状是严重的病毒感染的确定征兆，因而也是瓦螨感染的确定征兆。一般来说，当你注意到这一症状的时候，这个蜂群已经被感染得濒临死亡了，但你还不知道。

移动巢框，以便在第二个空间处创建一个新空出的空间；如果使用8个或10个巢框的设备（每次从两边加入巢框），在3个箱体的育子区中间的那个箱体里，第9个空间被创建出来了。等待一周。当你使用8个或9个，甚至使用10个巢框的蜂箱时，将第二个无巢础的巢框放置在位置七中。没有其他好的位置，蜜蜂将立即开始用雄蜂巢脾和蜂子来填充第一个巢框。一周后，它们将把第一个无巢础的巢框造好，然后就开始建造第二个。一周后，在顶部的育子箱内在位置二放进另外一个没巢础的巢框。它们也会开始填充那个巢框。再等一周吧——通常一天以上、两天以内就可以了——把你放置的第一个巢框移走。大多数巢房将被封盖，并且很可能多数都带有瓦螨。

移走这个巢框，但要立即替换它。一周后，第二个巢框里的多数巢房该被封盖了，因为蜜蜂一直在它上面工作3周了。接下来的一周，取出并替换你放入的第三个巢框，然后继续，直到你发现封盖巢房中没有瓦螨了（每次打开一串巢房，看看瓦螨是否在里面），然后从第一个位置的那个巢框开始。

你的工作是等待，直到大部分的雄蜂子被封盖了——这意味着大部分的雄蜂子都有雌性瓦螨藏在里面了——把它连同藏在里面的瓦螨毁灭掉。

如果你正从一个笼蜂开始，对于初学者来说，只放进一个巢框，看看蜂群如何做就可以了。由于开始时的压力，可能不会有许多的或任何的雄蜂被养育，而使用3个巢框可能是多余的。诀窍是不让任何巢框留在蜂群里太长时间，以免雄蜂出房释放了瓦螨。在上框梁上用永久记号笔写下巢框被移走的日期是很有帮助的。当你有一个强群时，你可以每周移除一个巢框。

把巢脾冷冻一周，然后用它替换下一个你要移走的巢脾，你会感到非常满意。蜜蜂会打开巢房，移除死亡的雄蜂幼虫和任何瓦螨。这工作量很大，而且在蜂群的门前阶上发生的大屠杀令人惊叹，但是知道了你已经清除掉蜂群中很大比例的瓦螨却没有用化学药物，那是非常令人满意的。你可以把这个巢脾拿去喂给鸡或鸟，或者把它熔化做成蜡烛，但它是有破坏性的，而一遍又一遍地使用这张巢脾要有效得多。然而，观看你的小鸡破坏所有瓦螨的那种满足感却是巨大的。

如果在这个季节的最活跃时段里很少有或者没有雄蜂子，而且在大的蜂群里也很少有或者根本没有雄蜂子，那么麻烦就在眼前了，你最好弄清楚它是什么。相比之下，一个健康的、强壮的蜂群应该会有大量的雄蜂子才对。然而，一个差的季节也会减少雄蜂生产。干旱、花蜜和花粉的缺乏、农药及其他病原体都胁迫一个蜂群并降低其抵抗力。雄蜂是蜂群中的奢侈品，在困难时期它们是最早要被减少的。所以，你可能做的一切都是正确的，但是雄蜂诱捕技术却不起作用，因为蜂群压根就没有在饲养雄蜂。

每个月至少做一次瓦螨计数，每两周一次更好，所有计数都要确保在整个季节期间瓦螨没有走到你的前头，也就是说你的那个蜂群没有经历过来自附近崩溃蜂群的大规模

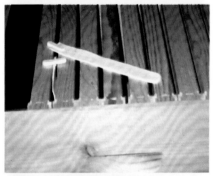

● 3种用于治疗瓦螨的烈性杀虫剂。铁锈色长条是含有氟胺氰菊酯的Apistan药条；白色长条是CheckMite药条，是一种蝇毒磷产品；Apivar产品含有一个双甲脒配方。Mite-Away Quick药条是一种放在半渗透鞘之下的甲酸凝胶产品。当用药时，总是遵循着产品的标签说明书，并穿上防护性装备。

侵袭。把蜂群里的其他压力保持在最小，确保充足的食物供应、蜂王仍然快乐并富有成效。

其中一个未知数是你的蜂群里的病毒水平。是否螨类携带和传播这些病毒（它们会为某些病毒这么做）或者仅在侵犯蜜蜂的系统（它们这样做了好多）时获能都不是重要的，重要的是蜂群中有大量瓦螨时，病毒症状的发生率在蜜蜂中要高得多。此外，当你看到瓦螨种群的增加，并且你实施了某种控制——不管是可靠的 IPM 程序、温和的化学药物还是烈性的化学药物——这些病毒都不会立即消失。因为清除该系统及其受感染的蜜蜂可能需要长达 3 个月的时间。

病毒在蜂群内被传播，从蜜蜂到蜜蜂，从蜂王到卵再到蜜蜂，从蜜蜂到幼虫，从蜜蜂到蜂王——病毒会在你成功地减少或消灭了瓦螨种群后很久继续侵袭蜂群。事实上，当检查一个已经死亡的蜂群时，一个常见的问题是，它已经在一段时间之前被治疗过，当这个蜂群死去的时候，蜂群里几乎没有瓦螨存在了，但它还是死了。为什么？最常见的原因是即使在瓦螨被移除后，病毒仍留在工蜂群体中。即使是一个中等程度的瓦螨感染，也只需很短的时间就能使蜂群中的每只蜜蜂都带有一定程度的病毒。

这种现象，即当瓦螨的数量已经显著减少时病毒杀死了蜜蜂，被称为病毒性上升螺旋，因为蜜蜂，而不是螨类，正在感染着蜜蜂，并且被感染的蜜蜂寿命变得越来越短，直到最后，蜜蜂的数量太少而无法维持蜂群，剩余的蜜蜂弃巢并去别处寻求更好、更安全的生活。

我相信你现在能明白为什么一开始就让瓦螨远离你的蜂群比后来清理烂摊子更有益处了吧。

治理瓦螨

即使是最好的蜂群，有时也会被瓦螨侵扰并被击溃。要么是你的 IPM 技术没有成功，要么是瓦螨炸弹已经击中要害。

寻找安全的治疗

把毒药放进蜂箱里是你能做得最糟糕的事。你放入蜂箱的任何东西都留下痕迹。这里讨论的所有治疗药品都被吸收到蜂蜡中，并对蜜蜂产生负面影响。所以，绝对要尽一切可能避免使用这些东西。它们是拯救蜜蜂的最后手段。不要治疗那些不需要治疗的蜂群，即使这样，也要尽可能使用毒性最小、危害最小、持续时间最短的治疗。最后，阅读标签并按照说明来做。不要把一次治疗时间弄得比必要的时间还长，不要总是认为"如果一次能好，那么两次必定更好。"

让我们来谈谈瓦螨炸弹吧。当附近的一个蜂群被一个瓦螨的种群所打败时，这种情况就会发生，而且情况非常糟糕，以至于几乎整个蜂群都弃巢，去寻找一个更好的家园。这种情况在夏末最为常见，往往发生在当一个未经控制的瓦螨种群达到该蜂群中几乎每个幼虫、工蜂及任何留下的雄蜂都受到巢房内多个瓦螨感染并且几种病毒正在肆虐之后。研究显示，这些蜜蜂将随身携带着瓦螨及瓦螨身上所潜藏的病毒，迁徙到至少 5 千米外的蜂群。

对于一个活跃、健康的蜂群来说，即使有一个一般的蜂王，春季和夏季的群势似乎显得正常，因为在夏季的大部分时间里，蜜蜂育子的速度超过瓦螨的繁殖速度。然而，随着夏季渐渐结束，蜂王开始放慢产卵的速度，而且蜂子和成年蜂的数量都开始下降，在为越冬做准备。然而，瓦螨的繁殖保持稳定，并发生了一些变化。在夏季的大部分时间里，瓦螨一直都在感染雄蜂子，感染的数量远远多于工蜂子。当雄蜂数量在秋季下降时，这些瓦螨就转向工蜂子并侵扰工蜂巢房。大多数工蜂子只需很短的时间就会被感染。

随着工蜂子遭受的侵扰越来越多，蜂箱中挤满了受伤的蜜蜂。那些在幼虫时就被瓦螨寄生的工蜂暴露出致畸、致残、不称职和无能力。因此，下一代受到双重影响：它们直接受到瓦螨感染和由此引起的病毒感染的损害；此外，它们接受了来自那些残疾哺育蜂的差劲的护理和缩减的营养供给。它们所需要的营养供给是维持一个健康的、抗病毒的免疫系统的必要成分，而这会使免疫系统开始崩溃。

如果继续下去，很快将有多个瓦螨感染每个工蜂幼虫巢房。当瓦螨数量达到这个水平时，它们实际上在幼虫出房之前就开始杀死工蜂幼虫了，这还仅仅是因为它们对工蜂幼虫施以物理伤害。直到最后，瓦螨种群暴发，然后剩余的蜜蜂就都灭绝了。

但这种灾难性的结局是可以避免的。如果你经常监测你的瓦螨数量，你的酒精洗涤计数应该保持相当常规的，即每 300 个蜜蜂样本中发现 1~3 只瓦螨。从仲夏开始，这是可以接受的上限，可能是因为你采用了某种 IPM 方法——隔离、雄蜂子诱捕、温和的化学疗法。请不要自满。

当附近的一个蜂群或者你的某个蜂群达到没有花蜜收成的地步时，其幸存的蜜蜂就会弃巢，转而去寻找一个更好的居所，它们中有一些会找到你的更为健康的蜂群并投奔进去。你现在的这种情形将反映出一场瓦螨的大规模的突然涌入并警告你有这个问题了。当瓦螨数量突然暴涨时，在那些新近抵达的成年瓦螨能够感染蜂子之前，你需要迅速行动，把那个数量快速降下来。现在，在你的蜂群里所有的工蜂子，它们的病毒几周之内就会成为地方病。每年这个时候，蜂群中的成年蜂都必须是完全健康的，否则它们将无法照顾冬季的蜜蜂，而相应地，冬季的蜜蜂寿命会缩短，并在春季到来之前就会死去。

瓦螨测试是一种持续的管理工具，而不仅仅是春季和秋季的活动。你还必须权衡一下治疗某群目前看来能自己抵御瓦螨的蜜蜂的后果。你的蜜蜂能够在这个季节末胜过瓦螨的一次大涌入吗？如果你怀疑它们不能，那么唯一的选择就是化学疗法——对蜜蜂来说是最温和、最容易的，毒性最小的，但最快的选择是一个安全的和理智的 IPM 计划所要求的。这里只有几个选择。

首先，让我们回顾一下现在市面上可以买到的烈性化学药物。它们是嵌入到塑料条带中的杀螨剂，你挂在蜂群中即可。蜜蜂在杀螨条上行走，并蹭上一点点的化学药物，然后这些化学药物就在它们周身移动，并最终触碰到一只漫游的瓦螨。那只瓦螨死了。那个化学药剂的用量足以杀死蜜蜂身上的瓦螨，但是这两种生物都被暴露在化学药物之下，其毒性大小在于剂量。如果是太长时间的暴露和太多的化学药物，那么两者都会受到伤害，这是一个微调的平衡。但是回忆一下，蜂群里最多的瓦螨——多达 80%，取决于一年里的某个月份，不是在一个巢房外蜜蜂身上的或者走在杀螨条上的，而是在巢房内繁殖时寄居在蜜蜂上的。所以，为了使之有效，这些化学药物需要被留在蜂箱中，直到所有的瓦螨都随蜜蜂出房并有机会被暴露为止。这些化学药物的持续暴露对蜂王是非常有害的，因为它们产卵量变少了，年纪轻轻就死了，而且雄蜂生殖器官遭受到损害。一个低效、昂贵的快速修复最终会成为一场长期的灾难。烈性的化学药物不是一个好的解决方案。

使用时间最长的化学药物是 Apistan（一种氟胺氰菊酯化合物），每 5 个深框或每 7 个中等框的蜜蜂和蜂子使用一条。储蜜继箱必须被拿掉，而那些药条在蜂箱中保持 42~56 天，以使所有瓦螨暴露于这种毒药之下。在写这本书的时候，对这种化合物的抗性在某些瓦螨的种群中已然存在了。

Apivar（一种双甲脒化合物）是相似的，每 5 个深框的蜜蜂和蜂子使用一个药条。它比 Apistan 和 CheckMite（这种毒性最强的治疗方法这里不讨论）具有更低的残留问题，而且用于蜂王、蜂子和雄蜂更容易。它药效稳定。某些瓦螨对该化合物也存在抗性。

还有另外一种药条，但化学物质几乎不像其他两种那样有毒。它是啤酒花 β–酸的钾盐，衍生自一种多年生藤本植物啤酒花，称为啤酒花护卫素。这种材料是一种被涂在纸板条上的油性残渣，蜜蜂撕咬纸条并在这个过程中接触到该化学物质。当这些纸条统统被撕光后，就需要更换新的进去，以便暴露时间合计为 4 周，并且需要每年进行 3 次治疗才能有效。

有两种精油产品可供使用。一种是 Apilife Var，它是麝香草酚、薄荷脑和桉树油被浸泡到一块泡沫中，把这个泡沫块切成 4 条，放在顶部箱体里的蜂团四周而不是箱体的每个角落都放一个，这种产品需要每 7~10 天使用一次。另一种精油产品是 ApiGuard，主要是麝香草酚油和惰性成分，它是一种凝胶状化合物，包在一个非常薄的铝箔纸中，或者不加包装，作为花生酱一样的化合物被涂抹在上框梁上。对于每一次的应用，移走大盖，放在顶部那个继箱的上框梁上，在蜜蜂移除凝胶时让它蒸发。气温低于 16℃ 时不要使用，不然它不会蒸发；也不要在气温高于 41℃ 时使用，否则它会蒸发太快，把蜜蜂赶出蜂箱并伤害蜂子。

最后一种产品被称为快速驱螨条（Mite Away Quick Strip），是一种凝胶状的可以缓慢蒸发的甲酸产品。它有效、不留残渣，如果天气过于温暖时使用，可能会伤害蜂王和蜂子，但如果气温低于10℃时使用，很可能无效。它无法攻击漫游的瓦螨和巢房里的瓦螨。另外，对应用者来说，这绝对是危险的，手套和面罩是必要的。但迄今为止，相对于药残和效果而言，它是最佳产品。

市场上有一种最新的治疗方法非常有效，但是需要穿戴防护衣，它就是草酸，被用作糖液中的滴剂和作为汽化气体。这种化合物的使用是随着更有效和更安全的应用方法的发展而发展的，其潜力正在改善。对于夏末或秋季的瓦螨炸弹治疗，这是一个完美的化合物。

正如我们之前所说的，这总是一个权衡：药效、养蜂人的安全性、使用的方便性与蜜蜂的安全性。如果你选择使用抗螨化学疗法，一定要阅读标签，遵循说明书，确保你和你的蜜蜂安全。

蜡螟

蜡螟也称为大蜡螟，是一个令人讨厌的东西，但它们可以被很容易地处理。

在你的蜜蜂刚入初夏的时候，一只交配过的雌蜡螟会找到你的蜂群。它通常会在夜间从警卫蜂前面偷偷溜进蜂巢。一旦到了里面，它就会在某个有蜂子的箱体里产卵。它的虫卵孵化后就是巢虫，开始以蜂蜡、花粉、蜂蜜甚至蜜蜂的幼虫和蛹为食，除非内勤蜂捕获并移除了它们。如果这个蜂群是强大和健康的，那么箱内的警卫蜂就会非常防范这些入侵者。但是，小蜂群及那些被其他麻烦所胁迫的蜂群就不如勤奋的蜂群，致使蜡螟幼虫会制造一些侵害。

如果它们找到了立足点，巢虫就会在你的子脾上钻出隧道，在它们经过的地方到处留下结实的带状织物和粪便（排泄物）。如果一路畅通无阻又有合适温度，巢虫可以在10天到2周之内完全吃掉一个继箱里的巢脾。它们最终化蛹，结织成坚硬的茧，紧固在继箱、上框梁或内盖的侧面。它们直接在木头上啃咬出一个合身的沟槽。茧太硬，蜜蜂根本无法移除它们。成年蜡螟羽化，离开蜂群，在外面交配，然后雌蜡螟发现更多的蜂群去侵染。它们会对你存放在地下室或车库里的继箱做同样的事情，除非你采取一些预防措施。

在热带和亚热带地区及一年中大部分时间都是温和的冬季的地方，成年蜡螟几乎全年都会出现。在寒冷的气候带，蜡螟只从盛夏到霜冻期间在箱外能成为一个问题，而在蜂巢里就不一样了。

● 成年蜡螟与成年蜜蜂的大小相当。

● 像这里所示的蜡螟幼虫会在蜂箱里造成很大的伤害。 这个幼虫是一种灰白色、柔软的蠋。图中这个幼虫大约是长了一半大。

● 当幼虫钻蛀并蛀蚀巢脾时会留下织带，这会妨碍蜜蜂捕捉和移除它们、无法使用巢脾，甚至清理它。

● 蜡螟蛹的茧非常坚硬，蜜蜂通常无法移除它们。

● 当继箱不在某个蜂群上时，图示是一个易于制作的继箱储存架。这种排列允许光和新鲜空气进入继箱，阻止蜡螟侵扰巢脾。它也保护这些继箱，使之免受天气因素的影响。它是由木板、渣煤砖和聚氯乙烯（polyvinyl chloride，简称PVC）管制成的，可以根据需要制得更长、更高或更宽。用价格低廉的瓦楞玻璃纤维面板覆盖这些继箱，这些玻璃纤维板由额外的管、砖或其他较重的材料来承重。

● 存放未使用的继箱，因此光和空气可以穿透巢框，使它们对蜡螟没有吸引力，而不需要一个巢框或架子。

蜂箱小甲虫

自从蜂箱小甲虫意外地从南非到达美国南部以来，它们和我们的蜜蜂已经相识了10年左右。具有讽刺意味的是，蜂箱小甲虫在南非根本不是一个问题，因为有侵略性的非洲蜜蜂设法控制了它们。然而，这些在南美洲、中美洲和北美洲常见的更温顺、更没经验的欧洲蜜蜂，对蜂箱小甲虫的狂攻显然是缺乏准备的。感染这些甲虫的蜂箱可以从美国较温暖的地方运到更北部的地区，那里的冬季更冷，沙质土壤类型更少，一般可以控制这些甲虫的种群。当养蜂人没有注意到或者当受侵染的蜂群迁入某一地区以利用蜜源作物或进行商业性授粉时，就会有偶尔的暴发。当蜂群由于蜂箱小甲虫、瓦螨或饥饿而崩溃时，这些蜂箱小甲虫就会离开并寻找一个新家，但是是在它们吃完了现在已经遗弃了的蜂箱里所有值得吃的东西之后。

科学家们告诉我们，这些蜂箱小甲虫可以飞很远的距离，并被吸引到已经受到打扰并释放一些报警信息素的蜂群中。使用小交配（核）群的蜂王生产者（在美国南部地区）会有麻烦，因为没有足够的蜜

防治蜡螟

• 不要在蜂群顶部堆积太多空的继箱，够用就好，以允许蜜蜂控制巢虫。你可以在一个小蜂群里发现一只或两只巢虫，但在一个大的蜂群里你应该很难找到它们。

• 确保蜂群都是健康的。一个应激的蜂群将有足够的能力前行，而不必处理巢虫。

• 不要把空的储蜜继箱或有蜂子的继箱存放在那些有利于蜡螟的环境中——温暖、黑暗的、有大量巢脾可供咀嚼的地方，比如你的地下室或车库。

• 当蜡螟幼虫暴露于光和新鲜空气中时不会茁壮成长。而一叠带有牢固大盖的继箱，堆在地下室里，是这些害虫种群暴发的绝佳场所。

• 如果可行，要把一些不用的继箱，以90度为定向，边角对齐地叠加在一起，在其间留有几厘米的空隙。这种放置允许光和新鲜空气进入继箱，极大地减少了巢虫的破坏活动。

• 如果你生活在温带到寒冷的地区，在收获蜂蜜后，你可以在强壮的蜂群上保存1~2个继箱，并让那些蜜蜂来处理这些巢虫。

• 如果只有几个继箱，可以考虑把完整的继箱放进一个冰柜里，将温度设置在-18℃，冷冻48小时，这会杀死蜡螟的卵、幼虫、蛹和成虫。一旦室外温度降到5℃以下，这个温度就基本上终止了所有的蜡螟活动（但不能消除它们），而且不管你的继箱放在哪里、怎样储存，只要天气一直这么冷，你的继箱越冬是安全的。

• 如果在外储存或冷冻是不可能的，作为最后的一个手段，你可以把一种蛾熏蒸剂放在一叠继箱上。这种唯一被批准用来熏蒸蜡螟的化学品是个对二氯苯的配方，在蜂机具公司可以买到。在下一个季节使用之前，将巢框拿出来，放在空气中晾一周，让尽可能多的对二氯苯蒸发出去。

蜂来保卫这个蜂群，并且变成无王的蜂群经常衰落并被甲虫所摧毁。

你不可能在你的笼蜂群中看到甲虫（如果在你安置笼蜂之前看到它们在你的笼蜂里，请在安置前试着移除它们）——但是如果你确实很早就看到它们，那么随着夏季的来临，你很可能会看到更多。你会注意到它们，尤其是在你移走大盖时的内盖上部或在实心的箱底板上。

其破坏可能是广泛性的。交配的雌性小甲虫在蜜蜂无法进入的地方产下成堆的微小卵，这些卵孵化后，于是成百上千只的具有攻击性的小甲虫幼虫就在蜜蜂的子脾、蜜脾和任何巢脾上钻蛀隧道以寻找花粉特别是蜂子和蜂蛹来吃。当它们钻蛀隧道时，会排泄出一团液体，可以导致它所接触到的蜂蜜发酵、冒泡，变成养蜂人所说的甲虫黏液。

当小甲虫攻击小的、弱的或组织混乱的蜂群时，由蜜蜂所发起的抵抗是徒劳的。很快，甲虫就控制了蜂群未占领区域的大部分，然后大规模地侵入并摧毁剩余部分。蜂群数量较多的强群，往往能守住自己的家园，抵御入侵。只要得到养蜂人的一点点帮助，这些

● 如图所示的是一只在内盖的边缘、一只在内盖的顶部的成年蜂箱小甲虫，当箱盖被移除时都匆匆忙忙掩盖自己。你几乎看不到一只静止不动的甲虫。当你打开一个蜂群时，它们会避光逃离。它们大约是成年蜜蜂大小的 1/3。

● 蜂箱小甲虫幼虫类似于蜡螟幼虫，但它们在没有织带的情况下挖坑，并且具有很强的破坏性。拣取一只并在指尖之间感受它，其角质层坚硬而不屈，腿部僵硬，呈鬃毛状。蜡螟幼虫是柔软的、柔韧的，容易粉碎。

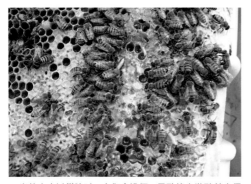

● 当幼虫穿过巢脾时，它们会排便，导致蜂蜜发酵并变得流淌，并因此被称为黏液。在极端情况下，黏液将从巢门流出。蜜蜂会在它到来之前就放弃蜂箱。

● 一次性蜂箱小甲虫诱捕器。在水箱中注入半箱植物油，然后放置在箱体边缘附近的两个巢脾之间。甲虫会躲在开口处，并且最终会落入油中。

蜜蜂就可以在不使用烈性化学品或毒药的情况下赢得这场战斗。

防治蜂箱小甲虫

对付蜂箱小甲虫的第一道防线是保持大的、强壮的蜂群，这些蜂群不会受到来自其他害虫、疾病或营养问题的胁迫。第二道防线是把你的蜂群放在阳光下。低的湿度是这些甲虫和瓦螨的灾难。

● 托盘诱捕器被放在箱底板上，用起来很像捕捉瓦螨的粘板。一个装满油的托盘在纱网下等待甲虫。如果你有少量的蜂群，你或许想要考虑这些，因为它们十分有效。

如果你有很弱或很小的蜂群，尤其是那些在夏季晚些时候形成的人工分出群，市面上有几种甲虫诱捕器可以买到，它们都能有效地抑制甲虫的数量。

有些诱捕器制作得像托盘一样，放在箱底板上或者替代蜂箱里的箱底板。在甲虫能进入但是蜜蜂不能进入的顶部，有许多豁口，底部的托盘里装有一种食品级的植物油，可以淹死甲虫。

有几种买得到的诱捕器，可以安置在上框梁之间，也可以就放在上框梁表面的下面。于是，从蜜蜂间跑过来的甲虫会找出这个隐藏的地方。当然，所提供的那些孔只会把甲虫引导到下面那个充满油的诱捕器里。

蜂箱小甲虫的生命周期要求幼虫在准备化蛹时要离开蜂群并钻到外面的地下，完成它们的变态。有一种地面喷雾，可以应用于你的蜂群周围地面，当幼虫越过它时就会被杀死。它对火蚁也有效，但雨后必须再喷一次。

有一点需要记住的是，这种甲虫对蛋白质补充剂非常喜爱。雌性甲虫会找到它们，享用这个非常好的饕餮盛宴，并在那里产卵。卵孵化后，这些甲虫幼虫也开始食用这种补充剂。当这种补充剂被吃完或干掉的时候，它们会离开这里，去寻找更好的新补充剂。你可以充分利用这一点。如果用了补充剂就等待甲虫。移走补充剂，也移走里面的甲虫。你甚至可以把小块的补充剂放在内盖上诱捕它们。但是不要忘记，一旦幼虫出现就要移除它们。经常检查。你可以移除或简单地挤扁这些幼虫，然后把补充剂留下以引诱更多的甲虫。它们会吃补充剂、死的蜂子和死去的成年蜂。这样，你就赢了。

蜂箱小甲虫和储蜜继箱

在收获储蜜继箱时，如果连带着也把蜂箱小甲虫搬进储蜜仓库并让它们在里面待上几天，那可能就是一场灾难。因为没有蜜蜂的干扰，继箱里的任何甲虫幼虫都可以并且将会疯狂地在那些继箱里奔跑，或者通过穿越隧道，或者通过让黏液在它们没有接触过的巢脾上流下来或者溢出巢脾，从而毁掉所有的蜂蜜。在蜂箱小甲虫开始造成重大损害之前，将蜜蜂移入储蜜室里（可能是你的车库、地下室或厨房）和将蜂蜜摇出之间，你有一段很短的时间。如果你收获了继箱但是必须要储存几天，并且你知道或者怀疑甲虫幼虫正在那些继箱里，尽量在储藏室里开启一个除湿器。这将有助于干燥任何你不小心收获的未封盖的蜂蜜，并且比较干燥的空气使可能存在的小甲虫的许多卵和幼虫脱水。

这可能还不是万无一失的，所以最好的办法是在收获后尽快地摇出蜂蜜。在蜂蜜取出和过滤过程中，任何蜂箱小甲虫的成虫或幼虫都会被从成品蜂蜜中移除，若是甲虫幼虫还在继箱里，当把继箱放回到蜂箱上后，蜜蜂会把它们清除掉的。

现在蜂箱小甲虫已不再是像最初那样的祸患了，但如果你生活在美国和澳大利亚的较温暖地区，如果你的蜂群很小或很弱及在收获时，你确实需要注意它们。

害兽

如果你的蜂群被饲养在离地0.5米的地方，臭鼬和负鼠就很少成为一个问题，但是需要继续检查它们。臭鼬的拜访可被蜂箱前的某种迹象所记录：有撕碎的草根层或草皮覆盖物，在起落板上有泥爪印或划痕。如果巢门口是可到达的，臭鼬会在夜晚在巢门口乱抓划痕。正在执勤的警卫蜂被拍击、被抓住、被吃掉，其他警卫蜂也会飞来行刺这个入侵者，但是臭鼬在爪子上、脸颊上甚至在嘴里，对螫针几乎都是有免疫的。

这可能发生在一个晚上或连续许多晚上。一只臭鼬妈妈会带上它的臭鼬宝宝们，向其展示如何收获这种甜美的、高蛋白质的点心。由于不断地受到袭扰和持续地暴露于报警信息素下，被攻击的蜂群将变得非常具有防御性，尤其是在遭到攻击后的第二天。负鼠通常是机会主义者，不用抓挠巢门，就可攫取它们所能抓到的东西。

浣熊也可以来探究你的蜂群。因为在蜂箱附近有不小心被丢弃的蜂蜡或蜂胶，浣熊通常被蜂巢所吸引。这里给你一个忠告：浣熊不会袭击前门。如果它们决定破坏这箱蜂，它们会掀掉大盖和内盖（仍然是松动的，来自你最近的检查）并拎出一个巢脾。它们会把这个巢脾扔到地上，然后拖着它走上0.5米。巢脾上的守卫蜂或任何蜜蜂都飞回或爬回蜂巢，留下浣熊在相对平静的环境中享用蜂蜜和蜂子盛宴。在你的蜂箱顶部放置一块砖可以防止这种情况发生。

熊喜欢蜂子、蜂巢和蜂蜜——小熊维尼经历的。但是，大多数情况下，它们喜欢蜂子，因为它是高蛋白质的。如果你的蜜蜂放在有熊出没的地方，就要做好准备。你会发现一个或多个倾倒的蜂群和破碎的箱子，其中一些还被带到很远的地方。熊会拿走它想要的东西，然后离开，让箱子里的蜜蜂回到被留下的蜂群。蜂场周围的电栅栏可以帮助阻止熊靠近。美国几乎每个州的农业部门的网站上都有这些东西，而且还有专门经营这些东西的销售公司。问问你俱乐部里的某个人关于熊出没的情况，以及他们与熊相处的经验，看看什么措施有效，以及你能承受多大的压力。

巢蜜和块蜜

当你决定想要你的蜜蜂生产什么样的收获物时，有一些选择。或许不仅仅只有装在罐子里的蜂蜜。

块蜜

许多养蜂人因为蜜蜂而进入养蜂业，并因为蜂蜜（和现在的瓦螨）而逃离养蜂业。如果蜂蜜不是你养蜂的目标，你可以让其他养蜂人来收获你的蜂群所生产的过剩的蜂蜜。这很容易、便宜，而且令人满意：养蜂人通过蜂蜜得到报酬或金钱，并且你也可以得到足够的报酬与朋友和家人分享。如果你有兴趣生产一些蜂蜜，而且没有人帮助你摇取蜂蜜，并且购买开盖的设备可能很昂贵（无论是多基本的），那么你还有其他几个选择。

最容易做的就是制作块蜜。你只需要做少量的管理和设备的改变就能生产出来。特别的、非常薄的蜂蜡巢础(或根本没有)，很容易切割，并将被用于你的巢框，而不是塑料巢础或常规的在蜡里有铁线支持的蜂蜡巢础。

当添加这些继箱时，外界应该有一个良好的、持续的流蜜，这样蜜蜂就会拉长巢础，或者制作巢脾，然后用蜂蜜快速填满巢房。一旦填满和封盖，蜂蜜就可以收割了。尽可能快地拿出来，这样盖子就会保持雪白，而且不会带有养蜂人所说的被蜜蜂爬过的活动污迹。使用与移除其他蜂蜜继箱相同的技术来移除这些箱子。

然而，这种蜂蜜是不被提取的。不开盖，不摇出，也不用罐子或桶。更确切地说，从继箱中取出巢框，放在滤盘上，把蜜脾切成几块。滤盘就是任何可以洗涤的托盘，上面放有一块金属纱网。在切割之前，从蜂机具供应公司那

当蜂蜜已经填满并盖住巢框时，将其从蜂群中移除。收获后，将其放在排水盘上（覆盖有网格的托盘，例如网筛）。把巢脾切分成适合你容器的块状。沥干过夜，然后放入存放块蜜的容器（从蜂机具供应公司购买）中。

一种罗斯式圆形块蜜巢框的零件和部件：使用时，插入薄的巢础片，将环形物放在孔中，并将巢框的两面扣合在一起。把8个巢框安装在一个10框的继箱里（在一个8框里放置6个巢框），并且在每个巢框中有4个圆形盒子。收获时，打开巢框，取出圆形盒子，修剪多余的巢础，包好，你就拥有你的成品了。

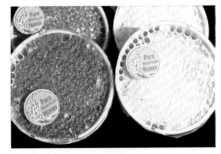

罗斯式圆形盒子：这里显示的是准备出售的湿型（左）和干型（右）封盖块蜜。两者都是优质的，但干型封盖块蜜似乎总是卖得最好。

里购买一些为此而销售的透明塑料盒，这样你就能知道所要切割的大小。

把巢脾切成大小合适的方块，让切边的蜂蜜沥干过夜，这样所有切边在第二天就变干了。用一把软塑料抹刀把切块铲起放进这个塑料盒子里。包装好分发给朋友和家人。用勺子盛出切块的蜂蜜，放在热吐司、饼干或任何你想要尝到美味蜂蜜的东西上，绝对像蜜蜂酿制的那样，未经人手触碰过。是的，你也可以咀嚼蜂蜡。

● 准备出售的塑料容器中的块蜜：有了这个，你不需要打包器、提取器、瓶子或桶，你可以吃到最好的蜂蜜。

巢蜜设备在设计创新和使用方便方面领先于包装。领先于传统的养蜂设备生产商几年，巢蜜生产商开发了一种上下两件的拼合式巢框，中间仅加进一个单片的巢础（不需要铁线、楔形物、狭槽或大头针）。用这样的巢框，当蜜蜂完成填充空间时，含有塑料巢础的继箱就可以搬下来，然后那些巢框被一分为二。剩下的是一个圆形的巢蜜格子，被蜜蜂封盖了，已经在容器里了，可以食用了。你所要做的就是包装好每一面并加上一个标签。收获后，你可以把未填满的或被损坏的巢脾返还给蜜蜂吮吸，只要简单地划破巢脾的每一面，并把它放在原来那个蜂箱的上框梁上，再叠加一个额外的继箱，然后盖好箱盖。

采用切脾巢框和巢础

适合继箱的任何巢框都可以用来制作切块蜂蜜，但还是尽量从继箱供应商那里购买巢框。这些巢框通常会有最好的匹配。然而，切脾巢框放在蜂箱中的时间很短，所以蜂路问题是次要的。

对于切脾生产，你不需要嵌入了金属丝的巢础，也不需要添加电线到巢框里以获得额外的支撑。如果使用巢础，你需要在上框梁上使用楔形物，这可能是一个挑战。然而，使用切脾巢础可以使这件事更容易。它是薄的并且容易切割，当你把它与蜂蜜一起吃的时候，并不会感到糙。

一旦你把巢框和巢础准备好了，就在储蜜继箱里放进3~4个，但其余的巢框要使用常规的、嵌线巢础。我建议在下面使用一个隔王板，以确保蜂王不会上来，并在这些不能用于切脾蜂蜜的巢框中培育蜂子。

夏季的日常管理

在夏季初期，你的全新的笼蜂群很可能已经经过建群的严酷考验而成长起来。随着温度波动胁迫的减小，蜂群开始建立，蜂王正在产卵，花蜜和花粉被工蜂采集进来，在巢脾上建造很多蜂蜡制成的巢房，蜂蜜正在被储藏。这是蜂群的常态。

建议你至少饲养两个蜂群，从而让你有一个比较的依据。无论你在什么地方，你怎么知道发生了什么呢？多数情况下，蜜蜂是对它们的环境而不是事先的计划做出反应。但是，你可以比蜜蜂提前一步做出反应。极端的温度、降雨，甚至杂草的生长都是你的花园植物和你的蜜蜂拜访植物的限制因素。但是即使有那样的经历，和周围养蜂人的一次偶然聊天也会有所启迪的，而成为当地某个俱乐部成员甚至更有用。一个有经验的当地养蜂人能够在很短的时间内分享一些典型的季节性进程——那一点的智慧可是很有价值的。

同时，坚持做好你的检查记录簿。你的蜜蜂正在探索它们的环境，寻找或没在寻找食物来源。在你知道如你的蜜蜂在做的那么多之前，你需要一直学习。

在安置 8~10 周后，你的笼蜂群将很可能在 3 个巢箱里都有蜂子，但那将会在一箱半到 3 箱内变动。这种差异取决于天气是如何有利、你拥有的蜜蜂品种及在那段时间里出现的任何障碍。

在夏季中期，蜂蜜将很可能在至少一个继箱里，或许在第二个蜂蜜继箱里也有一部分。展望未来，你必须为情况不好的季节做好准备——在寒冷地区的冷天气，在温暖地区的多雨或者寒冷季节——确保你的蜂群有足够的蜂蜜储存，可以维持到春季到来。

在最寒冷的地区，下雪是非常普遍的，并且冬季会持续 6 个月，甚至更长。一个典型的蜂群将需要大约 27.2 千克的蜂蜜来维持生存，越多总是越好。一个 8 框的中等深继箱如果完全放满，将可以容纳 15.8~18.1 千克的蜂蜜。在较温暖的地区，18.1 千克差不多是你将需要的，而在最温暖的地区，如南佛罗里达州，饲料终年可得，额外的食物是不需要的。

到夏季中期，蜂蜜对于你和你的蜂群来说成为一个问题。你想要多少及你想如何管理它们？当然，大自然会帮你做出决定，但是在一般的季节里，你的笼蜂群或许会生产出大约 18.1 千克的多余蜂蜜。在流蜜丰富的季节可能会更多，但在流蜜少的季节可能就没有。

你必须为蜂蜜生产提供空间——脱去花蜜水分的空间，用额外的一个或两个继箱。决定提供多少继箱绝对是一门艺术。如果你提供太多的空间，继箱将仍是未被使用的，第一年不会有太大的问题，但是它们会给蜡螟和蜂箱小甲虫提供得以立足的空间。

你的蜜蜂会在有子区的箱体里储存一些蜂蜜。你希望它们储存足够的但又不是太多的空间，不然会挤占蜂王需要继续产生下一代工蜂的空间。实际上，你必须通过将装满封盖蜜的巢脾从育子巢箱移出、放入储蜜继箱来避免这种情况。

为了获得必要的蜂蜜储存量，你希望在一个继箱中储存 18.1 千克并且在子区的边缘另外储存9.1千克。这就相当于在3个育子箱里的24个巢脾中，你大概会有8足框的蜂蜜。如果比这更多，你可以取出一些来。如果比这更少，你就需要从别的蜂箱中调些蜜脾进来或减少隔王板上面已有的蜂蜜储存。

如果你遇到了蜜源丰富的时候，当先前添加的箱体都被填满的时候，你需要继续添加2个或3个继箱。这里有个小技巧，如果你的蜂群用所有的蜂子和储存的花粉填满了底部的3个继箱，并继续往隔王板之上的储蜜继箱中存放蜂蜜的时候，取出一个最近装满的、部分封盖的蜂蜜继箱，并且把它放到蜂群最底部的那个箱体之上。对于蜜蜂来说，这是一种异常的情况，并且蜜蜂通常会（几乎总是）将这些蜂蜜向上搬运到子区中。

盈余

盈余是养蜂人用来表述蜂蜜丰收的常用语。它是指比蜜蜂需要越冬的27.2~36.3千克还多的蜂蜜。你的笼蜂群一路在追赶——因为没有储存的蜂蜜，必须建造全部的蜂蜡巢脾，还要饲养幼蜂——在生产季节早期，基本上是以透支的形式开始的。

为了储存多余的蜂蜜，你的蜂群首先需要采进生产大约27.2千克蜂蜜的花蜜，外加继续饲喂正在成长中的年幼蜜蜂，你的笼蜂群必须拼命工作才能保持平衡。如果这个季节结束了，它们没有储存足够的蜂蜜，整个夏季的大部分时间你将必须饲喂它们。由于不确定的蜂王、多变的天气情况、越来越少的饲料，以及瓦螨的压力，这已经变得越来越普遍。不要让一个蜂群因为你没注意而在你认为食物充足的期间挨饿。在下一个季节，它们将会有饲喂正在增长着的蜂群的食物储存，并且不必生产那么多的蜂蜡。

● 从蜂群中提出造好的巢脾，你可以直接把新的王笼嵌进巢脾里，让蜂蜡把它固定在那里，并将炼糖朝上。

寻找蜂王和更换蜂王

在夏季的时候，你可能会发现你的蜂王不见了。这可能是因为蜂王交尾不好、微孢子虫病、暴露于有毒化学物质或者其他问题。要不然，就是当你在检查蜂群的时候，蜂王受了伤，受伤的蜂王就成了损坏的货物。或者也许它的性能没有达到标准——参差不齐的子脾、工蜂子很少、雄蜂子很多——或者蜂王停止产卵。在与一个比你经验更丰富的养蜂人进行联系并咨询意见之后，无论是何种原因，你都要换王。

向当地供应商或以邮购方式订购一只有标记的蜂王。在它到达时，准备好你要换王的蜂群。如果那个蜂群中有一个蜂王，但是质量较差，你必须先把它给除掉。接下来就是各地养蜂业都这么说的最令人畏惧的术语：寻找蜂王。

为了进行这项工作，你需要准备一个额外的箱子、3块或4块大木板或者多余的大盖。首先，你需要将多余的继箱放到一块木板或者一个倒转的大盖上。如果你的蜂群有2个或3个育子箱，紧挨着第一块木板放置另一块平坦的木板（或者另外一个大盖，如果它是平的），然后把最上面的育子箱移到这块木板上。你不会想让你的蜜蜂掉出底板。在那个上部箱体上放置另一块平坦的木板，把第二个育子箱放上去（如果有）。此时，你可以在箱底板上最下面的那个育子箱中寻找蜂王。把那个空的继箱放在一个箱底板或者就放在蜂箱架上的标准底板旁边。移动离你最近的巢脾。检查下一个巢脾，当你举起巢脾时，要查看蜂王是否正在避光跑走。仔细检查你正拿着的巢脾，如果没有蜂王，把巢脾放回空的继箱中。尽量少用烟。

继续寻找蜂王。检查完第一个箱体后，将下一个箱体移动到这块木板上，在现在装满的继箱上方，一个接一个地检查巢脾，把检查过的巢脾放进你刚刚腾空的箱体里。最终你会找到蜂王。

如果第一天你没有找到蜂王，你可以在底箱和第二个箱体中间放置一块隔王板。3天之后，你就可以在有蜂卵的箱体里找到蜂王。

一旦你找到蜂王，将它从蜂群中移出。在杀死这只蜂王之前，你可以询

这是一个子脾模式和蜂王生产性能都良好的范例。这正是仲夏到夏末之前在大多数地方你所要寻找的：蜂群中有大量的蜜蜂、数量可观的未封盖的和已封盖的蜂子。

如果你发现一个像这样杂乱无章的模式，雄蜂幼虫在工蜂巢房里，蜂群就有麻烦了。它可能是工蜂产卵蜂群，也可能是产雄蜂的蜂王。在这两种情况下，如果有一个蜂王，就必须找到并移除它，然后换一个新的；如果没有蜂王，就必须引入一个新的蜂王。

一个有王台（在巢脾的表面而不是悬挂在底部）的巢脾通常意味着蜂群失去了蜂王，并建造了应急王台来替代它。

问是否有人想要它作为一个观察箱蜂王或者维持一个小核群，直到订购的蜂王到来。事实上，除非蜂王完全受损，否则用它来维持一个小核群并不是一个坏主意。既然你已经把原群彻底地人工分群了，何不将它分成2个框或3个框为一群的小核群呢。使用有大量蜂子和哺育蜂的巢脾。这样，蜂王可以更好地控制蜂群。如果有必要，你可以以后再换王，或者用这些蜂子去补充其他蜂群的群势。

当老蜂王被除去后，新蜂王应该在24小时内被引入蜂群。用第一次你用过的方法，将一个装有新蜂王和伴随蜂的蜂笼放入蜂群中，但现在蜂蜡巢脾将会帮助你固定王笼了。

工蜂产卵蜂群

虽然不常见，但一个蜂群丢失蜂王一段时间后，蜂群里的工蜂可能会开始产卵。当你检查蜂群的时候，你可能会发现一些蜂子存在于一周以前没有任何幼虫的地方。通常，这些蜂子会被零星地乱放在几个巢脾的表面，没有秩序或没有计划地放在那里。如果工蜂产的卵在那里待的时间足够长——6天——工蜂将会给它覆盖上一个很大的膨胀的蜡盖。这是工蜂产卵蜂群的一个明显特征，因为那些是雄蜂房封盖，并且这些工蜂只能生产雄蜂。现在你要解决另一个问题。

你必须尽快替换那只失踪的蜂王。并且你应该知道，一旦一个蜂群达到这种程度，要想恢复正常是很难保证的。

如果你开启另一个进展正常的笼蜂群，取出一个装满蜂子的巢脾（充满了卵、虫、蛹），将巢脾上的附着蜂刷掉，将巢脾连同新王笼一起放入蜂群。如果可能，可以从其他群取出两个巢脾，加到这个虚弱的蜂群里。将装有新蜂王的蜂笼靠近蜂子巢脾或放置在两个蜂子巢脾中间，以便蜂群里的蜜蜂感知到有卵、虫、蛹和蜂王的存在。这个方法的理念就是运用蜂子从根本上影响工蜂。在幼虫激素和新的真正的蜂王之间，一个工蜂产卵蜂群几乎总是会安定下来。

这样做可以中止一些额外的产卵工蜂的发展，但是可能难以阻止那些正在产卵的工蜂停止产卵。你只能期望产卵工蜂快点届满到期离开蜂群，从而使蜂群再一次只有一个产卵的雌性——你的新蜂王。

如果新蜂王被接受了，它将会逐渐控制蜂群、开始产卵、产生蜂群凝聚信息素（蜂王物质），使蜂群生活恢复正常。这是最有可能的情况。

如果蜂王没有被接受，而且你也没有多余的蜂王可用，那么这个蜂群很可能会毁灭。你可以尝试从当地供应商那里购买一个夏季分出群。你的最后选择是通过把这些注定要毁灭的蜜蜂抖到其他蜂群的箱门前来去除它们，收起这一季节用的蜂具，做好明年再试试的准备。

夏末收获

如果那样，你的第一年的蜂群在夏末到来之前可能不会有一个可采收的蜂蜜量。传统的采收过程随后会有概述，简单得足以自己实施，如果有人帮忙将会更容易。

但是现在，为越冬做准备真的开始了，需要人们留心。随着白昼的缩短及气温逐渐下降，蜂王的生产率放缓，蜂子较少。你的雄蜂巢脾多数都是空的，但要让它在蜂箱中待到你收获时，在夏末用装满为越冬储存的蜂蜜巢脾替换它。非常仔细地检查育子区，看看蜜蜂是否有疾病迹象，因为这正是在第一年的蜂群里较早开始出现而你有可能会错过一些问题的时候。同时应跟上对瓦螨的检测。

应该会有一些花蜜被采进来，但要仔细检查储蜜的量，确保对于这个时期至少有27.2千克或者更多的储存量。要注意的是，第一年的蜂群或许需要额外的饲喂以补充正常量并备好饲喂器和饲料糖。

取出蜂蜜

如果在季节末、秋季到来前和你使用任何必需的药物之前，你的蜂群有过量的蜂蜜，那么这个时候可以收获了。对于一个仅仅养了几箱、邻居又少、又没有充足时间的业余养蜂者来说，仅有一个好方法来采收蜂蜜。

使用一个熏蒸板

为了将一个装满封盖蜜脾的箱体移开，为了让下面蜂群的蜜蜂不被煽动，你必须用一个熏蒸板。天气越暖和阳光越充足，熏蒸板工作越好。不要在傍晚和清晨尝试。这个简单的装置除了它的外围大小和继箱很精准地契合以外，看起来很像一个套叠着的可以伸缩的大盖，所以它可以放在继箱的上面。你可以自己制作或购买一个，这种技术背后的原理是很基础的。在这个熏蒸板内侧有一个吸水垫，其材质可以是法兰绒、硬纸板或木头。将一种用量精确的化学驱避剂滴加到垫子上，将熏蒸板放在你想要摇出的装满蜂蜜继箱的上方（大盖和内盖取出），等上 10~15 分钟，让蜜蜂向下移动到蜂群中，远离这些熏蒸雾气，于是就清空了你想要摇蜜的蜂蜜继箱。

● 熏蒸板很容易做。这个是由 5 厘米 × 10.2 厘米的木材和胶合板的碎片制作的。里面衬着一些简单的东西，比如厚实而易吸收的纸板。你可以购买预装好的带布内衬的成品。

有几种产品可以配合熏蒸板一起使用。这些产品都是基于精油配制而成的，尽管你和我都觉得它们很吸引人，但是蜜蜂一点也不喜欢它们，反而会在蜂箱里向下移动。这些化学成分不会被蜂蜡和蜂蜜所吸收，而且对蜜蜂是无毒的。这些熏蒸板通常是深色的或黑色的（本来就是那样的或是由你涂上去的），在晴朗的天气，它们将使驱避剂升温、蒸发，从而把蜜蜂赶出继箱。几分钟之内，蜜蜂就被驱离了，你可以将这个没有蜜蜂的继箱搬走，把它放在一个没有蜜蜂的地方。

仅使用标签上推荐的少量驱避剂。如果你使用过量，你会把蜜蜂从1个、2个乃至3个继箱中赶走，并且它们就会跑到外面去。一瞬间，你会看到有大量的蜜蜂涌出巢门，为了逃避而拥挤踩踏，这是不好的。第一次添加的量宁可不够用。如果需要，你可以再多加点，但是你不能将蜜蜂赶回蜂箱。

养 蜂 提 示

当心臭味熏蒸剂

还有其他的化学驱避剂也可以用——Bee-Go 和 Honey Robber——但使用它们前应三思。它们是有毒的、可燃的，是目前所造的最臭的混合物。它们是有效且高效的，不会污染蜂蜜或设备。然而，如果你把它喷到你的蜂衣上、你的车里或是房间里，你会永远后悔的，除非你抛弃或毁掉这些有恶臭的物品。商业养蜂人常用这些驱避剂，他们操作起来很熟练，并且有专门的设备来储存药剂。

你不应该把多余的蜂蜜留在越冬的蜂群里，因为蜂蜜很可能在巢房中结晶。较低的温度会加速结晶，那些巢脾会位于蜂群之上，没有蜂团的覆盖，有蜡螟滋生，然后变得像岩石一样硬。

当这种情况发生时，无论如何你都没有办法把蜂蜜从巢房中取出来，蜜蜂也很难把蜂蜜从巢房中取出来。春季到来时，很多结晶的蜂蜜依旧在那里，但是你可以用结晶蜜来喂养新的或饥饿的蜂群。毫无疑问，你的蜜蜂在这个时候需要蜂蜜。如果遇到暖冬，蜂群将会消耗18.1千克蜂蜜，或许多达27.2千克。为了提供27.2千克蜂蜜，大概要用12个满框的蜜脾。偶尔地，一个第一年的蜂群在3个有蜂子的箱体里大概会有6框的蜂蜜。它或许是12个半框的或者其他的组合。检查一下你就知道了。这些蜂蜜合计起来有13.6千克左右，也可能会有更多，所以你需要仔细检查。

满箱的蜜脾能给蜜蜂提供31.8千克蜂蜜。或许，在继箱下的箱体里有更多的蜂蜜，蜜蜂们就很少需要继箱上箱体里的蜂蜜了。这种计算是必要的。

不要猜测大约有多少蜂蜜留给蜜蜂。如果太少，蜜蜂就会在冬末被饿死，那时饲喂大量新蜂子的需要将逐步升级。事实上，冬末是多数蜂群一年中的死亡时期，要么是因为它们吃光了食物，要么是因为在夏末所培育的工蜂受到了瓦螨的侵害，然后病毒出现得早并杀死了幼蜂。这种早期的死亡是导致蜂群崩溃失调症的原因之一。然而，新的研究已经表明这种疾病是由多个原因引起的。

有很多事情会影响你从蜂群中取出蜂蜜为即将来临的秋季和冬季做准备的时间。其中最重要的是需要做点什么来治疗瓦螨。如果你正在使用任何形式的烈性化学药剂或精油药水，你一定不能把打算供人食用的蜂蜜暴露给这些化学药剂。所以，治疗那些在秋季养育的受到瓦螨侵害的蜜蜂，会影响你要收获蜂蜜的时间。为了确保你有健康适龄的越冬蜂，请记住你需要照顾好那些正在照顾要成为越冬蜂的蜜蜂。因此，在北方地区，你需要考虑在 7 月治螨，而不是 8 月或者更迟。

在你开始收获蜂蜜前，准备齐全要用的设备。请记住蜂蜜是一种食品，保证它所接触的每一样东西都是干净的，你的家人明天可能会食用它。

如果你正在取蜜并赠予他人，你的时间奉献将是最小的——或许 1 小时。然而，如果你将需要准备车库或地下室来采收蜜脾并且把那些巢脾搬到那里，开盖，摇蜜，从那里移走巢脾并清理现场，你可能要花上好几天的时间。应该制订相应的计划，并把治疗需要开始的时间考虑在内。在这时候，你的记录本将会帮助你。

移走巢脾或某个继箱

在你收获你自己的蜂蜜前，学习收获蜂蜜的最好方法是去帮助别人收获蜂蜜。但是这个方法可能不行，这里有一些提示和技巧，使你收获蜂蜜变得尽可能简单。

如果时间允许，在收获蜂蜜的前一天，快速检查你第二天要收获蜂蜜的储蜜继箱。用一点点的烟，使蜜蜂离开继箱，跑到下面的箱体中。用起刮刀快速地将每个巢脾松动一下，打破所有的架桥和联结脾及其他赘脾。同时，你也需要松动一下整个继箱，方便你第二天搬动它。一夜之后，蜜蜂将会把破碎的赘脾上的蜂蜜清理干净，这样你就不会有要操作和储存的渗漏的黏滞巢脾。

这种快速检查也仅仅显示你马上要收获的是什么，以便你准备对应的工具。如果在继箱里有盈余的蜂蜜（除了蜜蜂生存所需的量），不管是整箱还是只有几个蜜脾，这里有方便、快捷、安全的取蜜方法。

- 将你所要用到的东西都集中到一起，弄清楚天气情况和你邻居的活动后，把东西带到蜂群那里。

- 如果你只取几个巢脾的蜜，将拿掉盖子的容器放在靠近蜂群的地方，并且准备好一些巢脾来替换你要移走的那些巢脾。

- 如果要移动整个继箱，放下另一个大盖、木板或塑料板，在蜂箱架上或推车上准备好大盖。

- 准备一个熏蒸脱蜂板。

- 在里面的吸水性材料上，挤出或喷洒少量驱避剂。

- 如果错在驱避剂的用量太少而不是太多——可以再加。

- 不要在巢门口喷烟。

- 移走大盖，向里面喷烟，等待一会儿后，移走内盖，再次喷烟。

- 通过这样的方法，你可以使蜜蜂开始向下移动到下面的继箱里。

- 箱体上面飘送两三股烟后，将熏蒸脱蜂板放上去。

- 等待一段时间，直到继箱中没有蜜蜂。

- 检查熏蒸脱蜂板下面，看看是否有蜜蜂。

- 如果没有蜜蜂，轻轻搬走继箱，看看底部。如果你看到有蜜蜂，继续放上熏蒸脱蜂板，并等待一段时间。

- 如果10~15分钟后依然看到有蜜蜂在继箱的底部，可以在脱蜂板上再加少量的驱避剂。

- 等待一段时间，直到继箱中没有蜜蜂。

- 取出巢脾或者整个继箱进行取蜜。留下未成熟的蜂蜜巢脾（成熟的蜂蜜都是被蜂蜡覆盖的）。

● 你会发现何为湿型封盖（图的上半部分）、何为干型封盖的巢脾（图的下半部分）。当蜜蜂对装满成熟蜂蜜的巢房进行封盖时，它们要么直接把蜡盖放在蜂蜜上，给予封盖一个湿型的外观；要么它们在蜂蜡和蜂蜜表面之间留下一个小的空间，给予封盖一个干型外观。巢蜜生产者更喜欢干型外观，但不论是湿型的还是干型的封盖都不影响蜂蜜的质量和风味。

- 将蜜脾放到容器中，每当加进一个巢脾后都要盖好盖子。不然，会引发盗蜂混战！

- 用空的巢脾代替被取出的巢脾。不要留有一个空位，哪怕只是几天。

- 如果要移动整个继箱，将它放到木板或塑料板上并立刻盖上它。

- 如果有打算，应用治螨药物。

- 关闭蜂箱。

- 把蜂蜜和工具搬进去，然后拍拍自己的背。

你将需要的收获蜂蜜的器具

- 熏蒸脱蜂板和驱避剂。在你使用前，确定你的驱避剂容器是打开的和未封口的。

- 喷烟器、起刮刀、防护服、多余的巢脾，以及治螨药物（如果需要用）。

- 蜜蜂钻不进去的容器，可以盛放巢脾——一个带有紧固的、可密封盖子的塑料容器，大到可以装下你将需要的多个巢脾。

- 如果移走整个箱体，一个钻不进蜜蜂的箱底板和大盖（两个套叠的掩蔽物）是可行的，前提是你有，但如果你没有，两块胶合板或耐用的塑料薄板效果也不错。

- 如果继箱太重或者你要把它们搬离太远，你可能需要一辆货车。

如果你不着急用这些巢脾，储存它们的好地方就是冰柜。否则，就把它们放在可尽快处理的地方。如果你要处置剩余的边角废料蜂蜜（罕有的，但无法统计有多少），就用双层袋子装起来放在垃圾桶里，这样不会被蜜蜂盗走，再盖上垃圾桶盖子。如果你不这么做，其他感兴趣的动物就会以各种方式把蜂蜜给盗走。一个更好的解决办法就是直接把它送给另一个可提取蜂蜜的养蜂人，他或她会保留或分享这种蜂蜜。不管用哪种方式，反正任务已经解决了。

使用脱蜂板

脱蜂板是从上方的储蜜继箱通往下方巢箱的一个单向的门，能让蜜蜂从储蜜继箱中走出来，便于你搬动继箱、采收蜂蜜，是一个对蜜蜂不使用化学药剂的、影响较小的方法。这里有几种型号可供选择，它们都性能良好，有些或许比其他的速度更快。基本上就是一个白天被放在储蜜继箱和巢箱之间的屏障。当天傍晚时分，储蜜继箱中的蜜蜂会往下面的巢箱里移动，但仅有一条路供蜜蜂可走。蜜蜂从上方箱体进入脱蜂板很容易，但返回去基本上是不可能的。所以，到了第二天早上，你会发现上面的储蜜继箱里没有蜜蜂了，这时就可以搬动继箱进而摇蜜了。

最简单的脱蜂板就是利用你的内盖，在它中央的长方形孔上安装一个小的装置，使蜜蜂的入口在面向继箱上的一侧，而出口在面向继箱下的边缘。

这里还有其他几种型号可供选择，可以让蜜蜂更容易地离开储蜜继箱，随后同样难地或者更难地返回继箱。你可能会使用其中的几种，这样你就可以一次收获几个继箱里的蜂蜜。

要记住到蜂群去收获蜂蜜需要走 3 趟。第一趟是你去松动要准备收获蜂蜜的储蜜继箱。你要把继箱和下方的箱体分开，这样当你随后返回要应用内盖的时候，任何的赘脾和溜缝蜂胶都会被蜜蜂移除并清理干净。下午晚些时候或傍晚早些时候，你要返回去把脱蜂板放进去，这样晚上气

⬤ 一个显示有底面的三角形脱蜂板。这个脱蜂板被放在储蜜继箱之下及其下面的箱体之上，以便一夜之间储蜜继箱中的蜜蜂被清理干净。蜜蜂将离开上面的储蜜继箱，进入中间的孔，再在三角形尖角处穿过狭窄通道，进入到下方有蜂子的继箱。一旦从那个孔里爬出来，蜜蜂就找不到重新进入储蜜继箱的路了，留下那个无蜂的箱体。不过，你一次仅能脱去一个箱体的蜜蜂，之后你需要再用同样的方法给另一个箱体在夜间脱除蜜蜂。

⬤ 一个显示顶部和里面有金属通道片的波特（Porter）式脱蜂器。蜜蜂离开顶部的储蜜继箱，进入脱蜂器的中间孔，从左向右推开里面的金属片而得以通过。这些太窄了，蜜蜂不能再挤过去，所以它们不能重新进入继箱。调节这个金属片以便蜜蜂可以通过但是无法返回。滑动顶部的这两件装置，露出这些金属片。把铅笔放在中间，让金属片弯曲，直到刚好碰到铅笔两侧。这是允许蜜蜂离开但不能返回的理想宽度。

温下降后，上面的蜜蜂就会移动到下方更温暖的巢箱里去。第二天早上，你就可以返回去把空的继箱搬走了。

使用时有两个注意事项。第一，如果储蜜继箱中有一些幼虫，蜜蜂将不会离开那里，所以使用隔王板更重要。第二，如果是一个温暖潮湿的夏夜，储蜜继箱里的蜜蜂会不愿意离开那里，因为上面的箱体比下面的箱体更凉爽。无论上面哪个原因，当你开箱时，仍会有蜜蜂在那个继箱里面。你可以用吹落叶机赶走它们或者就用蜂刷将少量的附着蜂扫落到前门外。

◉ 这个波特式脱蜂器是为了适应你的内盖上的长方形孔。将这个脱蜂器紧贴到长方形孔中，让脱蜂器上的大孔朝上。下午晚些时候，将这个特制的内盖放在要被取蜜的储蜜继箱之下。在寒冷的夜晚期间，蜜蜂将会离开储蜜的继箱，进入下面有蜂子的继箱，然后就不能再返回了。这样，第二天早上，你就可以收获一个没有蜜蜂的继箱了。

收获蜂蜜

蜜蜂储存蜂蜜。在好的年份，蜜蜂会用蜂蜜填满你提供的所有空间。可以收获蜂蜜是很多人饲养蜜蜂的主要原因。这就是对你拥有的这部分蜜蜂你必须诚实看待的地方，但它适用于任何花园的收获。你的家庭可以食用或使用多少蜂蜜呢？

大多数年份，你的蜂群将会生产 18.1~27.2 千克可采蜜。某些年份，如果管理得很好的情况下，生产 45.4 千克蜂蜜也不是不可能的。当然，某些年份也可能滴蜜无收。

那到底会有多少蜂蜜呢？一个普通的 19 升的桶可以装 27.2 千克蜂蜜。如果分装起来并没有很多。如果你生产的是巢蜜，那就大概有 10~12 个圆形巢蜜格子，或是120~130 个小长方形容器那么多。

在你开始前，如果你很现实地期望有多少蜂蜜可生产，你可以计划一下要生产哪种类型的蜂蜜、如何为了生产而进行最好的管理，以及一旦收获蜂蜜后如何处理和加工它。

提取出来的蜂蜜

这是最常见的蜂蜜形式，你已经熟悉的那个——在罐子里卖的那种。为了生产液体蜜，你可以给蜜蜂提供带有塑料巢础的巢脾。它们会在这种巢础上建造蜂蜡巢房，用蜂蜜装满巢房，当蜂蜜的水分达到低于 18% 时（被称作成熟蜜），对巢房进行封盖。

然后，取出这些巢脾，割除蜡盖，让所有装满蜂蜜的巢房完好无损地待在巢脾上。把你割除的蜡盖连同上面的蜂蜜留着以后使用。

这些装满蜂蜜的巢脾接着被放入一台叫作"摇蜜机"的机器中，这种机器会以一个相当快的速度旋转这些巢脾，这样液体蜂蜜就会从巢房中被甩出，并在底部聚集。摇蜜机工作起来就像一个蔬菜沙拉甩干器。把蜂蜜倒进罐子或桶里，然后把取完蜂蜜的巢脾放回蜂群一段时间，这样蜜蜂就能清理留在箱体里的黏滞蜂蜜了。

● 割蜜刀的范围从热控制装置到没有控制的加热装置，再到没有加热的割蜜刀（割蜜刀有偏置的把手，这样你在割除蜂蜡的时候就不会碰到你的关节）及简单的锯齿状厨房刀具，这些割蜜刀在加工 20~50 个巢脾时很好用。

● 这个手动的摇蜜机一次可容纳 2 个巢脾。

● 一个实用的敞开盖的浴盆顶部有一个大容器来接住封盖，并托住被开盖的巢脾，直到准备好摇蜜机，一个金属网格来接住这些封盖，并且在下面有一个可以盛放沥下来的蜂蜜的容器。一个阀门将蜂蜜从底部的容器中排出。在蜂蜜沥下之前，有一个可拆卸的网状衬垫过滤了蜂蜜，所以你不必再过滤了。

● 用割蜜刀除掉封盖，让这些封盖掉进桶里。

● 一个被割掉了封盖、将要提取蜂蜜的巢脾。

● 一个带有小型电动机的摇蜜机使这项工作容易得多。

只要有成熟的蜂蜜要取出，任何时候都可以进行离心摇蜜。大多数取蜜的人倾向于集中取蜜，这样就可以高效地进行组织、取蜜和清理。而且，大型摇蜜机需要达到一个最低的巢脾数才能运行。

完成这个任务的一个方法是把你的继箱拿到与你同时间取蜜的另一个养蜂人那里，他的连同你的巢脾一起装进那个摇蜜机里。在此之前，你们需要为这项服务进行各种形式的协商。协助取蜜是学习取蜜的一个好方法，你可以不必先买设备，而且两个人会比一个人取蜜更快。要记得做笔记和拍照。

◉ 将蜂蜜从摇蜜机中沥干，滤去蜡屑、蜂胶、误入歧途的蜜蜂等。有许多类型的过滤器可用。多数都适合放在19升的桶里。蜂蜜可以方便地被储存在可重复使用的、干净的19升带盖子的桶里。如果你是做蜂蜜生意的，19升的桶是不够的。

地下室经常被用来进行取蜜活动，因为是在室内，远离天气因素和蜜蜂，并且远离其他人，取完蜜后还有自来水可以进行清洗。一个步入式地下室可以更好地进行取蜜，因为你不用搬着继箱上下楼梯。

厨房是或者应该是不能用来取蜜的。在房子里和地板上的蜂蜡、蜂蜜、蜂胶和蜜蜂，很少给人留下好印象。

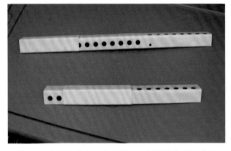

◉ 老鼠无法咬穿这种可膨胀的、适合蜂箱的防护装置。这是最好的。

车库，只要它相对来说是防蜜蜂的，也经常被用来取蜜，而且你稍后清理起来会很容易。

你需要考虑的第一个器材是一种可以保护地板的器材，或者更好点的方法是，在有排水管的地板上进行取蜜，这样可以让你在取蜜后彻底清洗地板。

把那些装满蜂蜜巢脾的继箱拿进来，放在某种固定的托盘上——一个倒翻过来的可套叠的盖子，以防止蜂蜜滴漏。

如果你打算一个人做取蜜工作，要考虑一下整个过程。割除蜜盖可以使用各种各样的工具，但最常见的是一种大型的割蜜刀或者一种在蜜脾上戳孔的装置。如果仅仅是少量的蜜脾（2~3个继箱），一把锯齿状的面包刀通常就足够了。对于更多的蜜脾，可以使用一种特殊设计的刀；对于许多的蜜脾（10个及其以上的继箱），一把加热的刀是最好的。

如果使用割蜜刀，这些蜡盖要被切去或刮掉，并落入一个桶里或专门设计的箱子中。然后将蜜脾放入摇蜜机中，旋转、离心、取出，再放回继箱中。每一个步骤都需要有所计划。在放入摇蜜机之前，割开蜜盖的蜜脾应该放在哪里呢？如果你有一些桶，把它们放在桶里更合适。如果两个人一起取蜜，要怎么操作？有空间吗？这台设备能承受双倍的速度吗？

在规划工作流程时，请记住多年前由俄亥俄州的养蜂推广专家詹姆斯·E·特乌（James E.Tew）博士进行的一个非常真实、非常悲伤的观察："大多数人从事养蜂是因为他们对蜜蜂很好奇，但他们离开养蜂行业是因为他们做了个收获蜂蜜的噩梦。"用噩梦来形容可能有点残酷，但是收获蜂蜜的过程如果没有计划，它会令人头痛。

秋冬季节的蜂群管理

当你完成了取蜜，将继箱或者摇过蜜的巢脾放回蜂群，让蜜蜂回收留下的黏稠的蜂蜜。1~2 天之后，将那些被清理干净的巢脾留在继箱里，整箱搬走那些用于储存过剩蜂蜜的继箱。这就给蜂群留下 3 个育子箱，你的蜜蜂将在这里度过接下来的几个月。

蜜蜂害虫与天敌

自从瓦螨首次出现，并且病毒也逐渐成为一个严重问题以来，防治瓦螨的药物和治疗方法就在不断发展。因为在整个夏季，你都会监控瓦螨的数量，所以就没有必要在秋季进行治螨。然而，瓦螨数量的大暴发或者其他的原因可能会导致瓦螨的数量过多，因此可能需要治疗。大多数瓦螨在这个时候都处于成年阶段，因为没有太多的蜜蜂幼虫供它们躲藏，会暴露在蜂群中，所以快速治螨是卓有成效的。如果绝对有必要，现在可以使用一种甲酸治螨，因为它会击倒成年瓦螨，如果能维持一周甚至几天，它也可以杀死巢房中的很多瓦螨若虫。这不是一个理想的办法，但现在你没有那么多时间，这么做的目的是让你的蜂群生存下来。

在检查蜂群病害时，也要检查蜂王、子脾模式（一年中的这个阶段蜂群中几乎没有蜂子，但仍需仔细检查）和蜂蜜储存等情况。回忆一下，蜜蜂需要的 27.2 千克或更多的蜂蜜应被储存在这 3 个箱体里。如果蜂蜜储存不足，你需要饲喂糖浆或用软糖来补充它们的食物不足。

然而，你现在饲喂的糖浆和你在春季建立笼蜂群时用的糖浆是不同配比的。混合一份浓稠的 2:1 糖浆——2 份糖和 1 份水（按重量或体积）。浓稠的糖浆里有很少的水，在一年中的这个时候，糖浆越浓越好。浓糖浆不会引起建群行为，而是储存行为，好像蜜蜂只是在搬动现成的蜂蜜一样。春季里用稀薄的糖浆模仿花蜜，类似于一个流蜜，告诉蜜蜂要开始建群活动及蜂王产卵活动。

如果你正在饲喂蜂群是为了获得有 27.2 千克或更多的蜂蜜储存，劝你不要测糖浆量；相反，应该测所用的糖量。在 1 加仑（3.8 升）糖浆里放 10 磅（4.5 千克）的糖就等于 10 磅（4.5 千克）的蜜糖。所以，不要在这里吝啬。

当你饲喂糖浆结束时，所储存的食物应该在子脾的边侧或者上边缘。并且，子脾基本上都应该在底部的两个箱体里。然后，蜂蜜应该在最外侧的两个巢脾里，还有一些在靠近外侧的那些巢脾里。最上面的箱体里应该几乎全是储存的蜂蜜。

你可以通过观察冬季检查时蜜蜂的位置来估计还有多少蜂蜜剩余。蜂团离上部箱体越近，它们的食物越可能快用完了。有一条古老的养蜂格言说：只要跟着食物走，蜂团在哪都无忧。

如果你的蜜蜂没有这样的意识，你可能需要当天气仍然暖和足以加蜜脾时，重新放入一些蜜脾，并确保这种布局离蜂团很近。

如果你没有准备好，请放置一块木板覆盖在带纱网的箱底板上。为了改善通风，一些养蜂人会将纱盖的后1/3左右暴露在外（通过使用更短的板）。这增加了通风的机会，因为内部的温暖气体会和外部的新鲜空气进行

● 一只进入你蜂群的老鼠会引起各种各样的麻烦。它会破坏巢脾（甚至是塑料巢础），在蜂群中排便，并在这个蜂群中养育幼崽。注意：秋季千万不要太晚安装你的防鼠装置，不然整个冬季都把老鼠困在里面了。

对流。然而，如果你选择这么做，你就必须把纱盖和下面的地面之间的空间包围起来，这样你就不会让风和飘雪从蜂箱的下部吹入。在老鼠钻入你的温暖、干燥、充满食物的蜂巢场所之前，要把防鼠器安装好。目前为止，最好的防鼠器是可膨胀的、金属的类型，其上打孔而不是开槽。木质的巢门挡上有开槽，但开槽还不够小，不足以挡住一只执拗的老鼠。

根据日历，在秋末，至少在冬季到来前的一个足月里，应该完成治螨，所有援助活动都应结束。最后一次的检查应确保蜂团有足够的食物，箱盖上放一块砖头，用以抵御冬季的强风。

如果你的蜂群没有一个很好的防风墙，你可以建造一个临时的来予以帮助。在迎风的一面放一堆成捆的稻草是建造防风墙的一种方法，还有一种是用园艺粗麻布和几根篱笆柱搭成的临时围栏，甚至把几块破旧的木板立起来作为围栏也有帮助。

关于通风的问题，在整个冬季，你的蜜蜂会继续消耗蜂蜜，也许会哺育一些幼虫，也会移动一下。这些活动通常会产生热量（就像结团的活动一样）和二氧化碳，还有来自于呼吸作用的水蒸气。这个过程在整个夏季都会发生，但是蜜蜂会不断地给蜂巢通风，让蜂蜜成熟，所以这时产热不是问题。但在冬季，它确实是一个问题。如果没有让二氧化碳和温暖潮湿的空气逸出的口，这些气体就会自然地积聚在箱内。这些二氧化碳积聚起来，将会取代一些新鲜空气。然后，这些暖湿的空气会与未加热的侧面和内盖的底部接触并凝结——就像你在冬季的窗户附近呼气时形成的雾一样。

这些凝结水聚集在那里，最终流下来或者滴落到蜜蜂身上。如果可以，想象一下在一个寒冷的冬季、在一间没有暖气的房子里的冷水浴。蜜蜂为保持干燥挣扎着，而保持

温暖变得更成问题。

这种情况可以通过一开始看似适得其反的方法来避免。首先，当你正在为你的蜂群越冬做准备时——检查食物储备、健康状况和休息空间——把内盖翻转以便平坦的一面朝上。然后，在内盖和箱边沿之间放置一支铅笔或任何块状的可以将内盖垫高1厘米的材料。完成后，将内盖和大盖还原。如果冬季狂风怒号，可以在大盖上加块砖固定。

这种铅笔或小方块实际上有两个用途。它允许温暖潮湿的空气上升和逸出，让蜂群保持干燥。一旦堆雪（被风吹成的）覆盖了前门，它还提供了一个出口 / 通道。积雪不会阻碍气流进入蜂群，但它会妨碍蜜蜂离开蜂巢进行爽身飞行。

如果你先前没有这么做，那就倾斜你的蜂群，向前一点点，从后部抬高2.5厘米左右。用一个2.5厘米厚的木板垫高也很好。蜂群应该有一定的前倾，这样融化的雪或冬雨就不会灌进蜂群和聚集在底板上。

这是检查你的记录的最佳时间，以确保你没有忘记做任何事情，更重要的是，记下你做了什么。一个通常的检查清单包括但不限于以下这些项目：

- 放置防鼠器。
- 足够的好食物。
- 取出全部药物。
- 倾斜蜂箱。
- 设立防风墙。
- 内盖被支撑起来。
- 大盖顶部有重物压住。
- 移走饲喂器。
- 从里面换掉带纱网的箱底插板。

当所有的准备工作都完成，所有的设备都检查两次后，蜂场井然有序了（任何额外的设备都被移走了），杂草最后一次被修剪，蜜蜂也尽可能地温暖舒适后，你也该休息一下了。你已经忙碌了有一段时间了。

冬季检查

根据你所处地域的冬季天气，定期检查可能是例行的，也可能是罕见的。在温暖的地区，在越冬的那几个月里，每月至少做一次快速检查是个好主意。你可以简单地检查看看食物还能支撑多久，一般情况下，你几乎任何时候都可以喂糖浆。你可以简单地看一眼子区，尤其是在一个10℃或更暖和的白天，查明一种疾病也没有出现，蜂王健在并有可能在产卵，蜂群也有足够的食物。在温暖的地区，如果需要，你可以喂糖浆，或者加入那些你在夏季储存的用于此时的蜜脾。

回想一下，育子阶段开始的时候，食物需求量是难以想象的，并且在早春的时候，有很多蜂群因为育子压力过大而饿死。所以请你认真检查蜂群里的食物供应。

在寒冷多雪的地区，冬季检查没有那么方便。在气温为 –7℃ 的白天，你是不能开箱检查蜂群的。哪怕打开一小会儿，冷空气也会进入蜂箱，可能会冻死或冻伤幼虫，并且这种冷刺激还会严重扰乱蜂团。此外，不管多冷，一些蜜蜂都会起飞，它们将会迷路。但是，你确实需要检查蜂群时，尽量选择在最温暖、阳光最好的一天进行。

首先，检查巢门前方。寻找堆在外面地上的或蜂箱架上的死蜜蜂。只有十几只，没问题。将近 1000 只，就是大问题。这些死蜜蜂是从哪里来的？这些是死在里面的蜜蜂，直到天气温暖的时候才能从蜂群中清理出来。它们堆积在里面的箱底板上，只是躺在那里，直到清理巢房的蜜蜂能够从越冬蜂团上下来并把它们拖出蜂巢。它们死于各种原因。被病毒感染的蜜蜂早早死亡了，它们本该活到春季，但是没有。或者，它们为了寻找食物从越冬蜂团中分离出来，但却被流放得离食物太远（离食物有几厘米远）而饿死。为你的记录拍照。如果可以，把这些蜜蜂移走，这样以后如果再有死蜂出现，你就可以注意到了。

当你在冬季打开蜂箱时，所有易碎的溜缝蜂胶都会在破裂时发出很大的响声。这种破裂声绝对会让蜂群处于警戒状态，所以一定要穿戴上防护装备。

打开大盖，喷入一些烟雾，然后重新盖好大盖。等几分钟，然后，向上倾斜整个的顶部箱体，并让它以下面箱体的远边为轴转动，观察蜜蜂在哪里。如果大部分蜜蜂都在下面的箱体里，你的蜂群可能很好。如果大多数蜜蜂都在上面的箱体里，那就要注意了；它们基本上没有食物了，可能需要进行紧急补助饲喂。看一下就好，把倾斜的继箱放下来，喷一点烟，让蜜蜂远离边缘，避免被压扁了。

爽身飞行

在更寒冷、积雪很常见的地区，你会注意到，在寒冷的天气或下雪的天气之后，在温暖、阳光明媚的日子（这里温暖可能意味着只有 1℃）里，蜜蜂会飞出蜂箱进行爽身飞行。然而，较老的蜜蜂可能会受冻，然后就无法返回蜂巢；它们很快就会掉到雪地上死去（回想一下，蜜蜂需要一个空气温度至少为 10℃ 才能够飞往任何距离）。在这样的一天，你可能会在蜂箱前的雪地里发现蜜蜂的粪便和死蜜蜂。这是正常的，也是可以预料得到的。死蜜蜂通常是蜂群中日龄最大的蜜蜂，即使待在蜂巢里，它们也会很快死去。它们经常患有某种病毒感染的疾病——那些蜜蜂为了蜂群的利益做出了最大的牺牲。

严冬

100 年前，养蜂人就经常为他们的蜂群提供保护，使其免受冬季低温的危害。他们把蜂群安置在地下室里，埋在壕沟里，用稻草裹起来，用锯末覆盖住——总之，他们用尽办法让蜂群免受冬季的摧残。

今天，也有很多为你的蜂群提供冬季保护的方法。可以提供一个常绿植物的防风墙或用景观粗麻布、栅栏、稻草包围成的临时防风墙。将蜂群用屋顶毛毡纸包住，以提供防风和防水保护，留下前门和内盖槽开着，以便蜜蜂进行爽身飞行。使用市场上可以买到的材料或创造类似的东西来包装和保护你的蜂群。在以前，养蜂人都是在每个蜂箱外围放上一个大箱体，然后用锯末填满空间。现在，你可以使用家用绝缘材料做同样的事情。

冬季包装将帮助越冬蜂团迁往一个新的、有食物的箱内位置。即使是一个有很多食物的强群，如果不能迁移到一个有很多食物的地方（即使就在下一个巢脾），也无法幸存。

注意保持良好通风，提供顶部和底部入口，并容易安装和拆卸。在深秋，当蜜蜂聚成蜂团之后，你可以把这些保护物放到蜂箱上，一直保留到蜜蜂们在春季每天都可以轻松地飞行的时候。

冬季饲喂

必须要在天气足够暖和、蜜蜂能够离开越冬蜂团的时候才能进行饲喂。如果蜜蜂不能移动，它们就不能吃到你提供的食物。它们至少需要 1 小时或 2~3 小时使得内部温度接近 5℃。在一个风和日丽的白天，这种箱内温度升高还是常见的，即使外面温度徘徊在冰点附近。下面这种情况下就更是这样了，如果你已经提供了一种黑色的冬季包装，这种颜色可以吸收太阳的热量，使蜂巢内部变暖，这样蜜蜂就可以移动了。这种额外的保护还能减缓随着白天结束而发生的温度下降，再给蜜蜂一点时间安顿下来去靠近食物并抱紧彼此，以熬过另一段寒冷的日子。

如果天气预报说会持续寒冷，那么饲喂液体糖浆就不会有多大好处。即使蜜蜂们能够到达饲喂器那里，它们也需要把水移除，而这在寒冷的天气中是一项几乎不可能完成的任务。在这种时候，它们需要固体糖。在紧急情况下，你可以把普通的蔗糖放在内盖上，沿着中央孔四周倾倒。它们可能会接受也可能会忽视它，甚至还可能把它作为废弃物给清理出蜂巢。

到目前为止，对于这种情况饲喂的最佳食物是软糖，一种主要是糖和湿润的高果糖玉米糖浆的混合物，从大多数的面包店里都能买到。它有 18.1 千

🔵 在市场上可以买到软糖，它是由蔗糖和高果糖玉米糖浆制成的，是蜂群一种极好的冬季应急食物。软糖可被切片，装入食物储存袋中，直到被需要。它有中等硬度黄油一样的黏稠度。当把它放在蜂群上时，先把袋子的一面角对角地切成一个 X 形，这样蜜蜂就能靠近这些软糖了。它是全糖，所以你知道你饲喂了多少糖，蜜蜂有多喜欢它。

克和 22.7 千克两种盒式包装，外面套有塑料袋。把盒子里的东西拿出来，放在砧板上，向后卷起塑料袋。用一把大刀把它切割成 1.3 厘米或 2 厘米厚的薄片，放在很大的、可密封的食品储存塑料袋中，冷冻保存至需要使用的时候。

冬季晚期，如果需要饲喂蜜蜂，你需要把软糖的袋子解冻，在袋子的一面角对角地切一个"X"形。给你的蜂群带去一个

⬤ 这个巢脾的中央有幼虫，边角、两侧和上方都有蜜。储存在这里的蜂蜜将在冬季用于哺育幼虫。

空的继箱（还有你的防护装备和起刮刀）和一块放在有切口袋子里的软糖厚片。取下大盖和内盖，将切好的袋子切口往后剥开，露出软糖的切面，将它朝下放在顶部继箱里的上框梁上。放上额外的继箱以便大盖能盖得紧，放上内盖和大盖，用手掂重一下，就完成了。这种材料比简单的糖浆要贵一点，但基本上是不费劳力的。冬季用软糖饲喂蜜蜂，很方便且有效。

你应该知道你的蜜蜂需要多少食物（糖）来度过冬季和饲喂所有的幼蜂。将软糖片称重，如果需要，要相应地准备更多。软糖是全糖，没有水，所以你会知道要喂多少。

如果软糖干了，它就会像岩石一样硬，但是把袋子放在阳光下几个小时就可以软化它。把密封的袋子放在一锅温水里还可以更快地软化它。

早春检查

如果我们不制定把你的蜂群带入第二个夏季的方针，那将是我们的失职。

早春可能早在 1 月中旬（或 6 月中旬）或迟至 3 月下旬（或 5 月底），这取决于你生活在哪里。如果可以，在花蜜和花粉开始出现前的至少 1 个月至 6 周的时间里进行蜂群的第一次快速检查。

这些蜜蜂可能已经开始哺育幼虫，这给蜂群带来的压力已经开始了。再次检查食物，至于使用糖浆还是软糖，视天气而定。选择一个最温暖的白天，大概 4℃ 或更暖和一些，打开蜂箱，看看蜜蜂在哪里、是否有幼虫，以及有多少食物可用。不要做一个长时间的检查，但要检查这 3 件事。

尽可能早地监测蜂群中的瓦螨情况。如果瓦螨数量表明有严重的问题，但一般不太可能发生，你现在能做的最好的治疗方法就是进行草酸汽化，因为此时只有很少的幼虫，于是任何的瓦螨都会暴露给致死的蒸汽。草酸不会伤害到巢房中的瓦螨，而此时大多数的瓦螨都暴露在外而且很脆弱。注意新的草酸处理方法可使草酸随着时间的推移而蒸发，延长了疗效持续时间，同时不污染蜂蜡或伤害蜜蜂。要留意杂志并出席你的俱乐部会议。

如果天气足够暖和，你可以把所有的箱体都拿掉，清洗箱底板的纱网，把插板拿掉，这样可以增加通风。插板上可能会有一堆蜡盖、死蜜蜂和其他物质，所有这些都需要在为夏季储存前清理干净（记得运走被你刮削下来的碎屑，因为如果把它留在蜂巢附近，会引来臭鼬和浣熊）。卸除防鼠器，把内盖放回去，不要有通气间隔，平坦的一面朝下，直到你重组蜂群时。

如果底部的箱体里没有蜜蜂，或者甚至底部的两个箱体里都没有蜜蜂，那就把上面的箱体和蜜蜂一起搬下来，放到你现在干净的箱底板上，然后把两个空的箱体放在上面。因为蜜蜂要扩大蜂巢，它们将会向上移动，这会给予它们扩展的空间。如果你还有一箱蜂蜜留下来，把那个箱体放在底下，蜜蜂在中间，空箱体放在上面（有两个箱体的蜜蜂，两个满箱放在底部，空的箱体放在顶部。只要确保蜜蜂需要的空间就在上面）。

如果你需要重新排列巢脾，把蜜脾放在两侧，将子脾放在中间，但是，重要的是，要在子脾的中间留下空的巢脾，这样就有可发展的空间，两个箱体都要这么放置。显而易见，食物应该靠近幼虫，所有蜂子和扩展空间都在中间，空余的空间应该在上面。花粉脾也应该放在幼虫旁边。蜜蜂会重新安排并让被你打乱的东西重回正轨，但要继续检查以确保下面的育子区顶部没有蜂蜜区。"蜜压子"会减慢蜂王的产卵速度，因为它的产卵空间会用光，于是将会出现拥挤状况。另外，不要把空巢脾放在育子区中间，否则会隔开蜂子。如果你遭遇一段寒冷时光，这会迫使蜜蜂选择一侧而放弃另一侧。

谨防分蜂

闹分蜂的蜂群有可能大大地减少了你的蜂蜜产量，因为蜂群中大约一半的蜜蜂将会离开。

一个健康的越冬蜂群，拥有造好的巢脾、充足的食物、正在扩展的群势和一只一年的蜂王，这是分蜂的首要条件。回想一下促使蜂群分蜂的因素：感知得到的有限空间，大量的幼虫（包括大量的雄蜂幼虫），大量的成年蜂（包括大量的雄蜂），一只衰老的会产生减弱或不规则蜂王信息素的蜂王，一个刚刚开始的大流蜜期，晴朗的天气。如果你希望控制或预防蜂群分蜂，上面这些都是你需要解决的因素。

就像养蜂中的其他事情一样，有许多可以解决分蜂问题的方法，取决于你的管理目标，它们都可以是正确的、积极主动的管理技术。我们已经讨论过通过仲夏人工分群来防治瓦螨，但我们也提到了它们在下一年春季预防分蜂行为方面的有效性。你在春季仍需注意那些拟在 7 月进行人工分群的分蜂前行为，但你可能不用总是担心它们。

这里还有其他预防和控制分蜂的方法。

实现这一目标的一个方法就是每年都要更换一次蜂王。在上一年年底前订购蜂王，这样，你就不必等到交货日期才来拆封。让蜂王在治螨结束（如果你需要治螨）、抗生素治疗结束（如果你过去治过）或者蜂王生产者差不多（但不完全是）能尽早交付的时候抵达你的蜂场。其实，在这个时候，耐心不仅是一种良好习惯，而且往往是一种拯救蜂群的活动。在生产蜂王的地区，早春带来了难以预料的天气，伴随而来的是无法预测的蜂王交尾机会。寒冷多雨的天气会减少婚飞时间或完全中断婚飞时间。等着从供应商那里得到第三批而不是第一批蜂王，会等得比较久，但可以确保你得到一只交尾充分又健康的蜂王。

难以预测的天气、不充裕的时间和运气，有时会破坏蜂群管理的最美好愿望，接着在更换蜂王之前，蜂群内一些趋于分蜂的微妙步骤又悄悄开始了。

工蜂开始减少对蜂王的饲喂和外出采集，蜂王产卵变慢或停止。在此之前，多个王台开始从那些为分蜂准备的台基上被建造。

你会看到多个王台悬挂在巢脾的底部，很少或没有未封盖的幼虫，也很少有蜜蜂活动。一旦王台被封盖（从卵到王台封盖需 9 天），门打开了，分蜂群就起飞了。

如果所有的王台仍然都未被封盖（或者你能找到所有的王台），你就可以人为分开蜂群，或许能阻止蜂群分蜂。一旦所有的王台被启用，这个蜂群很可能会开始分蜂。注意蜂群的飞行方向，也许你能把它找回来。

控制蜂群分蜂的方法很多，每个养蜂人都有自己的一套方法，但最好的选择是在分蜂出现之前就加以预防。

早春人工分群

如果你计划扩大蜂场规模或预防分蜂，那么早春是考虑执行这个计划的时候了。如果你的蜂群至少有四脾封盖的和四脾未封盖的幼虫，你就可以把这个蜂群人为地分成两个，就像把萱草或其他多年生植物分开一样。

为这个分出群准备好 1 个带纱网的箱底板、4 个中号继箱（自带 2 个巢脾）、1 个内盖、1 个大盖和 1 个饲喂器。订购一只蜂王，让它到达的时间刚好是你想要进行人工分群的时间。在这里，早期的蜂王是必要的，但也可能是一种风险。仔细地观察它们。

当邮寄的蜂王到达后，或者你从当地供应商那里把蜂王挑选出来后，把所有的设备都集中在那个你想要人为分开的蜂群附近。分群尽量在白天的晚些时候进行，让尽可能多的蜜蜂回到蜂巢内。把箱底板放在蜂箱支架上，上面再放一个空继箱。

往现有的蜂群里喷烟——现在被称为捐赠群——移开大盖、内盖和顶部的箱体，找到下面那个有最多幼虫的箱体。

从这个捐赠群中小心地拿出 2 个（3 个也行）未封盖的子脾（中间可能有一些封盖子）连同上面的蜜蜂。确保蜂王不在你拿出的巢脾上——如果你找到它，让它跑回蜂箱里。把那些巢脾放进这个新分群箱体的中间。在两侧，放置有封盖子的巢脾和来自捐赠群的蜜蜂。这会给你 4 张或 5 张子脾和一些蜜蜂。再拿另一张没有封盖的子脾，在你的新箱体上方握住它，把它快速向下抖动，这样大多数的蜜蜂就掉落进这个箱体里。你可能需要这样做两三次，才能让这个箱体得到足够多的蜜蜂。

为了方便饲喂，可在封盖子的两侧各加一个蜂蜜和一个蜜粉混合的巢脾。

完成后，在新蜂群的底箱边缘放一些巢脾，放上另一个带有巢脾的箱体（造好的巢础会更好，可从其他蜂群的顶箱借用 3~4 个），用前面解释过的技术引入新蜂王，放上内盖和饲喂器（装有糖浆，水糖比例为 2:1），然后盖上大盖。在分出群的箱体巢门口放置一个木制的巢门挡，这样就只有那个最小的开口可以通行，往洞里塞些草，把它关闭至少 48 小时。如果可能，最好的办法就是在第一天尽量晚一点做这件事，然后让蜜蜂把它打开。但至少要让它们在家里待 2 天，如果天气不太好，3 天也可以。

关闭另一个蜂群，将剩余的子脾先推到一起，然后去替换那些边缘上被调走的子脾。于是，之前仅有一群蜜蜂的地方，现在有两群了。这也是给捐赠群更换蜂王的一个好时机。订购两个蜂王是个不错的想法。并且，如果一个蜂群换王不成功，你可以把两个蜂群重新合并成一个。

按照前一年笼蜂抵达时的相同时间表来检查你的新蜂群，检查蜂王（它，或者它们，应该毫无困难地被接受）、食物和饲喂器。一两天之后，蜜蜂就会把草清除掉并开始外出采集，就好像这正是它们该做的一样。

在一段适当的时间后，确保新蜂王被释放并开始产卵。一旦开始，就像对待你的笼蜂一样对待你的新蜂群，享受它的增长繁殖。

不过，不管你做什么，有时候那个蜂群都会分蜂，要么是在你准备人工分群之前，要么是在你把所有事情都做好之后。分蜂发生了，但你也许能找回那些已经离开的蜜蜂，也就是说，如果你在家里，如果你知道蜂群分蜂了（再次检查分蜂的迹象），如果在分蜂发生后你发现了它们，如果它们离地面不足 15.2 米高。简单地说，它们可能会离开，而你直到后来才意识到这一点，在此只能说，你为所在社区的昆虫生活多样性做出了贡献。

如果你碰巧收捕了那个分蜂群或其他的，如果你未来没有扩大规模的计划，你有一些选择。把蜜蜂送给打算扩大规模的人，当作一个新蜂群出售，或者合并到你的某个蜂群里。

如何收捕分蜂团

当分蜂团离开一个蜂群时，它通常不会走多远就会停下来休息。这个分蜂团会聚集在几乎任何东西上：树干、篱笆桩、家庭野餐桌、汽车挡泥板、路灯柱或街道标志。

可以看到侦察蜂在蜂团表面上跳舞，表明它们找到一个新家的位置。舞蹈跳得越兴奋——就像指向花蜜来源的舞蹈——新家地点就越好。可能有几个舞者同时表演，这表明有几种选择需要权衡。这些蜜蜂很少立即做出最后的决定。有时需要花两三天的时间，但在几个小时或一夜之间做出决定是比较正常的。

一旦人们知道你是一个养蜂人，你就会被找来作为处置悬挂在某处的大量蜜蜂的人。事实上，如果你的目标是增加蜂群数量，那么获得分蜂团是一种可行且廉价的方法。知道你所在地区的分蜂事件何时开始发生对你会有帮助，这样你就可以准备好你要用的工具。养蜂人要经常告知当地消防部门、警察部门和县推广办公室说自己可以响应那些分蜂团的求助电话。

在你接到第一个收捕分蜂团电话要前往那里之前，你需要一些基本的装备。首先，你需要一个装蜜蜂的箱子。多数情况下，一个未用过的继箱很好用，但你需要一个箱底板和大盖。在用货车进行短途运输回家时，为了充分通风，可以使用带纱网的而不是实心的大盖，开启蜂箱前门上方的纱窗。如果你打算把箱子放在汽车后座上，你需要一个更安全的箱子并保持关闭。这个继箱里只能有 3 个或 4 个巢脾，不能有更多。

● 分蜂团离开蜂巢并飞了一小段距离后就变得有组织了，既要保证蜂王跟随着它们，还要评估那些侦察蜂们找到的或许很快就会成为它们新家的场所。它们常常降落在高处——树冠、建筑物的外立面、教室尖顶——但它们会在任何可以想象的地方着陆（汽车保险杠、灌木丛、野餐桌椅下）。如果你从高的地方回收蜜蜂很困难，那就随它去吧，这不值得你冒险。如果有用长竿和大桶制成的有盖子的收蜂笼，你可以将它从地面上靠近分蜂团。当分蜂团降落到靠近地面、在小灌木或灌木丛上时，收集它们可能很容易，也可能非常困难。无论是哪种方式，收集几千克免费蜜蜂的激动并成为那些相信自己被养蜂人救了的人们心目中的英雄，都有个所能忍受的限度。

你还需要喷烟器、蜂衣、手套、装满糖浆的小喷雾瓶，或许还需要一块防水布或地毯。为了运输方便，你应该有办法把箱子里的各件东西都紧紧地捆在一起，比如用捆绑带或弹力绳。带上修枝剪，用来除去散枝或切断分蜂团所在位置的整个树枝。你手边还要有一把蜂刷。

在树上高处的分蜂团很少值得你踩着摇摆的梯子爬到危险的位置去冒险把它们收回来。此时，人的安全是首要的。如果你不习惯爬到高处，一个 1.8 米的梯子是你可爬得最高的高度。即使那样，你也只能爬到一半的高度。

将蜂箱（巢脾被移走的）放在分蜂团的下方，尽可能靠近分蜂团底部。如果分蜂团太高，可以用梯子的顶部或架子来支撑蜂箱。向这个分蜂团喷几次糖水，以防止它们到处飞。如果分蜂团在那个地方待了好几天了，这也能给它们提供食物，并减慢它们任何的防御活动。在蜂箱下面放一块地毯，这样它们就不会迷失在草丛中或其他杂草生长的地方。

理想情况下，你可以降低分蜂团，或者升高蜂箱，以便使分蜂团的一部分蜜蜂确实落入蜂箱中。一旦所有事情都有把握了，你、梯子、收捕箱、旁观者、分蜂团和蜂箱尽可能地靠近，任何零星的小树枝都被剪除了，那你就已经准备好了。你要做的就是摇晃分蜂团所在位置的树枝，这样它们就会被摇松，然后整团掉进箱子里。运气好的话，蜂王可能就会在这个蜂团的某个地方。只要蜜蜂们意识到蜂王在蜂箱里，它们就会和它在一起。

有些蜜蜂可能会飞到空中，然后返回到树枝上重新集合。如果蜂王在那里，它们就会留下来。否则，它们会去找蜂王。把蜂箱放在离原来位置尽可能近的地方。不然，有些蜜蜂可能会错过在蜂箱里着陆。

一旦大量蜜蜂与蜂王在蜂箱里，你就会注意到前门的蜜蜂在扇动翅膀散发"这里是家"的信息素，去吸引那些仍在空中乱飞或者迷路的蜜蜂。

在很短的时间里，几乎所有的蜜蜂将会聚集在蜂箱里面，尤其是在傍晚时分（如果你能挑选时间，这是个给分蜂团过箱的好时机）。稍后，你可以关上前门，固定好箱子，然后回家。然而，分蜂团处置呼叫很少是理想的。

在某个竖直平面上的分蜂团

分蜂团可能会落在房屋的墙上、篱笆上，甚至是汽车的侧面。如果是这样，把你的箱子直接放在分蜂团下面。如果你不能，那就找一块纸板或塑料（实际上，你可以把这个加到分蜂团收捕工具箱。让它大约宽 0.3 米、长 1 米，中间可折叠），并把蜂箱尽可能地靠近墙壁。把纸板靠在蜂箱的边缘，甚至放进蜂箱的底部，如果蜜蜂离蜂箱比较近，把它靠在分蜂团下面的墙上，最好能接触到一部分的蜜蜂，如果纸板足够高。如果蜂群离地面确实很近，你可以把纸板或塑料板折起来。首先，用糖浆喷蜜蜂，直到蜜蜂基本

分蜂团处置呼叫名单

如果你在消防或警察部门的分蜂团处置呼叫名单上，你需要做好准备。

在你出发之前，以下是一些常见的要询问来电者的问题：

- 姓名和分蜂团所在的确切地址，以及来电者的手机号码。
- 它们是蜜蜂吗？它们在那里待多久了？
- 蜜蜂到底在哪里，在什么东西上？有多高？
- 它们对孩童或交通造成影响了吗？
- 谁可能拥有这些蜜蜂——是附近的某个养蜂人吗？
- 这群蜜蜂有多大？垒球、篮球和沙滩球的大小是大家都知道的。

如果你经常这样做，你将得知更多的问题。随时准备好纸和笔。

要告诉来电者的一些问题：

- 与蜜蜂保持一段安全的距离，或待在室内。
- 不要用水或杀虫剂喷蜜蜂。
- 让人在现场迎接你。告诉他们你的汽车或卡车的类型。他们可能在里面。
- 告诉他们蜜蜂很快就会离开，因为它们只是在休息。

上完全湿透，这样它们就不会乱飞了，并且都在忙着清理自身。然后，用蜂刷（你带了蜂刷，是吧？）慢慢地把它们扫下来，尽可能地从接近蜂团的底部开始。蜜蜂会落下，顺着纸板直接下滑到蜂箱里。要非常慢地扫。当你扫到墙上的时候，你需要举起纸板，继续扫落蜜蜂。再次向墙上的和蜂箱里的蜜蜂喷洒糖浆，以防止它们随意移动。继续扫蜜蜂，直到你把所有的蜜蜂从墙上扫落下来。将蜂箱的巢门口面对着墙，那边有大部分掉下来的蜜蜂，没有进入蜂箱。盖上大盖，等上一会儿——大概20分钟或1小时，差不多所有的蜜蜂会在蜂箱里了。关上巢门，然后回家。

如果你想以后也能接到分蜂团求助电话，可以通过给有经验的人做助手开始，如果可能——并且时刻为接手这种不可预测的事件做好准备。

你的责任是什么？

如果你在别人的地盘上捕获分蜂团时受伤了怎么办？如果你在移动分蜂团时有其他人受伤了怎么办？这些事件中的任何一件发生的可能性都是罕见的，但它们确实发生了，而且往往会通过法庭来终结。当你在一个繁忙的街区、在公共房屋上，或在私家庄园里获取一个分蜂团时，这一点必须要考虑到。

另一个要考虑的是，你永远不应该借帮忙收走分蜂团的机会来收取费用，除非你是做害虫防治的。此外，如果你把它收走，千万不要为一个分蜂团而支付任何费用。这些行为可以被解释为商业冒险，会给你带来一个完全不同的责任风险。

一旦你到达现场，人们和蜜蜂以偶然的方式混在一起，很难预测一种情况将会如何发展。因此，不必害怕，让你认为危险的东西或是对你施压的人离你远点就好。

第四章

关于蜂蜡

如果你提取蜂蜜，当你完成时，你将有蜂蜜和蜂蜡两种产品。如果有人为你做，他或她的报酬可能实际上是蜂蜡或蜂蜜。这种蜂蜡是在你把巢脾放入摇蜜机之前，把那些充满蜂蜜的巢房封盖割掉并移出来的东西。这些封盖通常被收集在一个打开盖的大盆里，让大量的蜂蜜流出，将封盖蜡与附着的蜂蜜相分离（现在你可以看到用一个网状衬里套在敞开着的容器上的智慧了：它截留了蜂蜡，让蜂蜜流下）。

你可以选择把剩下的蜂蜜和蜡分开，或者干脆把它们都扔掉。这可能不是最好的选择；有很多蜂蜜粘在封盖上，最好的蜂蜡是在那些蜡盖里找到的。如果你选择截留蜂蜡，有几种可选择的方法。

最简单的方法是收集纱网过滤器（衬在敞开容器里）的边边角角并把它捏团放进一个大的袋子里。把这个袋子系上，挂在干净的桶上，放在无蜂的、暖和的地方，让蜂蜜排干几天。将这些蜂蜜加入到你的总收成里，并在水中清洁蜂蜡。一旦这些蜂蜡被清洗干净，要将其冷冻以杀死所有蜡螟。不管你用它做什么，尽快这样做，以便使蜡螟或蜂箱小甲虫不会引起问题。这种蜡还可以涂布在下一年的塑料巢础上。

● 移除封盖的一种方式是使用加热的割蜜刀把蜡盖切下来，让它们掉落到收集桶里的中央平台上。平台上的这些蜡盖会有许多蜜滴往下流进桶底，然后这些没有蜡渣的蜜再被移走。把沥干的蜡渣水洗后做熔化处理，留作他用。

注意安全

要熔化蜡，有一条黄金法则：千万不要在明火上熔化蜂蜡。如果熔化蜂蜡的温度上升到超过了它的熔点并在加热容器的两侧沸腾了，那么，当液体蜡与火焰接触时，就会

开盖的术语

割盖和开盖的术语，其含义是相同的：从巢脾上充满蜂蜜的巢房上机械地去除蜂蜡覆盖物。这种覆盖物被称为封盖。当被熔化时，这种蜂蜡被称为封盖蜡。

变成火炬，进而无法控制地燃烧。所有的蜡很快就会着火，然后燃烧着的蜡将会很快扩散到你的工作台面，点着它所接触到的任何易燃物。此外，如果暴露在明火中，由过热的蜡所产生的蜡蒸气还会爆炸。

蜂蜡可以在双层锅内上安全地熔化。对于你的几个蜂群将要产生的蜂蜡的量而言，并不需要一个多大的化蜡设备（化蜡是一个术语，包括将蜂箱中的蜂蜡转化为干净的蜡块的所有方面）。

找一个安全的地方

如果可以，在马路上或是室外的空地上熔化蜡，在这些地方，即使有一些溢出的蜡也不会有问题，而且热量也能消散。还要记住，熔化的蜂蜡的气味会吸引你的蜜蜂。

如果你不能在外面安顿好，可以在车库或地下室选个地方。千万别在厨房里这么做。如果溢出的蜡落在地板上、炉子上、水池里和水池排水管上、鞋子上、柜台上或你从未想象过的地方，将会给你带来数周的悲伤。

如果没有安全地做这个的地方，沥干蜂蜜，用一桶水清洗蜂蜡，把它沥干，包在塑料袋里，放进冰箱，等待有安全的地方或者有经验的人为你做，而不是你自己冒险干。

在你的安全化蜡区设置一个工作台。把电锯和一些厚木板用报纸或其他一次性覆盖品盖好，保证工作良好。我将一块剩下的木板裁切成大约 1.2 米 ×0.8 米的尺寸，一头

蜂蜡的类型

在你开始熔化未经清洗的原蜡之前，按颜色分类。赘脾和联结脾产生出近乎白色的蜂蜡，封盖蜡是柠檬色的。你可能有来自子脾的深色蜡。混合多种颜色会产生暗色的蜂蜡。这种暗色主要来自蜂胶和蜡中不会被过滤掉的细的土颗粒。蜂胶会使蜡烛燃烧有点不寻常，可以使唇膏带有一种异味，会让面霜和润肤露呈现出你不想要的深色。因为颜色的关系，暗色的蜂蜡很适合制作肥皂、家用的抽屉润滑剂、抛光剂和防水乳液。留着用吧。

仅在太阳能化蜡器中熔化较暗色的蜂蜡。一个太阳能化蜡器能从塑料巢础上除去蜡，并把蜡与子脾上的茧衣、铁线和蜂胶等分开。此外，化蜡器内不受控制的热量可能导致蜂蜡变暗，这是当蜡被加热到极限时（93°C）甚至更高温度时就会发生的情况。

要用尽量少的次数把蜂蜡熔化完。

● 来自7个养蜂人的蜂蜡会有7种不同的颜色。

放置到电锯上，而另一头放在未使用的蜂箱上。看起来不好看，但它不需要覆盖，只是作为能够很好地完成许多任务的临时工作台而已。

化蜡

使用电热源——不是汽油、不是火焰。如果你是在外面化蜡或远离一个专用插座，请使用接地延长线。我用的是双眼电磁炉。更为详细的信息，请参见关于涂层塑料巢框的化蜡部分——这是相同的设置。当采用工业模式的时候，我可以熔化很多的蜂蜡。容器应由铝或不锈钢制成。不要使用铜、铁或镍，因为它们可能会加深蜂蜡的颜色。如果有疑问，先用少量蜡进行测试，看看颜色是否改变。

如果粗蜡（来自化蜡器、大块的巢脾、旧蜡烛等）第一次被熔化，当把它从熔化

● 这是我车库里的装置。它不太好看，但是功能极强。从左到右：要被化蜡的巢脾，一个大罐和一个盛放干净的熔化的蜡的平底锅，装有一半水的土耳其焙烧炉，一个小的铝筛子，一个用来放大块蜡的大平底锅（这基本上是一个双层锅）。周围是要熔化的干净蜡块、刀子和一个用于破碎大块蜡的起刮刀。

的容器里倒出来时，我会过滤一下。一些外来物质，比如死蜂、茧衣、木头和许多不认识的物体，可用粗筛来移除。下一轮过滤可以通过旧的运动衫材料（绒毛面朝上）、牛奶过滤器甚至几层纸巾（浸泡过蜡的纸巾在熔化了大部分蜡之后，可以再用来点燃喷烟器）。薄纱织物也很好用，其他各种织物也是如此。网纱越细，你倾倒得就应越慢。使用更大的水槽来增加过滤器的面积可以加快这一过程，用一个几乎凹陷到接收容器底部的过滤器也能加快这一过程。对于小批量的粗蜡，我用一个小一点的水浴锅和一个单眼电磁炉。

当工作台设置好后，电源就会安全地被保护并接地，放好电磁炉，水盆装上半盆水，把你的蜡放在置于水里的平底锅内，开始加热。

保持加热直到蜡熔化并变得清澈（这可能需要一段时间）。把你的接收容器和过滤器都准备好，放在合适的位置，在其周围用纸夹或橡皮筋来支撑或固定。确保过滤器是安全的——过滤器将随着蜡的冷却而变得沉重。

当第一次熔化粗蜡时，我把它加热直到变得清澈，然后把它通过双层纸巾直接倒入一个我可以重新加热的锅里。做完后，我把这个平底锅放回到热水中加热，直到蜂蜡完全清澈。然后再通过我已有的最精细的过滤器，把它倾倒进一个储存容器里。这样，蜡里就没有碎渣了，并且我可以一口气做完。

你可以在已经有些水的平底锅里加热蜡。那个平底锅直接放在另一个有水的正在直

接加热的平底锅里。蜡的密度比水的小，熔化时会漂浮在锅的表面。当所有的蜡都熔化后，用长柄勺把它舀出，倒入你的接收容器里。多数的碎渣会沉降到容器的底部，你可以刮掉任何没有被清除的碎渣。

给塑料巢础涂蜡

将巢脾靠近工作台面上的电磁炉，抬起一端。把海绵刷在蜡里蘸一下，把空气挤出来。拎起海绵刷，轻轻敲几下，把多余的蜡释放出去，迅速把刷子拿到巢础上，以滑动的方式，立即在其表面交叉移动。多数的巢房边缘有蜡，而巢房底部无蜡。移动得足够快，这样蜡就不会沉积在巢房底部了，但也不要太快，不然你将不会在巢房边缘留下任何蜡。

● 首先，为了从熔化的蜂蜡中移除蜡渣，请将它们过筛。

● 熔化的蜂蜡被倒进一个纸漏斗里以移除任何剩余的蜡渣。

● 坐在水浴锅里的一盆熔化的蜂蜡：注意围绕着盆边的一圈冷凝蜡环。这种蜡最终要被刷到塑料巢础片上。

● 以滑动的形式刷过巢础，在表面上快速移动。

● 一个涂蜡良好的塑料巢础——蜂蜡是在边缘上的，而不是在巢房的底部。蜜蜂将用这个巢础来制作好的巢房。

关于太阳能化蜡器

你可以自己做一个化蜡器，或者从供应商那里购买一个化蜡器，作为一个配套装备。互联网上有很多设计图，按设计图很容易把化蜡器建造出来。把外面和里面涂成黑色（有人说内部涂成白色，但我发现当用一个厚厚的塑料覆盖时，黑色的效果更好），要确保盖子紧实，不然在里面一直有蜜蜂，把它放在让它一整天都能得到尽可能多光的地方。上面用波纹塑料覆盖，而不是玻璃，并使盛放那些巢脾和蜡块的金属托盘尽可能大。在加热板（电炉）上，放上一个大的托盘，还要有两三个平底锅——是能把化蜡锅放进去的那种，所以一定要用铝的或不锈钢的。如果你认为这个工具很重要，那就把它做得大一点（我见过自制的盒子，上面用的是带有窗户的普通的防风门），使锅倾斜30~35度，以便熔化了的蜡相当快地离开巢脾，其他杂质停在原位。如果可以，在托盘底部的开口处放一个纱网来截住蜡里的至少一些较大块的杂质——死蜜蜂、老巢脾块和木屑都将被筛出来。

警告： 那些全塑料的巢脾／巢础单元将会在化蜡器中遭到破坏。某些有塑料巢础的木制巢脾会扭曲和弯曲，其他的则根本不会。在你知道它们将对热如何反应之前，一定要小心你的那些带有塑料巢础的巢框。

🔸 一种典型的太阳能化蜡器简单来讲就是一个在倾斜的托盘上托住蜂蜡的闭合性盒子，以便当内部温度达到60℃以上时，蜂蜡熔化并从托盘流到底下的收集器里，把蜡渣留在托盘里。因为蜂蜜和蜂蜡的气味，化蜡锅较脏乱，对蜜蜂很有吸引力，是个易惹麻烦的物件。

🔸 这种太阳能化蜡器就是一个密闭的盒子，用半透明的塑料覆盖，并被漆成黑色（如顶部图）。内部温度很容易超过需要蜡熔化的60℃。巢脾或蜂蜡被摆放在倾斜的托盘上，而熔化的蜡被收集到一个小锅里（如上图）。这是一个收集粗蜡的很好方式，可以用来制作蜡烛、护肤乳液、巢框敷料等。

🔸 直接流出化蜡器的蜂蜡需要再熔化并过滤，以移除所有的无关物质，这样它就是干净的，做蜡烛能燃烧得很好，也适合做护肤乳液。

封盖蜡处理

当蜡熔化时，就要准备把它倒出来了——你会把它倒进什么里呢？把蜡放在你的熔锅里不是一个可行的方案。供应商出售特殊的蜡锅。当这些平底锅装了一部分热的蜡，并且这些蜡冷却之后，固体的蜡块就刚好可以滑出。空的、干净的、纸的或塑料的牛奶容器很好用，就像任何能承受熔蜡热度的容器一样。如果有疑问，请先用少量熔化的蜡对容器进行测试。

● 把蜂蜡放到牛奶硬纸盒里冷却就行，可以留着制作蜡烛、面霜或肥皂。

● 如果你打算把蜡反复倒来倒去，用一个旧的搪瓷咖啡壶来过滤蜂蜡很好用。这个壶有一个过滤纸巾，注意蜂蜡的颜色。这种细腻的柠檬黄是质量最好的，也是最受欢迎的蜂蜡颜色。这是封盖熔化后所应该有的颜色。

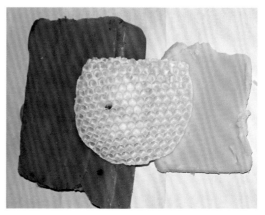

● 当化蜡时应避免混合蜂蜡，否则到最后你将丢掉独特的颜色。从左至右：来自旧巢脾的深色蜂蜡、从分蜂群拿出的一块新造巢脾、柠檬色的封盖蜡。

使用蜂蜡

在互联网、书籍和杂志上有大量关于用蜂蜡、蜂蜜甚至蜂胶制作蜡烛、护肤液和面霜的资讯。在这本书中，我们选择聚焦在适当地照顾、饲喂和管理的第一年左右的蜂群。你利用蜜蜂生产的任何产品，是不会为了销路而发愁的。

● 蜂蜡有多种用途，包括用于制作蜡烛和化妆品。

蜂蜡特性

蜂蜡在大约 62.8°C 时熔化。这个温度会有所变化，这取决于气温和蜡中杂质的数量。

蜡的相对密度大约是 0.96，而水的相对密度是 1.0，所以，蜡会浮在水面上。

封盖蜡，凉的时候会呈现柔软的柠檬黄色。来自旧巢脾和赘脾的蜡会变暗并将含有融入材料，如蜂胶。不要将封盖蜡和旧蜡混合在一起。

用纸巾擦干新的溅出物。用锋利的工具，如单刃剃刀刀片，刮去冷却的蜡渣和蜡滴。为了清除小的溅出物和刮擦后残留的蜡薄膜，可以使用一种在出售蜡烛的大多数商店里都可以买到的、专门用来清除蜡的石油溶剂。用热的肥皂水最后冲洗一次就可以完成这项工作。

当你把软化的自来水和熔化的蜂蜡混合时，蜡和水会发生反应，导致不适合做任何东西的糊状蜡产生。不要用自来水，最好用瓶装水，甚至是雨水。如果你熔化了大量的蜡并用了大量的水，你会想要探索另一种熔化方法——太阳能化蜡器或双层锅。

第五章
25 条当代养蜂规则

　　无论你有 1 个蜂群还是有 100 个蜂场，一些基本的规则总是通用的。其一，你的蜜蜂需要进食，良好的营养是必不可少的。然而，它们作为幼虫所吃的是不同于它们作为成虫所吃的。作为被溺爱的蜂王，需要吃的东西也不同于一个勤勉劳作的采集蜂需要吃的东西。但规则不仅仅限于蜜蜂的食物，更必要的是清洁、安全和稳定的供水，还有安全、适当和足够的避难所。当大盖被吹掉或者继箱被掀翻的时候，人们容易发现问题，但是，要确定是否需要给扩增的种群更大的空间和增加食物储存，就比较困难。虫害和疾病尽管不是那么容易管理，但至少大部分是容易诊断的，也是容易治疗的。当然，事后处理总是比一开始就避免要更困难。不仅要把蜂群繁殖的问题列在要考虑的清单上，而且应该提供改进每一世代的方法。

　　一个蜂群是一个复杂的分类单位，有 3 种类型的个体需要考虑，它们中的所有个体都随着年龄的增长而改变对环境的反应方式，无论在身体上还是在情感上，于是就出现了各种各样的子群。此外，所有的养蜂活动都是地方性的，所以提出一个包含所有规则的清单是一项挑战。几乎对每一个有关蜜蜂和养蜂的问题，我最常见的答案是"这得看情况"，所以运用这些规则时要注意这点，因为总会有例外。

● 一个蜂群需要一个好的蜂王吗？答案永远是肯定的！

　　这些规则被分为不是不能变通的 5 类，但是，第一类和第二类争议最大。一个蜂群如果没有蜂王的话将不能生存。任何一个蜂群如果感染了太多瓦螨也将不能生存。区别在于：蜂王的存在是黑白分明的，而瓦螨则总是在变化。

● 在奢华环境里培育的蜂王的商业价值是比较高的。

蜂王规则

蜂王规则 1：蜂王必须在奢华的环境中培育

有句老话：我们常常能得到蜂王，但不是我们想要的蜂王。得到你想要的蜂王意味着找到一个能提供你想要的高质量蜂王的蜂王生产者。最理想的情况是，有一天你会按照你的确切位置、管理风格和时间表饲养自己的蜂王，这些技能一旦掌握，就不再需要这一规则了。尽管如此，养蜂人应该对这个过程有足够的了解。下面是培育优秀蜂王的一些基本知识，以及在这个过程中可能出现的问题。

在这里，任何养蜂人都可以做一件事来增加所购买的蜂王是被奢华饲养的可能性：在新蜂王诞生的地方观察天气。这个很容易发现，几乎是实时的，从智能手机或计算机上可以查出地球上任何地方的天气。这是一个工具，你若不使用就是不明智的。下面就是原因。

一个奢华的幼年从一个健康的种用蜂王和蜂群开始。这些是可以生产幼虫（包括你蜂群里的蜂王）的蜜蜂。早春的恶劣天气会限制食物。寒冷可以冻伤蜂子，从而减少你饲养蜂王的那些蜂群里的潜在工蜂数量。比正常时间还早的一段非常温暖的天气，会在预定计划防治瓦螨前产生大量的瓦螨，这些瓦螨会通过伤害照顾种用蜂王的蜜蜂或种用蜂王自身，引起各种直接的问题，并在整个操作过程中增加病毒。

如果种用蜂王的蜂群成功地保护了蜂王的健康，它会产下卵，然后卵和幼虫被转移到不同的蜂群，在那里有大量的非常年轻的哺育蜜蜂，它们有非常活跃的食物腺体，可以给这些即将成为蜂王的幼虫提供大量的蜂王浆（蜂王的食物），但它们也决定了一只幼虫是否适合当蜂王。它们按照自己的一套规则喂养那些被认为合适的幼虫，而绝不喂养质量差的、受伤的或不被认可的幼虫。这个蜂群通常被称为始工群。可能也会有天气或其他问题，一次冷空气的突袭会带来毁灭性的后果，可能会冻伤这些昂贵的蜂子，干旱或冷冻导致的劣质食物会对哺育蜜蜂造成危害，过多的瓦螨和病毒会给它们带来一系列的问题。这是其他蜂群也可能会遇到的问题，但这里的控制尤为关键。在始工群里待了24小时或48小时之后，新被接受的拥有蜂王的王台被转移到另一个蜂群，称为完成群。这些蜂群继续喂养蜂王，为它制作将在里面化蛹的蜂蜡王台并完成王台的封盖。当然，喂食在这里是至关重要的。在它羽化出房去交尾之前，差的储存或生病的蜜蜂会给你的蜂王一个糟糕的开始。因此，当你要让蜂王在奢华环境中培育时，天气会起到重要的作用。这是值得注意的。

但是，即使天气很好，其他问题也会干扰蜂王的奢华要求——如生病或饥饿的哺育蜂。生病几乎总能跟过去的或现在的瓦螨联系起来，很难知道蜂王生产者是否在充分控制瓦螨。一个相关的问题是蜂群里的化学残留，而你未来的蜂王正居住在此，不管是种用蜂王群、始工群、完成群还是交尾核群，它们可能都有残留问题。

所以你应该问的问题很简单：蜂王的母亲及它母群里所有的哺育蜂都健康吗？年轻健康的哺育蜂被加入到始工群和完成群里有多长时间了？这些蜂群里的巢脾每年更换一次吗？每年更换一次的目的是减少蜂王暴露于化学药物残留吗？如果一直在查看天气，你对食物的可得性就会有个想法。天气转好时，蜂王生产者给种用蜂群喂什么？种用蜂王应该拥有最好的环境，以便它生产最好的后代。很多蜂王生产者在温度和湿度可以控制的孵化器中完成王台，当然，它应该得到很好的控制，对吧？

如果所有这些条件都满足——干净、安全、营养良好并在控制之下——你最终会得到满意的蜂王，但游戏还没结束。

蜂王规则2：蜂王在出售或使用前必须是交配良好的

在蜂王出台的前一两天，王台被从完成群转移到交尾核群，它通常是一个小得多的蜂群，通常是仅有2个或3个1/2巢脾的核群。它花了几天时间准备飞行，由哺育蜂照顾它。然后，它有很短的时间来完成那几次飞行。如果天气不好，飞行就不可能了，或者只可能飞行一两天，蜂王将没有机会见到和问候尽可能多的最理想的雄蜂。所以即使它已经交尾了，它也是交尾不好的，比起交尾良好的蜂王，它所接纳的精子也会很快耗尽。它应该和多少只雄蜂交尾呢？20~25只，也许是30只。但是5只或10只是个灾难。在你的蜂王被送到之前的2周里请注意天气，确保有一些阳光好并适合飞行的天气。一只交尾差的或未交尾的蜂王一般在引进后不久将被蜂群所取代，你将失去宝贵的建群时间。如果说，一个交尾良好的蜂王似乎比一个交尾欠佳的蜂王更有自信，这是拟人化的说法，但却是一种很好的想象究竟是怎么回事的方式。

当与蜂王交尾的雄蜂表现得不太出色时，它们的交尾效果也会很糟糕。有两个问题会导致这种情况：由瓦螨或用于控制瓦螨的化学药物造成的损害和由营养不良造成的损害。这里要问的最重要问题是：有多少雄蜂蜂群在支持着蜂王生产者产出足够的雄蜂用来与那些蜂王交尾？雄蜂蜂群特别加进了雄蜂巢脾以生产更多的雄蜂。如果每个蜂王需要25只雄蜂，并且蜂王生产者每周卖出几千只蜂王，那么雄蜂的需求量会很大。有足够多的雄蜂吗？

当然，营养也是一个经常要考虑的问题。让蜂王无法得到好的食物和交尾天气同样也会阻止雄蜂婚飞，而待在家里的雄蜂不会交尾。如果天气不好，蜂王生产者该怎么办？

所以，如果你的蜂王能随心所欲地进行交尾飞行，并且能在雄蜂集结区找到很多健康的雄蜂，并与15~20只甚至可能更多的来自不同遗传背景的雄蜂交尾，那么它就是交尾良好的。

蜂王应该在交尾核群里待上一段时间，这样蜂王生产者就能对它进行评估。这段时间刚好可以看到它正在产卵，正在产一个密实的子脾或者它的后代确实羽化了。但它在

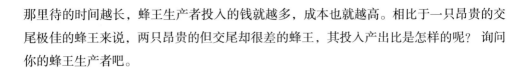

那里待的时间越长，蜂王生产者投入的钱就越多，成本也就越高。相比于一只昂贵的交尾极佳的蜂王来说，两只昂贵的但交尾却很差的蜂王，其投入产出比是怎样的呢？　询问你的蜂王生产者吧。

蜂王规则 3：蜂王必须是有生产力的

这一规则可能是 25 条规则中最主观的一条。什么是有生产力的？在这里，这意味着它让你挣到足够的钱。你的管理风格、商业目标和地点都决定了你衡量蜜蜂性能的方式。你最好的衡量标准是将你的蜂王生产力和另一个蜂王的生产力比较。如果另一个蜂群产的蜂蜜比你的多得多，为什么？是因位置、箱中蜜蜂的数量和健康状况、养蜂人的干预造成的吗？当你知道你想要什么的时候，你必须找到你的蜂群里的蜂王。就这么简单而又复杂。

使用一个度量将会回答其中的一些问题。它每天产多少粒卵？在旺季的时候，据估算，蜂王一天可产 1800~2000 粒卵。这不是不能计算的。有个快速的计算方法：在它被引进核群并至少已经产了 2 周的卵以后，你会对它的产卵模式感到满意，并能看到周围有一批健康的哺育蜂随从，在早上，数一下蜂群里的封盖子的巢房数，这没那么难。对于始工群，给每一个有封盖子的巢脾都拍一张照片，随后在你的计算机上数每个巢房。相信我，在你第三次这样做之后，你会非常擅长估计每侧的巢房数量。或者，你可以用尺子测量每一巢脾的封盖子的面积，以得到总面积。虽然有些变化，但每 6.45 厘米^2 应该有 25 个封盖子巢房。然后，在正好 12 天后的早晨，再来一次。那个第二次计数将会给你它在这 12 天里产卵的总数——有些是昨天刚封盖的，有些是在 11 天之前封盖的。现在，把这个总数除以 12，你就会得到一个每天产卵的平均数。12 天后再做一次，看这个数是否有变化。很快你就能一眼看出子脾区域的好坏了。一个深的巢脾每面大约有 4500 个巢房，一个中等深度的巢脾每面大约有 2700 个巢房，但是不要猜测。垂直地和水平地算一算巢房的数量，两数相乘，然后你就会知道了。估计封盖子所覆盖的百分比，并进行计算。测得的数量是增加了吗？是好转了还是慢了下来？蜂王会根据一年里的不同时间而提高还是降低产卵速度呢？

那么，你的主要目标就是确定你想要什么。当你知道的时候，你也会知道你的蜂王是否是有生产力的。如果它们不是有生产力的，就将它们换掉。

蜜蜂规则

蜜蜂规则 1：你的蜜蜂应该适应你的地理位置

在美国，多数的蜂王从早春到仲夏都可在东南部、南部或遥远的西部被培育出来，这样，你就能在水果和蒲公英鲜花盛开的时候得到它们，并及时换王。这在以前很管用。

在你生活的地方，从那些一直存活并繁衍的原种中获取或培育一个蜂王。在你居住的地方，一个能生产一只处女蜂王的第三代或第四代原种已经设法适应了开花时间、天气及所在地区的特点。这通常需要去寻找。从现在开始。当然，你需要它和有同样经历的雄蜂交尾。如果这是可能的，你将培育蜂王，它生产的蜜蜂可在它们生活

⬤ 一个健康蜂群中的许多蜜蜂、蜂子和蜂蜜。

的地方兴旺繁衍。对瓦螨和其他害虫的抗性可能是也可能不是笼蜂的一部分，但适应性高要列入挑选清单中。一旦你有一个原种喜欢它们生活的地方，你就可以开始选择其他你想要的性状。但首先它们必须活着。

蜜蜂规则2：你的蜜蜂应该按照你的饲养目的来挑选

如果你以授粉为生，你的蜜蜂需要早起（或者在季节初始就饲喂）才能充分利用一年中的第一个流蜜期，为那些早开花的作物做好准备。如果它们睡懒觉，直到春季来了才开始建群，那时生活变得轻松（不管你给它们吃多少或是如何刺激它们），你就会有麻烦的。然而，如果在春季你总是迟些开始，则正是蜜蜂们所乐此不疲的。

如果蜂蜜生产是你的目标，你需要一个刚好在主要的流蜜期之前有大量蜜蜂的蜂群，以便可以利用大量的采集蜂来采集花蜜。如果你想要一个能在北极过冬的蜜蜂原种，它们一定要有小的越冬种群，比一个大群吃的食物要少得多，确保它们在有丰富食物进来之前不会开始育子。

在确定一个原种时要明智地选择，以确保它符合你饲养蜜蜂的风格。

蜜蜂规则3：你的蜜蜂应该对病虫害有抵抗力

刚起步或者仅有很少种群的时候，开展一项育种计划是不现实的。所以，你的第二个选择是寻找本地生产的蜂王。该蜂王生产的原种可以提示一些对常见问题的抗性或找到拥有你想要的特性的更遥远的种质资源。然而，你获得的这个原种对瓦螨和其他病虫害有抗性或耐力是绝对有必要的。要把这事列为首要任务。

育种者可有多种途径来进行虫害和疾病抗性的筛选。然而，他们大多使用蜜蜂天然卫生行为的某种形式。这包括简单的梳理行为：从彼此身上清除成年的瓦螨或从封盖的和敞开的巢房中大力清除受侵染的幼虫或蛹。你可以选择其他的机制，但这些是寻找、测量和融入一个繁殖计划里最常见的。在寻找最好的原种来培育时，选择就变得复杂了——当地的、抗性的、有生产力的和温和的——并且能否选择对的那个主要取决于你的运作需要什么和缺少什么，以及你的计划要求的IPM或化学治疗的水平和种类。

有一种观点认为不要选择卫生行为，因为如果这种行为太过激烈，会对蜂群有害。

相反，一些育种者正在选择不同的抗虫和抗病性状，同时也选择蜂王的寿命。一个能满足并保持生产力度量标准的蜂王是必要的，当然，但如果它的品系表现出非常低的分蜂行为（这样它可待在这里），并且它保持了 3 年甚至 5 年的生产力水平，你将会在比赛中遥遥领先。至今，那些长寿的和具有抗性的蜂王很少见，但如果你去找，一定能找到。

蜜蜂规则 4：你的蜜蜂应该乖一点

饲养温驯的蜜蜂有明显的理由：如果它们蜇了你很多次，它们就是不容易操作的，如果它们不容易操作，你就无法照顾它们。而且，你后院中有攻击性的蜜蜂对你的家庭和邻居都是一种威胁。

有时，一个蜂群在前一周还是一只小猫，但 3 周后就是一只老虎了。有几件事可以产生这样的结果。种群的增加仅仅意味着周围有更多的蜜蜂。蜜源的缺乏可能引发极端的保护性行为以免受抢劫。臭鼬和其他生物可能骚扰蜂群，让它们处于防御状态。

一个温驯的蜂群更容易操作，在拥挤的环境下也不那么麻烦，更不容易抢劫其他蜂群，不会跟随你，或者只会跟着你约 1 米，不会飞向你的脸。蜜蜂一般不会在巢脾上奔跑，当蜂群被打开时，很少或根本就没有蜜蜂起飞，并且在被喷烟时会表现出极大的顺从。所有这一切会使你进入一个蜂群做需要马上就做的事和该做的事都变得更容易和更快速。这才是你挑选的蜂群所应具备的性情。

但当精心挑选的蜂王在这个蜂群丢失时，一切就都完了。这个蜂群培育出了一个新的蜂王，它能与无数未知的雄蜂交尾。一种十分普遍的看法是，吝啬的蜜蜂制造更多的蜂蜜。真的还是假的？通常这是真的，因为该蜂群废弃了这只温驯的蜂王，之后替代者和当地的几个雄蜂交尾了。这些雄蜂一些来自温驯的、遥远的蜂群，但也有一些来自野生的蜂群，它们绝对不是因温驯而幸存于世的。另外，当地的蜂群知道当地的环境——天气、饲料、时机、越冬——总比在相同地方才度过第一个夏季的蜂群要好。这些蜜蜂几乎总是比那些从暖和的气候中进口来的蜜蜂产出更多的蜂蜜。但它们会温驯吗？可能不会。

所以，几周前还是小猫的蜂群在你下次来的时候可能会背叛你。而这些新的性状倾向于生存，而不是对养蜂人友好的行为。生产力绝对是一个生存性状。也许现在你可以看到标记一只蜂王的更多价值了。

养蜂规则

这些规则没有先后顺序，因为它们都排在第一位。它们对于成功饲养蜜蜂并使它们存活都是至关重要的。它们也没有列入任何日程表里，因为这些规则中的大部分，你在整个流蜜季节都需要注意。

养蜂规则 1: 注意其他的害虫

考虑到使蜜蜂染病的许多东西，你会认为这部分会很长。但如果你知道了这些问题，你可以很容易找到预防措施、治疗和康复信息，具体取决于你在哪里养蜂。毫无疑问，狄斯瓦螨（和它所携带和传播的病毒复合体）是蜂箱里的坏蛋之王，但是其他的病虫害也不能忽视，否则蜂群的命运将永远是一样的——死掉、垂死或衰亡——当然不是兴旺的。如果有一个健康的、蜜蜂众多的家系，蜂王所生产的后代就能表现出某种程度而非

一定要按时定期检查。这样，你看到的最多却打扰得最少。

过度的卫生行为——总是有足够的好食物，生活在干净的蜡里，位于阳光充足的地方，并且能够避免持续地（尽管可能偶尔地）与农业杀虫剂接触，除了美洲幼虫腐臭病以外，一个蜂群还可以处理大多数的病虫害问题。这是最基本的，因为它符合对有害昆虫进行综合治理（**IPM**）的原则。接下来是一些机械性的技巧：捕捉蜂箱小甲虫，适当地用继箱保管以预防蜡螟，提供良好的通风条件。有许多可以控制这些害虫甚至是美洲幼虫腐臭病的化学方法，在时间和蜂群数量可控的时候，你可以选择走这条路。

但是，美洲幼虫腐臭病的不同之处在于它留下的孢子寿命很长。一旦被感染，蜜蜂的家就会被认为是不适用的。抗生素可以用来阻止感染，但必须由兽医提供。如果你有一个巢脾或者内盖，一定要用火烧毁巢脾和内盖；如果你没有，要把蜂箱的内面用火烤焦，以破坏孢子。更安全的选择是把蜜蜂也消灭，但有些人选择努力拯救蜜蜂，并把它们放在新的、干净的蜂箱里。这是耗费时间的，但通常情况下，考虑到更换的成本，还是值得努力一下的。

无论如何选择，你必须能够认识到这些问题，实施补救行动，并知道如果预防行动失败该怎么办。要考虑到所有的问题，预期它们的出现，并知道如何拯救蜜蜂。

养蜂规则 2: 保持蜡清洁

在养蜂人使用化学药物治疗瓦螨时，这一直是一条规律，但是现在已经变得特别重

把旧蜡处理掉。把它熔化，用新的、干净的巢础来替换。

要了。蜡吸收了这些化学物质，不管你是否使用它们，你的蜜蜂经常暴露在低水平的化学物质中。如果你在蜂箱里放进蜂蜡巢础，你的蜜蜂一辈子都会与少量的毒素一起生活。一般的建议是更换深褐色的或黑色的巢础，或者即使不是黑色的，也得至少每 3 年更换一次。在我看来，这不再是一个安全的建议。应该在第二个流蜜期结束后，清除并更换巢脾里的蜂蜡。

养蜂规则 3：把你的蜜蜂和其他蜜蜂隔离开来

说起来容易做起来难，事实是你需要提防你的养蜂者邻居。如果他们在照顾蜜蜂的时候不像你那么精细，那么你的蜜蜂就有可能全盘接收或偷来他们蜂群里的问题。尤其是当他们的某个蜂群遭受病毒感染发生崩溃时，那些蜜蜂就弃巢了，于是与之邻近的你的那些蜂群因为洗劫了这个"蜂去箱空"的残部，刚好分享了它们当初的痛苦。

很快，每个蜂群都拥有了同样的病。迷巢尤其使这些问题得以扩散，但被丢弃的染病设备也是一个问题。要保持干净或绿色并不容易，隔离几乎是不可能的，但无论如何还是要试试。

养蜂规则 4：无论如何，一定要避开农业

如果你有任何选择，让你的蜜蜂离工业化农业越远越好。现代食品生产发展了各种技术，它们在我们生产食物的地方毒害了植物、花朵、花蜜、花粉、土壤和地下水。虽说并不足以直接杀死你的蜜蜂或野生动物，但是却对它们以亚致死的或几乎没有致死的剂量产生永久的影响。你的蜜蜂把这些有毒的食物带回蜂箱，再喂给它们年幼的同伴。这削弱了群势，降低了蜜蜂的免疫系统的功能，在已经负担过重的系统上又增加了一层压力，作为最后一击，进入你的蜂蜡，并在未来的几年里继续提供致命的剂量。所以，应远离传统的农场。

另外，随着工业化农业规模的扩大，景观多样性降低，蜜蜂的食物急剧减少，你的蜜蜂必须飞得更远以保持均衡的饮食。不然，它们总是得不到足够的好食物。无限制地使用除草剂和不实行轮作制，使植物的多样性减少到了最低程度。

养蜂规则 5：为蜜蜂和蜂子提供足够的空间

蜂群中虫口波动的正常周期是：秋末一般最小，随着冬季的推移，逐渐但缓慢地增加，当春季来临时，建群加快，在春末达到顶峰，在仲夏和夏末的时候趋于平稳，秋季慢慢减少，到了秋末几乎没有增长。数字是不确定的，取决于蜜蜂在哪里、在各季节有多少食物可供食用、所测量的蜜蜂的种族、它们是如何被管理的或者是没被管理的。

即使不给蜂群施加压力，也不对蜂群要求过多，一个被管理来进行最佳生产的蜂群仍需要有空间来容得下幼蜂和成年蜂的生长，来容纳巢内的花粉和蜂蜜，当然还要收纳

一些囤积物，以使它们渡过往后的艰难时光。

　　一直提供那些空间可能会有问题，因为这样做，比起能安全抵御掠食者（蜡螟、蚂蚁、蟑螂、蜂箱小甲虫等）的小种群的蜂群，将会有更多的空间。因此，额外的空间必须刚好在需要之前才添加，充其量算是时机选择问题。

　　要想准确把握这一时机，就要知道今天的卵在 3 周内长大成蜂时需要多大的空间，以及期望一天可产高达 1800~2000 粒卵（现在你知道该怎么测量了）的蜂王接下来会做什么。但是你要知道它确实产了那么多粒卵——你怎么辨别及那意味着什么（见蜂王规则 3）。所有的蜜蜂都必须有地方可待，如果没有足够的空间，它们会自己动手采取措施，那么你就得担心分蜂了（见养蜂规则 7）。

◉ 每个蜂群都是不同的。一个蜂群需要的空间是可以改变的。

　　通过查看封盖子的数量，可以快速计算出你需要的空间（你这么做是因为你每天都在数蜂王的卵）。仔细查看一框的封盖子。一只站在那个巢脾上的工蜂覆盖了两个巢房。所以，当你弄清封盖子的数目时，你就可以把空间扩大一倍来容纳在接下来的 12 天里羽化出房的成年蜂。突然之间，你需要比你想象的更大的空间，并且，如果蜂王处于上升阶段，这个数字将在大约 3 周后再次增加一倍。要提前做好计划。

养蜂规则 6：为花蜜和蜂蜜提供足够的空间

　　蜂箱内除了为蜜蜂提供需要的空间外，还必须随时准备容纳摄入的花蜜和由此产生的蜂蜜的空间。根据经验，花蜜大约含有 70% 的水分、30% 的糖和固形物，而蜂蜜大约含有 17% 的水分、83% 的糖和固形物。花蜜中的糖含量从 10% 到高达 80%，但是 30% 这一均值，是蜜蜂所追求的最低含量。

　　需要多大的空间？如果你的蜂群要从含 30% 糖的花蜜中制造 56 千克蜂蜜，它们需要采集大约 136 千克花蜜或者大约 284 升花蜜。这需要相当大的空间，即使不是所有的空间都同时需要，但如果需要时却没有空间，生产就会停止。

　　为了实现从主要是水到主要是糖的转变，需要一点魔法的、化学的转化和空间。回巢的采集蜂会将它们采集到的花蜜交给准备完成加工程序的内勤蜂，这些花蜜已经被添加了需要把双糖（主要是蔗糖）改变为单糖（主要是果糖和葡萄糖）的酶。内勤蜂也能混进一些酶来增强转化酶的活性，它们操纵液滴，使其暴露在蜂箱温暖的内部环境中，然后在空巢房的顶部挂上一两滴，使其最大限度地暴露在蜂箱中的干燥风中，并使其进一步脱水。

当那一滴足够干的时候，它就是蜂蜜了，被转移到一个最终会充满蜂蜜的巢房里，然后被一层薄薄的起保护作用的蜂蜡所覆盖。其中一些蜂蜜也被放置在储存了大约一半花粉的巢房中以保护花粉。这些巢房没有用蜂蜡覆盖。

养蜂人的主要任务是确保有足够的空间给那些所有脱水的小滴。如果内勤蜂确定没有更多地方可存放采进来的花蜜了，它们会把从回巢的采集蜂那里接过的花蜜直接卸在巢脾边缘。在某种程度上所表达的信息是：采集蜂姐妹们，请不要再带回任何花蜜了，没有空间了，至少是现在。所以，那些采集蜂与其出去寻找更多的花蜜，不如休息一下。于是，每一次的休息都意味着将产生较少的蜂蜜。

这些小滴在这些巢房中不会停留很长时间——一夜或者也许一天——在它们被脱水达到储存质量并被转移到蜂蜜巢房之前，为更多进来的花蜜腾出了巢房。但如果所有的巢房都满了，这段时间，不管是几个小时还是一整天，都会损失蜂蜜的生产。所以，如果你觉得某个继箱里充满了今年的洋槐花蜜，因为这种花开得很壮观，天气也没有要下雨或转凉的迹象，而你又有大量的蜜蜂，确保它们有一个储存蜂蜜的继箱，至少有一个储存花蜜的继箱，两个继箱更保险。当洋槐流蜜期结束时，你可以移除多余的空间。

养蜂规则 7：管理分蜂行为

分蜂是一种复杂的行为，一般的迹象是蜂箱拥挤，天气良好。在春季，随着蜂群虫口的增加，这个蜂群正在扩张，可能每天1000多只蜜蜂，如果一切顺利，还会高达2000只。所以，我们只需要给蜂群里所有的成年蜜蜂留出空间。但是，当它明显没有足够的空间了——大量的蜂子、大量的成年蜂和太多采集进来的食物——这时分蜂引爆器被触动了，分蜂过程开始。蜂王的饮食被缩减了，于是它放慢速度，然后停止产卵并且体重变轻，这样它就可以飞了，并且食物的储存速度也减慢了，为所有的新蜜蜂腾出了空间。在繁殖周期里，当蜂群分蜂时，有一个可察觉的中断，这对瓦螨生命周期有积极的影响。然而，这里的一个关键部分是每只蜜蜂都有蜂王信息素的概念。

当蜂王们快满两年的时候，结群的信息素开始改变，对蜜蜂的行为影响变小。拥挤、外面真实世界里有很多可用的食物、一年里的这个时间（白昼变长而不是变短）、种群和一个年老的蜂王，所有这些都会影响这个过程。一个健康的蜂群是应该要分蜂的。

管理这种行为会是耗时的、劳力和设备密集型的，而且成本是高昂的。如果这是你的目标，疏于管理只会在蜜蜂丢失和作物减产方面要付出高昂代价而已。所以，最简单的但不一定是最有效的、有生产力的或者蜜蜂友好型的方法是在它做出分蜂决定很久以前，对原始的那个大群进行 1 次、2 次甚至 3 次人工分群，以使种群变弱。在分蜂开始之前阻止它。然后，为这两个（由一位老的、有分蜂倾向的蜂王领导的）母群提供新的蜂王并进行人工分群（这样你知道你将有什么，而不是你希望你会有什么）。现在，在所有由原群而来的新蜂群里，分而治之是检查蜂王并替代王位的一种方式。

把一个大的蜂群分成几个较小的蜂群可以产生几个结果。蜂蜜马上就会减少，蜂王失踪，蜜蜂弃巢，建造缓慢。如果发现这些结果，需要对其加以监测和修复。发现不了，则可能意味着失去一个蜂群。但也可能是几个由年轻的、有活力的蜂王领导的新的、产蜜的、健康的蜂群结束了这个季节并进入了冬季。无论你选择什么，都必须要管理分蜂群，否则将失去蜂群。

养蜂规则 8: 确保总是有足够的好食物

这听起来很简单：当蜜蜂需要食物时就喂它们。很不幸，没那么简单。实际上，是在蜜蜂需要食物之前喂它们。你需要知道什么时候开始建立蜂群使之刚好在流蜜开始之前虫口达到高峰，所以它们不能在流蜜期建群，而是要使储存最大化。你应该知道什么时候流蜜即将结束、什么时候下一个流蜜期开始、储存了多少食物、还有多少蜂子、需要再饲喂多久。哺育蜂在喂养幼蜂时应该可以获取尽可能多的食物，不然它们就开始使用自己体内的蛋白质，这将缩短它们的寿命，如果时间拖久了，还会缩短它们正在喂养的幼蜂的寿命。在食物短缺发生之前就要预见到这些，以便不会发生这样的事情。用这个公式，即它需要一个花粉巢房，加上一个蜂蜜巢房，再加上一个装水的巢房，才能产生一只蜜蜂。如果你的蜂王每天产出神奇的 1800~2000 粒卵，那么，你的蜂群每一天将需要非常多的花粉巢房、蜂蜜巢房和装水的巢房。

养蜂规则 9: 移除虚弱的和患病的蜂群，并将小的但还健康的蜂群合并

一个小的、没生产力的蜂群需要和一个大的蜂群一样多的维护，按每只蜜蜂计算，它的维护成本是普通蜜蜂的 10~20 倍。要确定没有生病的蜂群没有跟上发展进度的原因。最有可能的是，蜂王的表现不佳。除非是非常早的早春，否则就处死那只蜂王并将那个小蜂群，以及所有的蜜蜂、巢脾和食物资源与更强的、健康的蜂群合并，或者至少是有相似群势的蜂群，来形成一个更大的、更具生产力的蜂群。你减少了工作量，增加了收获，给其他蜜蜂腾空了设备，并简化了越冬的工作。

与健康的小蜂群相比，在生病蜂群里每只蜜蜂身上花费的时间和能量是巨大的，药品的价格很高，因此你在延续一个抵挡不住任何疾病的蜜蜂品系这一事实应该被认真考虑。

简而言之，不要把时间浪费在弱群上。

养蜂规则 10: 保持良好的记录，照顾好你的设备，并准备额外的设备

良好的记录保存可以通过以下各种方式来完成：一个记事本，一台你能对着说话的

录音机，一部智能手机——这个清单还可以继续增加内容。这是最容易的部分。更困难的部分是把记录变成可以使用的表格。把它们放在你卡车的驾驶室里是没有用的。在蜂箱的顶部或在内盖上写下来或用砖头做记号也都没有用。

这样保存记录简单、容易而有效：给每个蜂群一个数字，把数字用颜料画在大盖上，在你的记录中用那个数字识别蜂群。在你的记录本里给每个蜂群留有一页或者在你的计算机里给每个蜂群保存一个文件夹。当那个蜂群灭亡后，在那里开始一个新的蜂群，移走记录本或文件夹中关于这个数字的先前蜂群的一切数据表，重新开始。但不要丢弃这些数据表。把它们重新安置到另一个地方，这样就可以参考它们了——为什么蜂群死了？蜂王是从哪里来的？你用什么方法，以及什么时候治疗的瓦螨？

许多养蜂人都有蜂场笔记和家庭笔记，当一天结束时，他们还会使用计算机或其他记录本来续写。这就做到了以下几点：在这样做的时候，你被迫重温了一天的工作，回忆起了那些没有写下来的事情。可以列一个下次可以随身携带的要做什么的清单——需要的继箱，检查蜂王，换王，杂草控制，更换设备，需要的药物，带上制造新蜂箱支架的材料，移除雄蜂脾瓦螨诱捕器及其他任务。如果没有任务清单，你怎么确认这些任务中有多少做完了？或者，在你第二次返回蜂场之后，有多少任务做完了？

蜂箱磅秤是复杂的装置，放在单个蜂群之下，可把数据定期发送到你的计算机或手机上。磅秤可以是旧的、可靠的馈入式天平，固定在一个固体底座上，你每天或每次去蜂场里必须看读数。或者，也可以是随身携带的手持弹簧天平，在每个蜂场里，你都要用于同一个蜂群。

管理好你的工具，它们才会管理好你的事情。这倒是真的，就像在机械车间或汽车修理厂一样。保护木质设备不受天气影响，保持你的喷烟器清洁，你的起刮刀、蜂衣、手套及面网能用而且清洁。

在割除封盖和提取蜂蜜之前，要把那些严格用于蜂蜜生产的巢蜜盒子和巢脾都清洗干净。虽然这么做增加了时间，但却可以保持身体健康。赘脾、联结脾，特别是久而久之积聚的蜂胶等东西都是不健康的。所以，提取后要进行通电清洗，并通过良好的脱除法进行分离分类，修补、重新油漆，然后就可以了。如果时机不对，可考虑在当年晚些时候进行一次集中清洁，那时箱子不需要了，也可以进行检查、清洗了，并且准备好了。我认识的一个养蜂人总是在他的卡车里放一个小锤子，当某件设备坏了，他就在蜂场把它砸碎了。那样，它就绝对不会再用到，也就不会再被保存到某天拿出来想用时却用不了。

要有额外的配置。我总是告诉那些刚开始养蜂的人马上买两个最好是3个起刮刀。你可能会把一个留在蜂场上，一个丢到草堆里，或者一个落在家里。蜂刷、喷烟器等也是一样。随着你的经验越来越丰富，你会发现在蜂场里留下喷烟器燃料、起刮刀、蜂刷，在一个有大盖的旧继箱里放些额外的巢脾等，都是好主意。

养蜂规则 11：照顾好那些正在哺育适龄越冬蜂的蜜蜂

这样想一下：如果你的祖父母没有做到全身心地工作，他们就不能照顾好你的父母，因此，你的父母又不能好好地照顾你。那些被瓦螨、病毒、微孢子虫或营养不良危害的蜜蜂，在竞赛的任一阶段里，都不能保有激情地参与进来，它们不能像它们应该的那样去照顾那些依赖它们的蜜蜂。它们也不能照顾蜂王，更不能像它们应该的那样长寿。因此，每一个世代的痛苦都在继续，变得越来越严重。

最终结果是垂死的幼蜂留下来一个需要弥补的困境，因此，刚出生的蜜蜂在越来越小的年纪就开始采集，试图徒劳地养活蜂王和幼蜂。但由此所造成的损害使它们严重受挫，它们飞走了，再也没有回来。你会发现一个有蜂子、食物和一个蜂王的空巢——但是没有蜜蜂。可能在冬季的晚些时候或者在早春发生同样的事情：蜂箱里没有蜜蜂，你还奇怪发生了什么事情。

实际的情况是，瓦螨和它的病毒（主要是畸翅病毒），在仲夏的时候恢复到它们最好的状态。病毒控制了祖父母。在秋季防治瓦螨时杀死了瓦螨，但那时蜂箱里只有死蜂。祖父母受到了损害，父母受到了损害，它们的孩子也受到了损害。这个蜂群难逃厄运。

● 有机酸治疗瓦螨对蜜蜂、蜂蜡是安全的，并可以给予良好的控制。

养蜂规则 12：适当地越冬

你的蜜蜂所在地是有差异的。蜜蜂是半热带到热带的昆虫，尽管进化使它们具备了囤积食物的本能以备不时之需及形成越冬蜂团的能力，但冬季仍然要挣扎着度过。

即使有这些特性也不能保证成功。从秋末到晚春，几个要素必须要具备，包括有充足的食物和足够的蜜蜂。哪里有冬季，哪里就有越冬蜂团。

随着春季的临近，还需要有足够的花粉来饲喂越来越多的蜜蜂。研究指出，对于一个强壮、健康的蜂群，应该有大约 3200 厘米^2 储存花粉，以便很好地度过冬季。如果你还记得，每 6.5 厘米^2 大约有 25 个巢房，那么就会有 12000~13000 个巢房。然而，当看到这么大的空间时，请再次考虑一下，深巢脾侧面上的巢房约为 4500 个，而中等巢脾上的巢房约为 2700 个。它也可以是越冬蜜蜂内部储存蛋白质的形式。这需要一个一般被称为脂肪体的健康的量，但当饲喂新生的幼蜂时，还必须要有更多，这些工蜂不会完全摧毁它们的内部储存蛋白质并威胁它们自己的生命。

在寒冷地区，养蜂人提供保护措施以调节内部温度，尤其是白天调节内部温度变化。这些措施包括用草捆、常青枝、景观麻布屏障和雪篱笆做的外部防风墙——可以使蜂箱周围或上方的冬风偏转以阻止肆虐的冷风直接吹到它们的任何东西。

但在很冷的地方，应该使用额外的保护，不幸的是，由于一些原因，这一点已经不受欢迎。第一是在极端寒冷的环境中选择那些饲料消耗少、小种群就能很好越冬的蜜蜂是有压力的——这当然是令人满意的性状。从长远来看，这种非生即死的选择方法是富有成效的。但是，那些任蜜蜂在饥寒交迫中自生自灭的蜂场是真的在

◉ 在寒冷的气候中，需要有防风林、保护性覆盖和良好的通风。

蜜蜂、金钱、时间和精力上浪费成本。或许一个更人道的方法是在短时间内资助这些蜂群，但与其让所有的蜜蜂都死光，不如在短期内给蜂群换王，用遗传学方法选出能在指定环境下兴旺的，从而拯救蜜蜂。

另一个原因是技术和时间。把你的蜜蜂搬到一个更温暖的地方，既简单又便宜。这已经成为大多数商业规模经营的标准做法，即使是规模较小的公司也在采用这种方法。另一项技术是室内越冬——在不同程度上控制通风、温度、二氧化碳水平和螨害，但时间较短。一个例子是在美国西部使用马铃薯储藏洞穴。

但在这场越冬辩论做出决定之前，冬季保护仍是在恶劣天气里给蜜蜂提供帮助的一个好办法。这些措施包括：一个简单的箱盖纸包装、一层很易绝缘的塑料包裹、一个简单的防风雨厚纸板套筒（从蜂群上卷起来，然后再在顶部折叠，完全包围住蜂群或者至少是包围住蜂群的上半部分）。下一步是一个耐用的隔热毯，像盒子一样，套住蜂群。要增加额外的保护，可以在一个托盘上以 4 个为一组的形式将蜂群并靠在一起并将它们包装在一起，以便让每个蜂群都有由另外蜂群提供的两个朝内的侧壁来防御寒冷天气。如此提供的保护效果是惊人的。

所有这些技术都有一个共同的问题：通风。当温暖、潮湿的新陈代谢气体经过蜂群上升的时候，就像你在寒冷的天气里呼出的气息一样，它最终到达洞穴的顶端，这通常是内盖或转地放蜂大盖的内面底部，然后发生的事情可以拯救或杀死一个越冬的蜂群。如果蜂箱的内侧顶部是冷的，这种温暖的空气在碰上内部表面时会凝结并形成液态水。

这种水一旦滴到蜜蜂身上，就会冻伤并杀死它们。或者它集结在上面继箱的上框梁上、巢脾上，甚至是下面继箱的上框梁上，冰冻成一整块冰，不允许蜜蜂接近储存在那里的蜂蜜。到了春季，你会发现在上面是一个几乎充满蜂蜜的继箱，在下面是已经饿死的蜜蜂，因为它们无法达到覆盖着冰的蜂蜜。

然而，如果提供了足够的通风，那些温暖潮湿的空气上升后就从里面逸出了，根本不会造成伤害。蜂箱顶部的隔热好于侧面的，那样，温暖的空气永远不会冷却和逸出，根本不会引起什么问题。同时，在大部分的内盖里或由养蜂人专门制作的内盖里都有通风管道，当冰雪堆积并阻挡了较低的入口时，为蜂群提供一个顶部入口。

在天气不太恶劣的地方，好的通风仍然是个好主意，但是，防风墙之外的保护往往是不必要的。

瓦螨规则

瓦螨规则1：了解瓦螨

众所周知，瓦螨几十年前就更换了宿主，从它的原始宿主东方蜜蜂到欧洲蜜蜂（目前全球大部分地区正在使用的蜂种）。

东方蜜蜂生活在洞穴中，是更小一些的和普遍更具有进攻性的，但在产生许多蜜蜂之后就分蜂了，接着再分蜂，而不是把能量放在一起用来生产蜂蜜，这点像极了非洲蜜蜂。多年来，养蜂人做了一些选择，现在有几个品系的东方蜜蜂没那么富有攻击性，也较少分蜂了，可以产生足够的蜂蜜来使它们保持生产力。然而，对于大部分地区来说，当被迫与西方蜜蜂共享一个环境时，东方蜜蜂是难以管理的、富有攻击性的和极具竞争力的。

在这里，快速地回顾一下瓦螨的生活周期是很有启发性的。一只怀孕的雌性瓦螨通过附着在一只迷巢的蜜蜂背上、在一只被养蜂人带到那里的蜜蜂上或者在被感染和未被感染的蜂群间共享的巢脾上，进入了一个蜜蜂群。这只怀孕的雌螨寻找到一只准备结茧的幼虫，该幼虫所在的巢房马上就要被哺育蜂封盖了，封盖是保护里面的从幼虫变为成虫期间的蜜蜂（蜜蜂有一个典型的完全变态周期，就像一只蝴蝶——卵、幼虫、蛹、成虫）。雌螨前往巢房的底部，把自己藏在蜜蜂幼虫身下，而蜜蜂幼虫躺在食物里，这样它就不会被发现了，当巢房被封盖时，它就与蜜蜂幼虫单独待在巢房内。雌螨更喜欢雄蜂而不是工蜂，因为雄蜂从幼虫羽化为成虫需要更长的时间，这样，雌螨在巢房里可以产更多的卵，生产更多的幼螨。但如果没有可用的雄蜂房，雌螨会在中心地段选一个工蜂房。一旦这个巢房被封盖，雌螨就从下面爬上来，把自己固定住，开始吸吮蜜蜂幼虫作为蛋白质大餐，产下一个雄性的卵，继续吸吮，再产下一个卵，如果时间允许，再产下一个卵。在这很短的时间内，雄螨成熟并与雌螨交配。当蜜蜂幼虫成熟后离开巢房时，一个或多个怀孕的雌螨伴随它并脱离最初的母螨，准备继续这一过程。

在数千万年间形成的最初的宿主 / 寄生虫关系已经在东方蜜蜂和瓦螨之间达成了平衡：简单地说，瓦螨妥协为仅感染雄蜂幼虫而不完全杀死东方蜜蜂的蜂群，而东方蜜蜂同意让瓦螨杀死一些雄蜂并通过限制雄蜂的生产数量来限制瓦螨所能感染的数量。因为分蜂是东方蜜蜂生活周期的一个重要的部分，瓦螨以前从未有一个很好的机会在一个单独的蜜蜂种群中集结很大的数量，而现在所有的蜜蜂都飞走了，瓦螨得重新开始了。

现在，从不存在东方蜜蜂的地方来了一些出于善意的人。他们带来的蜜蜂几乎不是那么多地分蜂，也不是那么富有攻击性，可以制造更多的蜂蜜，而且体形更大，还要花更长的时间才能发育——那就是西方蜜蜂。

西方蜜蜂一被引进到东方蜜蜂的区域，瓦螨就看到了在这个新的宿主上觅食的进化优势，并且它们这样做的结果是毁灭性的。因为发育时间更长和西方蜜蜂没有限制所产生的雄蜂数量的事实，怀孕的雌螨在成年蜜蜂从巢房中羽化之前有机会也有时间产下更多的卵，在西方蜜蜂蜂群中，瓦螨的繁殖显著增加。而且，因为西方蜜蜂也没那么频繁地分蜂，瓦螨就有更多的时间来建立庞大的种群，从而不断损害幼虫和成年蜂——现在是雄蜂和工蜂，关键是工蜂——在越来越短的时间里，蜂群就会潜逃或崩溃。

没过多久，瓦螨就在每个被带到东方蜜蜂生活的地区的西方蜜蜂蜂群中站稳了脚跟。一旦在西方蜜蜂上立足了，又没有任何的关于它与东方蜜蜂交往的负面报道，于是受感染的西方蜜蜂被运移到世界各地，螨害也跟着来了。现在唯一没有发现这些瓦螨的地方是澳大利亚。

现在，增加最后的打击——病毒。东方蜜蜂 / 瓦螨协议的一部分肯定包含了某些内容：不传播病毒，或者病毒没有破坏性，或者东方蜜蜂有一个能够应付它们的免疫系统，因为这两个似乎不是一个问题。但对于西方蜜蜂，瓦螨的感染对成年蜂或蜜蜂幼虫造成的直接伤害，就其本身而言，会损坏蜜蜂的免疫系统，所以西方蜜蜂从一开始就被瓦螨打击了一次。

当一只瓦螨以感染了一种或多种病毒的蜜蜂为食时，那些病毒先被传递给那只瓦螨，然后从那只瓦螨再传给下一只它吸吮的蜜蜂。更糟的是：那只被感染的蜜蜂在饲喂时可以把那些病毒传递给幼蜂，在清理或饲喂时传递给本群的蜂王。于是，病毒从蜂王传到卵，从工蜂传到雄蜂，从工蜂传到工蜂。

但同时还发生了其他一些事情。主要的感染性病毒——畸翅病毒——继续变异，变得更强或有一定的致命性。同时，请注意养蜂根本不代表饲养野生种群。大群的蜂群被紧密地限制在蜂场中，而不是相隔很远，更不是孤立开来。这种人为的蜂箱排布，会同时把整个蜂场暴露给多个感染性病毒，尤其是当一个受感染的蜂群潜逃或崩溃时。

当第一次引入时，瓦螨总是获胜，而西方蜜蜂蜂群总是死亡。然后，化学药物开始发挥作用，杀死瓦螨而不是蜜蜂，但即使化学药物没有杀死蜜蜂，也没有对蜜蜂仁慈。这些化学药物接触到的蜂蜡就直接大量而迅速地吸取了这种毒素，并且仍然经常是瓦螨赢。于是，在想办法去解决这一问题近一个世纪之后，一些西方蜜蜂的蜂群开始应对这个问题了。

昆虫世界里的进化和妥协都是缓慢的。但经验确实有用，那些暴露时间最长的俄罗斯东部的西方蜜蜂占了上风，开始对瓦螨表现出抗性。它们两个就像瓦螨和东方蜜蜂一样，开始能够一起生活了。

不过，还有一种情况似乎是可行的，那就是让蜜蜂和瓦螨共存。它走的是非洲蜜蜂的路线，这些蜜蜂跟这些瓦螨在一起似乎没有什么问题。它们的攻击计划不是极端的卫生行为或者过度的梳理行为，也不是进攻性的梳理行为。相反，它们的方法靠的是保持蜂群小型，这样就不会有太多的蜂子，而频繁地分蜂就会在一个季节里有几次育子周期的中断，而且，像大多数野生蜜蜂一样，与许多的甚至是与附近任何蜂群都隔绝。这种方法适用于瓦螨周期和蜜蜂周期，但缺点是蜜蜂很少或是蜂蜜的产量很少，而这两者对养蜂生意都是不利的。

这正是我们今天与瓦螨一起行动的地方。有些西方蜜蜂有一定的抵抗力、耐受性或逃避性。很多人都不会并且很少有政府或大学组织的大型项目被设计出来去选育抗性种群。这方面正在取得进展，由那些分散开来的小区域集团和那些选择抗性和耐力外加饲养蜜蜂需要的其他积极因素——生产力和温驯性的人们在这方面已取得一些进展。不幸的是，这些集团和人们有很少的资金、太少的成员，也缺乏可靠的组织领导，以至于不能在全国有效。但他们正在取得进展，如果这是你选择的路线，把它们找出来，然后好好照顾那些蜂王。

这就是瓦螨。了解它，惧怕它，并努力控制它。有很多可以不使用化学药物去控制瓦螨的方法。

瓦螨规则 2：控制瓦螨的最好方法是制造蜂蜜的最差方法

在一个蜂群中的蜂子越多，瓦螨繁殖和建群的机会就越多。而且，由于怀孕的瓦螨可以在雄蜂巢房中产出大约 2.5 个瓦螨而在工蜂巢房中产出大约 1.2 个瓦螨——比蜜蜂还多的瓦螨——大量的蜂子意味着大量的瓦螨。就在蜂箱中的蜜蜂数量达到可获利峰值虫口（相对于夏季的流蜜）并开始慢慢下降之后，在雄蜂数量开始下降的时候，瓦螨的数量达到了顶峰。有一段时间，未经治疗的易感蜂群中瓦螨最多，工蜂和雄蜂蜂子的数量都在下降。所以，给下一代的瓦螨留下了什么呢？随着雄蜂蜂子数量的减少，瓦螨转而选择寄居工蜂蜂子。这里的情景很明显：瓦螨数比工蜂多，瓦螨/病毒复合体的比值升高，蜂群中的大多数蜜蜂很快都被一种——经常是数种病毒给感染了。这会缩短蜜蜂的寿命，并使哺育蜂无法完全照顾幼蜂，采集蜂无法百分之百地进行竞争，剩下的雄蜂在交尾时没有竞争力。蜂群陷入困境，很有可能崩溃，因为越来越年轻的蜜蜂变成采集蜂，给蜂子以稳定的食物供应，但采集蜂已经病了，死得早，或者飞走了，再也不回来了。对于一个未经治疗的蜂群，或是对于一个对这些瓦螨有很少或没有耐力或抗性的蜂群，这是一个经典的、可预测的、不可避免的结论。

但同时拥有应对瓦螨种群的蜜蜂，不管它们如何做，都是令人满意的，甚至是令人嫉妒的，因为很多蜜蜂都做不到，瓦螨的数量增加到无法控制的水平，而养蜂人收到的信息是缩减那个种群。这里是控制瓦螨和蜂蜜生产正面交锋的真实世界。为了避免瓦螨数量增加，你在它们开始前阻止它们，或者你在它们开始后干扰建群。

一个带有少量瓦螨的强壮的越过冬的蜂群（你在检查瓦螨的数量，对吗？）是你最好的选择，因为它有最少的蜜蜂和最低的蜂子量。如果这个蜂群够强，在进行人工分群并治疗后，就会把瓦螨数量降到几乎为零。让分出群无王（或者把原群的蜂王关起来，不要给这个分出群引入或者释放蜂王）达到一批蜂子的周期（3周），让所有剩下的蜂群都暴露给无处可去的瓦螨。监测将支持这一做法，但即使是一个温和的蜜蜂种群也能清除许多瓦螨——有时是所有的——这些没有保护的瓦螨。无子期后，蜂王被释放，蜂群可以扩增了。但蜂群已经错过了3周的生长冲刺——3周没有任何新的蜜蜂被引进，可是当时这个蜂群最需要新的蜜蜂。这对蜂蜜的生产很不利。但是，你有健康的蜜蜂，里面没有瓦螨。

另一项技术是在流蜜初期就引入治疗。放置雄蜂巢脾诱捕器和使用温和的药物可以满足蜂群扩增而减少瓦螨数量，但即使瓦螨数量已经严重减少，它仍存在扩增反弹的可能。于是，监测瓦螨就变得更加重要了。如果瓦螨水平达到一个危害点，处在蜂群增长曲线的上面，那么，春末或夏初的人工分群将会有所帮助。当然，这将再次耽误你的蜂蜜生产。但是，每次分群都会带有原群一半的瓦螨，如果在蜂群制造蜂蜜时换王或者至少停止一个周期的蜂子生产，将会大大减少瓦螨数量。

现在正确处理每个问题当然会增加另一层的保护。在储蜜的继箱上进行温和的处理可以击落许多残留的瓦螨，而没有蜂子能让那些剩下的瓦螨繁殖变慢甚至更慢。在一个蜂子周期后换王，更换储蜜的继箱，如果移出，你的蜂群就会为秋季的流蜜期和一个健康的冬季做好准备。如果你所在的地区在早春流蜜后和在更大的夏季蜜源开花之前有一个缓慢的时段，这种方法是有效的——有时被称为夏季的断蜜期或6月断档。这是一个窗口期，蜂群的周期被故意中断了，但是蜂蜜的产量也被减少到最低，又很耗时耗力。

瓦螨规则 3: 先用 IPM 治疗，再用温和的化学药物，不用强烈的化学药物

实际上，拥有许多蜂群的养蜂人很少有时间或助手来仔细监测单独的蜂群并独立管理每个蜂群，那样会需要太多的记录。在商业规模上，一个蜂场就是一个可管理的单位。对每个地点的一些蜂群进行检测，整个蜂场都根据检测出的感染水平来治疗。这就意味着每一个蜂场，不管是10个蜂群、50个蜂群，还是更多，都采用同样的方法治疗。下一个蜂场可能根本就不用治疗，而下下一个蜂场也可能接受两次治疗。这一切都取决于

检测的结果。所以要检测。

检测很重要。治疗是昂贵的，避免治疗是首选的也是最好的选择。一年里的时间段也很重要，如果外界有流蜜，很多治疗是不允许的。不然，蜂蜜必须被摇出，这样才可以进行治疗。

从 IPM 的视角来看，隔离、阳光充足、诱捕雄蜂、消除任何的营养压力，都可确保你有强大的、带有健康和多产蜂王的蜂群。尽可能远离商业性农业和消除其他病虫害是同等重要的，而且都是最好的选择。那么，第二个选择是在储蜜的继箱里少用化学药物治疗。其次是用有机酸治疗，因为它们在蜂蜡中不会有残留，但容易停留在蜜蜂身上。然而，这是考虑关于有机酸的问题。在错误的时间或用错误的方式使用，它们能够而且将会伤害蜂子、蜜蜂和蜂王，在某些情况下还会伤害养蜂人。这些酸性蒸气在正确使用时是非常有效和安全的。但要知道精油化合物会有残留，虽然它们不如较为强烈的化学药物那样有毒性，但它们并没有消失。较为强烈的化学药物会留下有毒的残留，而这些是必须要避免的。

养蜂人规则

养蜂人规则 1：寻求继续教育

我还没有遇到一个啥都知道的养蜂人。有些人是相当不错的，但绝对没有人什么事都能做对。往往就在你认为你知道的时候，有些事情却发生了变化。

当你开始着手做的时候，要阅读、阅读、再阅读。不仅要读那些适合初学者的新书，还要读一些经典书。在已经过去的 100 年里，有许多书是新的，但还有更多的书都是老生常谈。

参加一两个初级班。每个导师都有优点和缺点，你会从中获益。

找一个师傅，免费为他工作，以获取经验。坐在教室里永远不如你在一个熟练的、有经验的养蜂人指导下边看、边做学到的东西多。

加入一个当地的养蜂俱乐部和地区俱乐部，以便知道附近正在发生着什么。参加一个全国性的俱乐部，这样你就知道政府计划干什么，最新的害虫是什么及它的治疗方法

⦿ 当你必须用肥皂水喷洒蜜蜂以避免紧急情况发生时，一瓶洗洁精应该随时就在手边。我总是能找到喷雾器，但肥皂有时是难以找到的。我总是把它放在我的喷烟器燃料桶里，因为它不会丢失，并且我总是知道它在哪里。25 年来我不得不两次用它来阻止一个失控的蜂群，并使很多人免于被蜂蜇。

是什么，5 个州之外正在发生着什么，最后，在你所在的州正在发生着什么。出席会议经常很难，但是，如果你不改变你的实践，网页、时事通信和网络研讨会让你了解那些导致你破产的、杀死你蜜蜂的最新情况。

学习他们所谓的先进技能，即使你从来没有养超过两个蜂群。学习许多培育蜂王方法的生物学机理和技术。参加蜂王人工授精班。制作你自己的设备。学习组织和销售带有当地蜂王的小核群。

给一个养蜂人当志愿者，他做的好多事情你可能都不会做。移动蜜蜂去授粉，抖下笼蜂，制作巢蜜或液体蜜，试用上框梁蜂箱或其他风格的蜂箱。

尽可能多地尝试新事物，比如，新设备、新技术、新人。

当你到一些新的地方旅游时，找一个养蜂人或养蜂俱乐部，去参加他们的会议，看一下他们的蜜蜂。在网上很容易找到当地的俱乐部，从那里很容易发现一个就在附近的养蜂人。

教一门课。你绝对不会比自己要教书的时候学到的更多，如蜂王的培育、进行分群、制作设备，如何使用太阳能化蜡器。在你家里忙活一天，展示你是如何做事的。参加年度初级课程。举办一个特殊的高级班，并请一个养蜂能手来帮忙。

从网上众多课程中选出适合你的那一门先学习，然后逐年增加学习门数，慢慢就会好起来。

每年至少买一本新书并且阅读。找来新的 DVD，学一学他人做得好的地方。

至少尝试一次：组建一个继箱群。用大量的蜜蜂、蜂子和食物来加强它，看看你能产出多少蜂蜜，并记录下来。

学习如何用双王群来生产蜂蜜。

晚上，在别人的帮助下，搬动蜜蜂。

永远不要停止尝试新的、不同的、更好的、更快的和更容易的东西。

养蜂人规则 2：了解养蜂人工作安全的所有事情

当你和蜜蜂打交道的时候，有很多种可以伤害到你自己或者别人的方式，有些是明显的，有些不是明显的。以下是一些主要的方面。

蜇伤

蜜蜂会蜇人，而脸部周围的刺痛会造成永久性的伤害。所以工作的时候要戴上面网。蜂衣有助于防止蜇针刺痛你身体的其他部位，而不是让你保持更清洁。但是，有时蜜蜂不得不蜇人了，譬如：夜间天气不好，或者被反复取蜜、移动、人工分群、臭鼬骚扰、熊出没及其他问题。然后，防御性的、保护性的行为可能就近似于彻底的进攻性了。戴上面网，穿好蜂衣，戴好手套，扎紧衣裤袖口，用胶带封好缝隙和孔洞。忍耐一两针的刺痛是一回事，而很多针的刺痛就会使你生病甚至更严重。

搬起蜂箱

如果你整天都把时间花在举重、双手抓举、双手挺举、双手推举和努力瘦身上，你就已经知道如何将重物举起、如何不扭伤，并在需要的时候得到帮助。但是我们大多数人倾向于把时间花在玩游戏上和在沙发上懒散地躺着，而锻炼通常只限于偶尔打打高尔夫球、打打网球或在健身房里慢跑。

养蜂可不是这样子的。它是要弯腰抬起重达 18~45.4 千克蜂箱的。并且，如果你把它们放在地上而不是放在蜂箱架上，你要把它们抬到任何离地 0.6~1.2 米的地方。而且你常常转向一边，抓住箱子，用你的背而不是你的腿来抬起它。然后，你不是往旁边走一步，而是转身把箱子放回蜂箱的顶部。所以，你用你的背部搬动蜂箱，并拉动了从臀部到肩膀的每一块肌肉。

作盗行为

蜜蜂是机会主义者。如果它们在附近找到一个食物源，它们会把它拿走。如果它们发现一个有很多糖的食物源，它们会拿走很多。比起它们已有的食物，如果它们有更多的蜂子要饲喂，它们就会到其他的地方去寻找。将这几个方面凑在一起，就能在你的蜂场里引发一场盗蜂。强的蜂群会掠夺弱的蜂群。一旦有蜜源在白天较早停止分泌花蜜，如果没有其他蜜源，那么这一天剩下的时间就会掀起一场盗蜂狂潮。任何事情都可能引发一场盗蜂事件。

一旦开始，盗蜂就会迅速升级，安全状况恶化也会同样迅速。被抢劫的蜂群出于对蜂群的保护，撕咬和行刺试图再次进入的作盗蜜蜂，而作盗蜂则回刺。这些大多发生在蜂群外的起落板上。很快，整个蜂场充满了报警信息素。一阵微风将它吹送到你的前院，然后再穿过街区。你蜂场里蜂群现在也都会处于警戒状态。即使那些蜂群在一个街区以外。结果一只狗经过时被蜇了，然后是遛狗的人，接着是隔壁人家的孩子。

要避免引发一场盗蜂的状况。保持蜂群的强度大致相同。小的或弱的蜂群应该有最小的可能性入口，这是比较容易防御的。把破损箱体的裂缝和开口都密封起来。在断蜜期不要操作蜂群，这会把蜂蜜的气味传给所有蜂群的采集蜂。当你去车库取你忘记的工具时，不要让蜂箱开着。在这段时间里，当你在操作蜂群时，不要往地上丢弃碎蜡和巢脾。不给蜂场里的蜜蜂提供食物就在附近的线索。不然，它们会找到它，就会开始作盗行为。

收获期间特别容易引起麻烦。有一些指南可以遵循，它能提高你、你的家人和你的邻居们的安全。如果可能，在你收获的前一天，到蜂场去，把即将被摇蜜的每个箱体都松一下。只是抬起箱体一端就可以了，这样两边都会被分开。这个动作打破了箱体和巢脾之间的所有用蜂胶粘住的赘脾和联结脾。蜜蜂会在一夜之间把箱内清理干净，但它们没有时间再给封起来。第二天，移动箱体或巢脾将会容易得多，更重要的是，不会有液

体蜂蜜被暴露而激发作盗行为。

如果继箱太重或太高无法搬动，你需要单独拿出巢脾。这里有一些你可以采取的预防措施来减少盗蜂倾向，这种倾向在秋季会更高，那时花蜜来源更少，很多蜜蜂都待在家里。准备好要替换的巢脾（造好的脾是最好的，巢础次之），替换那些被拿出的。首先，当继箱还在蜂箱上的时候，迅速从继箱上拿出一个封盖的蜜脾，在前门轻轻地把蜜蜂刷掉，不要再把它放回继箱里，因为你要把蜜蜂移走而不是让它们在继箱里聚集。如果可行，将你正在拿出蜜脾的那个箱体盖上大盖、内盖，或简单地盖一块木板或一块布。动作要轻柔，这样你就不会碰破太多的封盖，并迅速地把蜜脾放到一个进不去蜜蜂的箱体里。完成后，用你带来的空脾替换蜜脾。

如果移动整个继箱，一旦蜜蜂从熏烟板或脱蜂板上移动下来，就要从继箱的顶部移除这个装置。然后把继箱从蜂箱上取下来，放在一块你提前准备好的平板上或是一个倒翻的大盖上，立即用另一个大盖或平板盖起来，以防任何好奇的蜜蜂进入。如果你把这个装置给另一个蜂箱，立刻把它放在那个蜂箱上，以便当你装完的时候它就可以开始让蜜蜂往下移动了。或者，一旦你把第一个蜂箱盖好，就把它放在下面的那个继箱上。如果使用一块脱蜂板，则拿走大盖和内盖，然后拿走那个继箱，暂时把脱蜂板留在下面的继箱上。将继箱放在你准备好的、倒翻的大盖或平板上，然后立即用另一个平板盖上。然后，你可以把脱蜂板放在另一个蜂箱上，或者放在下一个继箱下，明天再回来重复这个过程。

当完成取蜜后，把继箱放回刚刚取蜜的蜂群，让蜜蜂清理那些湿漉漉的继箱（已被取蜜但仍粘有蜂蜜残留的箱体）。不要把它们放在蜂场外面，因为这样不仅会吸引你的蜜蜂，而且还会吸引那些来自其他蜂场或附近的野生蜂群的蜜蜂，你将引发一场难以想象规模的盗蜂事件，同时也会导致来自其他蜂群的疾病和螨害的传播。一定不要分享这些继箱。

但是，如果你的预防行动失败了，作盗行为开始了，并失去控制了，而你处在一个可能是真正危险的或许是致命的事件中，你要做什么呢？

防控策略

防控策略范围从非常激进到只是做一些改变。首先要做的并且是最重要的事情是保护蜂群不被抢劫。更换大盖，封锁巢门，阻止作盗蜂和被盗群之间可能发生的任何冲突。如果你有纱盖，你可以把它放在入口，但这种情况并不常见。相反，可以使用巢门档、草、破布——任何能完全封锁入口的东西。如果有几个蜂群在作盗，就要考虑扭转局势了：把每个正在作盗的蜂群的大盖和内盖都移开。这会突然使它们处于守势，它们需要保护而不是攻击了。在极端情况下，在蜂场上放置一个草坪洒水器可能会有所帮助。作盗蜂和被盗群之间的对峙必须停止，否则将会蔓延开来。如果可以，把被盗群关闭一夜，再打开时，提供尽可能小的巢门。

最终的挑战

最坏的情况是一个蜂群或多个蜂群完全失去了控制，行刺、反复袭击，使眼前的一切都遭受危险。在某些时候，可能要做出这样的决定：这个蜂群是危险的，必须被摧毁。这种情形在城市环境肯定比在乡下的蜂场更常见，但是要做好准备。

有两种很好的方法可以又好又快地完成这件事。当你知道一个蜂群必须被摧毁时，不要争论这个决定，快行动!

洗洁精。在手边放两个中等大小的洗洁精容器、两个 19 升的桶，用足够的水装满。装满每一个桶，并将一个容器的洗洁精混在每个桶里。穿上防护装备，完全挡住要被杀死的蜂群巢门口。如果使用带纱网的箱底板，插入越冬木块，使底部是实心的。把大盖和内盖快速地移开，把桶里的东西倒进蜂箱，让水流从一边移动到另一边，从前面移动到后面。当倒空后，只替换大盖。等上 5 分钟，用同样的方法倒入第二桶。经过 5 分钟左右，那个蜂群里几乎每只蜜蜂都会死掉或者濒死了。你已经解决了一个严重的、危险的问题。

塑料袋。买一盒黑色草坪垃圾袋，大到足以包裹住你的蜂群，使得里面的温度像仲夏时一样高。把这盒塑料袋放在蜂场上，以备应急之需。如果一场盗蜂开始了，把塑料袋从进攻的蜂群上套下去，把蜂群放倒，扎紧。如果有必要，再从底下套一个塑料袋。这些塑料袋将阻止蜜蜂进进出出，在阳光明媚的日子里，这个蜂群很快就会被捂死。

健康问题

其中包括一些你可能认为理所当然的事情，如良好的举重练习。要了解中暑和中风的症状，并总是随身带着水。炎热的日子，没有微风，全套蜂衣可以导致过热和严重的疾病。同时也要知道过敏反应的最初症状。即使有多年经验的养蜂人，也会发生过敏。要密切注意是否有呼吸短促、瘙痒、荨麻疹或晕眩。要让螫针工具包就在手边。你也需要随身带上你的手机，让别人知道你要去哪里、你什么时候回来。任何时候都要这样。

家庭健康

即使你家里没有人和蜜蜂有关，他们也会受身边养蜜蜂人的影响。除了偶尔的快走和躲避以让那些漫游的蜜蜂不致落在脸上以外，当用常规洗涤液清洗蜂衣时，过敏事件经常发生。少量被释放的毒液可以成为洗涤液的一部分，有些会嵌入洗衣机里的其他衣服里。这不会改变毒液的化学成分或者把它稀释掉，最明显的就是，后来穿上这些衣服的人被暴露在极少量的蜂毒中。经历数次这样的情况之后，那个人可能就对蜂毒过敏了，这会导致未来的一些问题。小经验：单独洗你的蜂衣或工作服。

养蜂人规则 3：食品安全不是最后一条而是第一条规则

你从你的蜂群收获的蜂蜜、花粉、蜂胶，甚至蜂蜡都是食品。在任何时候，你都必须像下面做的那样处理它们。在操作储蜜继箱时，尽量用少量的烟。确保当储蜜继箱在蜂箱上时不使用化学药物。每年都要更换暴露在除有机酸以外的治疗瓦螨的化学药物中的子脾，以避免残留积累。每两三年（如果没有在里面养育过蜂子，那么时间可以更长点）更换一次储蜜继箱里的巢脾，以避免暴露给已经积累起来的残留——无论是养蜂人、农夫还是自然界所应用的。

当用熏烟板收蜜时，应用尽量少的烟或用尽可能短的时间，以避免污染蜂蜜。当移动储蜜继箱时，要把它们完全盖住，以免灰尘残骸进入巢脾。

在蜂蜜仓库里，不要把割盖前的蜂蜜加热得高于 38℃，并且，如果你把它加热，不要超过一天。要保持你的割蜜盖区域清洁，你的未封盖巢脾区域特别清洁，摇蜜机在两次使用之间要清洁过。为了避免蜂箱小甲虫破坏继箱中的蜂蜜，应尽快把蜜摇取出来。

将摇出的蜂蜜储存在干净的桶中，并确保你最终的容器在灌装前是干净的。如果使用一个装瓶罐，在两次装瓶间隙不要在里面留下任何蜂蜜。在两次装瓶间隙要清洁所有管道过滤器。在装瓶之前，让摇出的蜂蜜至少静置一天，以便任何的尘埃微粒都可以上升到顶部，然后被撇去。

在销售前，花粉应被清洁，用一个吹风机来分选非花粉碎块。出售前，存放在密封的容器或冰柜中。

在储存之前，允许蜜蜂清洁继箱里的残留蜂蜜，储存未使用的继箱时，让光线和空气透过巢脾之间，同时用隔王板或纱盖把老鼠挡在箱外。

本书由王丽华教授主持翻译，其余所有参与翻译的人员都是福建农林大学蜂学学院2016级蜂学专业学生。他们负责翻译第二章和第三章，具体分工如下：第二章由梅会会和蔡宗兵负责，其中梅会会翻译从"蜂王"到"采集蜂"，蔡宗兵翻译从"雄蜂"到"审查和筹备"；第三章由彭建华、段晓艳和余岢骏负责，其中彭建华翻译从"点燃你的喷烟器"到"检查一个蜂群"，段晓艳翻译从"蜜脾和子脾"到"巢蜜和块蜜"，余岢骏翻译从"夏季的日常管理"到"早春检查"。